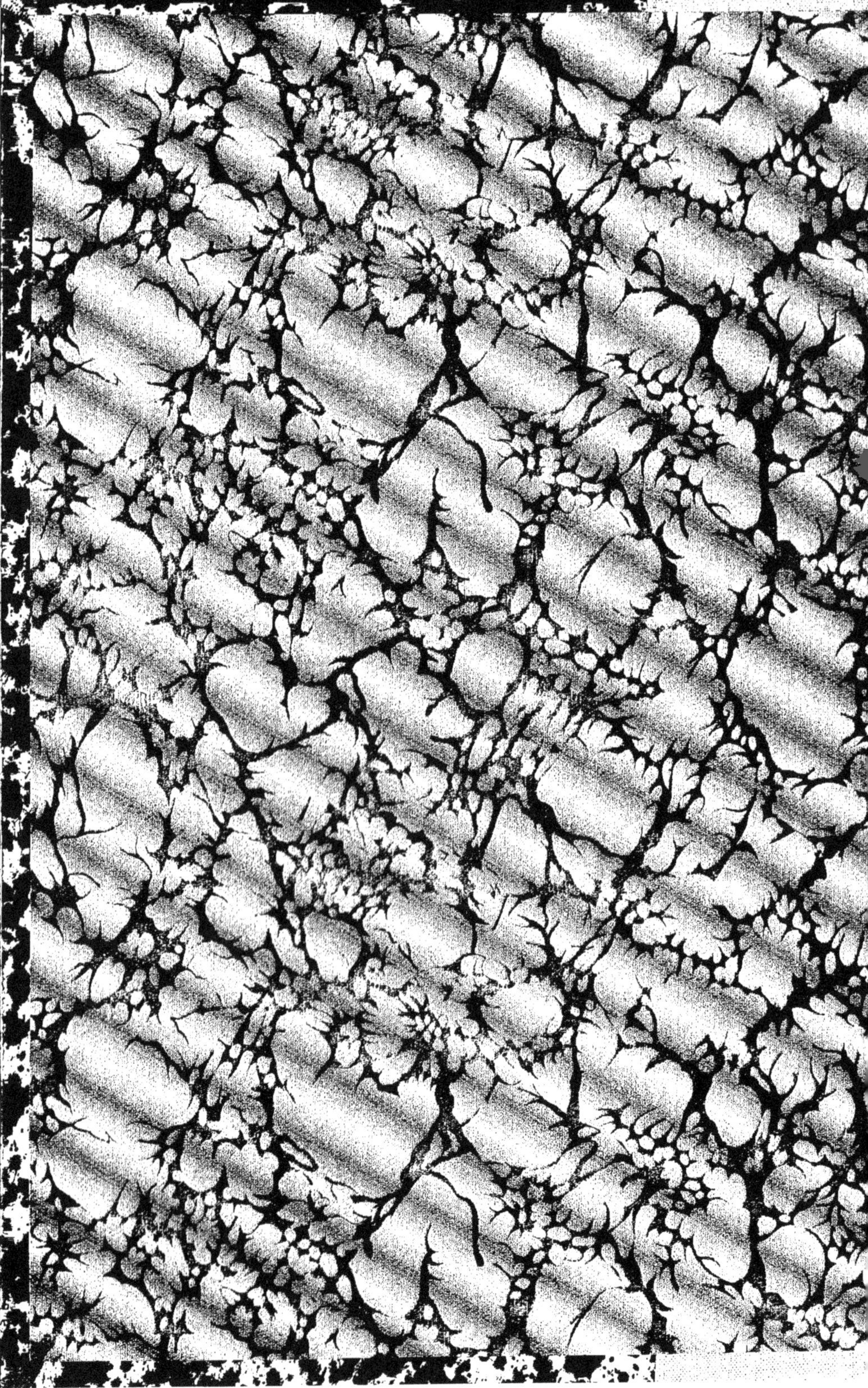

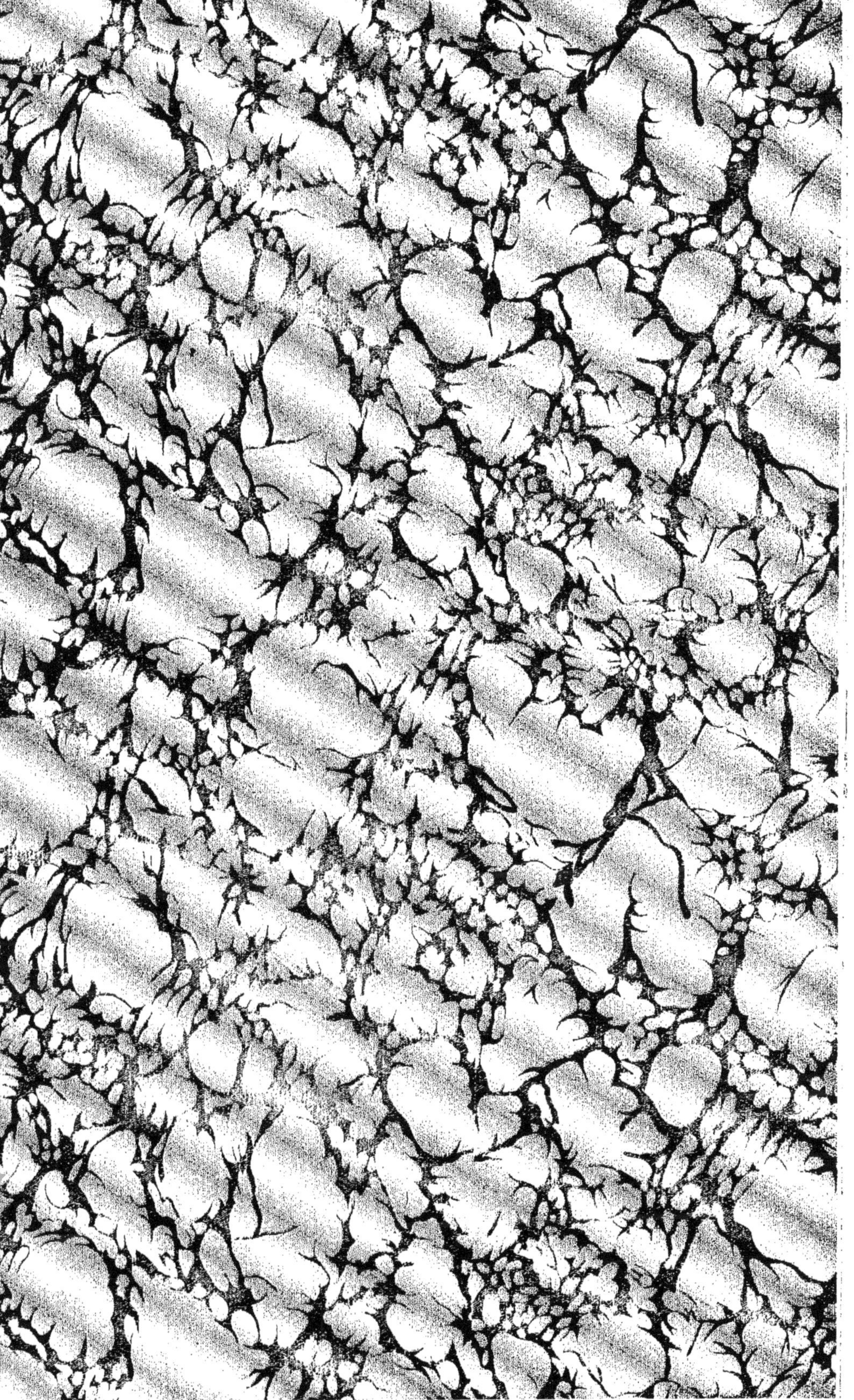

E. MARTINREL.

COLLECTION PICARD

BIBLIOTHÈQUE D'ÉDUCATION SCIENTIFIQUE

NOS FLEURS

Petites Causeries Botaniques

PAR

MME HUGUETTE

(Mme J. BODIN)

PRÉFACE DE M. JULES CLARETIE

MEMBRE DE L'ACADÉMIE FRANÇAISE

LETTRE DE M. JOSEPH BERTRAND

SECRÉTAIRE PERPÉTUEL DE L'ACADÉMIE DES SCIENCES, MEMBRE DE L'ACADÉMIE FRANÇAISE

Illustré de 200 Gravures

PARIS

ALCIDE PICARD ET KAAN, ÉDITEURS

11, RUE SOUFFLOT, 11

BIBLIOTHÈQUE D'ÉDUCATION SCIENTIFIQUE

NOS FLEURS

COLLECTION PICARD

BIBLIOTHÈQUE D'ÉDUCATION SCIENTIFIQUE

NOS FLEURS

PETITES CAUSERIES BOTANIQUES

PAR

Mme HUGUETTE

(Mme J. Bodin)

PRÉFACE

DE M. JULES CLARETIE, MEMBRE DE L'ACADÉMIE FRANÇAISE

LETTRE

DE M. JOSEPH BERTRAND, SECRÉTAIRE PERPÉTUEL
DE L'ACADÉMIE DES SCIENCES
MEMBRE DE L'ACADÉMIE FRANÇAISE

Illustré de 200 Figures

PARIS
ALCIDE PICARD ET KAAN, ÉDITEURS
11, RUE SOUFFLOT, 11

PRÉFACE

Voici un livre de botanique dont la lecture est aussi agréable qu'une promenade au jardin, en été. En lisant ces pages rapides et claires, ces dialogues d'une simplicité charmante, il semble qu'on herborise à travers prés, par un beau temps. Ces pages sentent les fleurs. Et c'est pourquoi j'ai pris — et l'on prendra — un si vif plaisir à les lire.

La botanique est, de toutes les sciences, celle qui apporte avec elle le plus de joies. S'instruire en faisant des bouquets; étudier, au lieu de livres poudreux, des violettes au parfum subtil, des bluets ou des roses, c'est une passion qui n'est jamais désagréable et je crois bien qu'il serait facile d'inspirer aux enfants la passion de la botanique : il suffirait de leur donner le goût des jardins.

J'ai eu, moi, pour professeur de botanique, l'excellent M. Decaisne qui s'efforçait de nous intéresser aux fleurs en dessinant, à la craie, sur le tableau noir, les cotylédons, les corolles et les pétales. La science de la nature, les couleurs, les poésies, prenaient alors l'aspect de quelque figure géométrique. Les parfums s'envolaient. Il fallait tout l'ardent amour du savant pour retenir notre attention sur quelque fleurette qui nous eût charmés, étudiée dans le jardin ou en plein champ, sous le ciel bleu. Précédemment, un maître de pension fort intelligent, lettré, ami de Janin et qui a écrit de fort jolis livres pour les enfants, Alexandre de Saillet, l'auteur des *Jeunes Français chez tous les peuples* et des *Mémoires d'un Centenaire*, m'avait donné, comme à tous ses autres élèves, l'appétit de la botanique et cela le plus simplement du monde. Chez lui, dans la cour de la pension, rue Bleue, (la maison est maintenant une imprimerie), il réservait à chacun de nous, écoliers, un petit jardinet de deux mètres carrés, et il nous laissait le soin de piocher, bêcher, ensemencer ce peu de terre à notre guise. Chacun selon ses goûts cultivait son jardin. J'y avais, au printemps, des primevères et, jardinier de douze ans, je regrettais presque l'arrivée des vacances qui m'empêchaient de voir mes roses-trémières s'épanouir.

Je suppose que c'est à M. de Saillet que je dois d'avoir été le meilleur élève de la classe de botanique, lorsque M. Decaisne nous faisait son cours. Où les autres n'apercevaient que des *schemas* incolores, je revoyais, moi, pendant les leçons, mes plates-bandes, mes semis et mes jeunes pousses du jardinet de la rue Bleue. Les fleurs dessinées au tableau par M. Decaisne gardaient le parfum du passé. Et, le jeudi, durant les promenades, je cherchais, au bois de Boulogne, des pervenches, comme Rousseau; des violettes, comme Murger, et elles se fanaient dans mon Virgile, transformé en herbier.

Le bon M. Decaisne est mort mais je ne puis songer à mes leçons de botanique sans me rappeler la figure aimable de ce savant profond, honnête et simple qui, après avoir été, je crois, jardinier au potager du Jardin des Plantes, y mourut professeur titulaire et membre de l'Institut, ayant, pour trésor, dans un tiroir de sa commode, la somme nécessaire au paiement des plus modestes funérailles. Je ne me doutais pas, lorsqu'il me décernait des prix de botanique, que je lui apporterais, un jour, mon humble souvenir, comme un pauvre bouquet de fleurs fanées.

C'est la faute de ce joli livre. Il me ramène à mes dix-huit ans. Peu s'en fallut que je ne devinsse un botaniste, moi aussi. Je dévorais, dans Jean-Jacques, les lettres à madame Delessert, à M. de Malesherbes, à M. de la Tourette et à la duchesse de Portland sur les fleurs et j'avais en admiration passionnée M. Alphonse Karr après avoir lu, sous les hêtres et dans l'herbe, le *Voyage autour de mon jardin*. Alphonse Karr, botaniste-poète, qui n'entend pas qu'on donne aux fleurs des noms barbares et qui préfère les noms populaires, les jolis noms embaumés, thym, romarin, marjolaine, aux noms savants, hérissés de grec ou de latin ; Rousseau, dont le verger des Charmettes « séjour de l'innocence, dit-il ingénument » a abrité nos premiers rêves et dont les causeries sur de *vieilles mousses* dureront plus longtemps et sont moins vieilles, moins rongées de lichens, que les pages du *Contrat social* !

Oui, ce furent là mes premiers maîtres et j'ai souvent herborisé, avec Karr ou Jean-Jacques dans ma poche. Eh ! bien, il me semble que les causeries de madame Huguette sur la *Botanique*, exerceront la même séduction sur les jeunes esprits. Ce livre de science familière — et d'autant plus profonde qu'elle est plus familière — est un livre d'agrément, un livre d'étude mais d'une étude aussi séduisante qu'une journée de vacances.

L'auteur de ce livre a cent fois raison : « *L'étude peut devenir un plaisir.* » Sans doute. A la condition pourtant que celui qui enseigne donne à son enseignement une saveur agréable et comme un sel particulier. On ne s'imagine pas avec quelle facilité et quelle sûreté aussi les enfants se font les critiques de leurs maîtres. Ces petites âmes ont un instinct sûr et qui les avertit de se défier des pédants et des faiseurs de phrases. On n'éveille la curiosité et l'appétit de savoir dans les cerveaux d'enfants qu'en donnant à la leçon un attrait spécial. J'imagine que La Fontaine ou Perrault eussent été d'excellents professeurs en tout genre. Ils savent si joliment vêtir la morale et, si je puis ainsi parler, dorer la pilule la plus amère ! Et *dorer la pilule*, c'est tout l'art du pédagogue lorsqu'il s'agit d'instruire les enfants et tout le rôle du poète, lorsqu'il s'agit de consoler les hommes.

Ici, dans ce livre simple, exquis et charmant, la pilule, qui n'a rien de bien terrible, est dorée avec un soin infini par une main de femme. Et comment une femme ne parlerait-elle pas bien des fleurs ? Il semble que la mère soit, pour l'enfant, une institutrice toute naturelle dont la salle d'étude est un jardin. L'enfant court, regarde, s'arrête, interroge et la mère répond. C'est la bonne méthode, le *plein air* des peintres à la mode, l'école péripatéticienne des philosophes anciens.

Cela n'a rien d'académique ni d'officiel, et la brise qui passe et le soleil qui luit ne figurent point dans les programmes ; mais c'est l'étude même d'après nature et je me figure que l'*homme aux pervenches*, dont je parlais tout à l'heure, eût adopté cet enseignement.

L'herbier est une bonne chose ; le jardin en est une meilleure et, à tout prendre, pour étudier la vie, la création qui séduit, sourit, et passe, vaut mieux que le squelette dans la vitrine.

Et cet enseignement pratique, *sous l'œil vivant*, comme disent encore les peintres, cet enseignement est donné par une aïeule au bon sourire à la Greuze, évitera à ceux qui l'auront reçu une erreur pareille à celle que commit un jour, et gravement, un célèbre membre de l'Institut de France — section des mathématiques — qui, voyant un champ de blé *chaulé*, s'écriait, devant cette chaux aperçue par lui :

— Ah ! par exemple, voici du blé ! j'aperçois la *farine qu'on vient de semer !*

Ce joli trait piquant, imprévu, je le trouve tout justement dans un livre comparable à celui-ci, *l'Agriculture enseignée par la Grammaire* : par M. Jean, ancien instituteur, élève de J. Bodin.

Peut-être ce nom de *M. Jean*, qui enseignait si intelligemment l'agriculture aux élèves des écoles rurales, n'était-il même que le pseudonyme de l'écrivain qui publie aujourd'hui ces excellentes causeries sur la *Botanique*. Je retrouve, en effet, dans les deux ouvrages la même précision, la même netteté savante et, jusque dans l'aridité de certains sujets, le même charme et je dirais volontiers le même cœur. L'éminent M. Bodin, qui fut directeur de l'École d'Agriculture de Rennes, eût approuvé à la fois le petit traité d'Agriculture et le livre de Botanique. Ce sont là deux livres de choix.

Et, pour moi, bien souvent, prenant mon fils par la main, et le volume de madame Huguette avec moi, je m'en irai herboriser autour de Viroflay, n'ayant plus M. Decaisne pour me dicter des leçons, mais ayant ces dialogues poétiques et précis à la fois pour permettre de donner les leçons, à mon tour. C'est avec Jean et avec Marie, avec le père et la grand'mère que nous ferons de la botanique. Ou plutôt c'est avec la seule madame Huguette dont le remarquable et aimable ouvrage m'a tant séduit et séduira bien d'autres lecteurs.

Heureux les livres qui peuvent à la fois, comme celui-ci, instruire les enfants et charmer les hommes, ces autres éternels écoliers et ces grands enfants!

JULES CLARETIE.

LETTRE

ADRESSÉE A L'AUTEUR

PAR M. JOSEPH BERTRAND, SECRÉTAIRE PERPÉTUEL DE L'ACADÉMIE DES SCIENCES, MEMBRE DE L'ACADÉMIE FRANÇAISE.

Madame,

Vos désirs sont pour moi des ordres. Estimant superflues les preuves d'une vieille et respectueuse amitié, vous revendiquez trop rarement à mon gré les droits qu'elle vous donne. En m'envoyant votre charmant livre sur les fleurs, vous avez désiré connaître mon opinion. Croyez-vous par hasard qu'un savant soit compétent sur toutes les sciences? Vous me rappelleriez ce personnage qui, sachant qu'un voyageur a visité la Chine, lui demande ce qu'il pense des Indous. Sur les sujets que vous avez si bien étudiés, le Secrétaire perpétuel de l'Académie des Sciences est près de vous un ignorant; ses fonctions cependant, lui font un devoir de parler sur les travaux les plus étrangers à ses propres études; il n'en éprouve aucun embarras, et consulte ses confrères. Appuyé sur eux, sa science est sans limite.

Mon excellent ami Ernest Cosson a reçu le premier des exemplaires que vous m'aviez confiés; il lui a rappelé, qu'il y a plus de cinquante ans aujourd'hui, nous avons joué souvent ensemble dans le beau jardin de son grand-père, et que la seule leçon qu'on voulut alors nous donner sur les fleurs, était la défense d'en cueillir. Ernest les aimait déjà et voulait les connaître. Armé du petit outillage d'un botaniste, ni les corolles, ni les étamines, ni les pétales, ni les ovaires n'échappaient à ses dissections, qui toujours, à sa grande joie, confirmaient les sèches et laconiques indications du livre, c'était la flore de Mérat, dont le plan, bien différent du vôtre, ne réservait aucune place pour égayer, distraire, attirer ou retenir le lecteur. Aucun mot de la langue vulgaire n'excitait la curiosité, aucune émotion ne l'associait au plaisir d'avoir bien compté. Ernest, déjà savant, s'en accommodait fort; moins heureusement doué que lui, j'aurais eu besoin de préparation et de conseils. Si votre livre avait pris la place du manuel, les fleurs seraient pour moi de vieilles connaissances; elles l'étaient pour Ernest Cosson, quand il lut votre livre. Heureux de les y trouver si ressemblantes, il m'écrivait quelques jours après.

« Je viens de mettre à profit un court séjour à la campagne, » pour lire de la première à la dernière page « Nos Fleurs », » les aimables causeries botaniques, et je ne veux pas tarder » à te prier de dire à l'auteur tout l'intérêt que j'ai pris à la » lecture de son ouvrage si bien fait pour inspirer le goût de » la botanique, grâce à la forme attrayante sous laquelle sont » exprimées des notions souvent abstraites.

» Ces pages charmantes ne constituent pas, il est vrai, un » traité de botanique et il serait facile d'y relever des omissions, » mais si l'on n'est pas botaniste après avoir mis à profit les » leçons du père et de la grand' mère, et les réflexions dont elles » sont l'objet de la part de leurs jeunes élèves, on sera bien » tenté de le devenir. C'est là le mérite principal d'une publi- » cation digne d'être encouragée, car, au charme du style, elle » joint l'exposé des caractères essentiels des groupes, des genres » et des espèces les plus répandues dans nos campagnes et dans » nos jardins. »

Si mon amitié pour M. Duchartre est moins ancienne, elle n'est ni moins solide ni moins méritée : quoiqu'il soit mon aîné, j'ai connu ses anciens et ses maîtres. Je sais ce qu'ils pensaient et attendaient de lui. Adrien de Jussieu et Adolphe Brongniard annonçaient en lui leur successeur, non pas seulement aux dignités académiques, mais à l'honneur de guider ceux qui y aspirent. M. Duchartre a, comme Ernest Cosson, reçu un exemplaire de « Nos Fleurs »; sa réponse ne s'est pas fait attendre.

« Ce livre est agréable, m'écrivait-il quelques jours après, » spirituel, par conséquent de nature à faire aimer ce dont il » parle. Dans les livres de vulgarisation et, pour celui-ci, je di- » rais volontiers d'attraction, la forme a une importance ma- » jeure; or ici la forme est excellente.

» Quant au fond, je veux dire aux données purement scien- » tifiques, il est bon et donne même souvent plus qu'on n'en

» attendrait d'après l'objet que l'auteur s'est proposé. Il y a bien » quelques fautes d'impression, il sera facile à l'auteur de les » corriger dans une seconde édition, car ce livre en aura plu- » sieurs. »

En offrant le troisième exemplaire à M. Van Tieghem, j'affrontais le plus redoutable des juges. L'illustre professeur du Jardin des Plantes peut, comme vous, montrer des fleurs à ses petits enfants et si le temps a blanchi sa barbe et ses cheveux; il n'en est pas moins un de mes anciens et j'ose dire de mes meilleurs élèves. Il ne faut tromper personne ; ce n'est pas la botanique que je lui enseignais, mais un de ses mérites, il ne s'en vante jamais, est d'être un savant universel. Aucun naturaliste n'a fait de plus fortes et plus complètes études. Pour être géomètre il ne lui a manqué que de le vouloir. Henri Sainte-Claire Deville et Pasteur, ses maîtres en chimie, l'ont guidé dans leur belle et vaste science, jusqu'au seuil de la renommée. Il s'est consacré aux plantes ; et partout, en Europe, où l'on enseigne la physiologie végétale, les élèves le nomment le maître de leur maître. Dans le royaume de Flore dont vous parlez en souriant, il a révélé des lois inconnues et le suffrage unanime des savants le place depuis longtemps à la tête des révolutionnaires pacifiques et bienveillants de la science.

Pourquoi le redouter ? C'est qu'au delà des merveilles accessibles à tous que fait admirer votre livre, sa pensée aperçoit, dans la structure intime des tissus, les harmonies cachées du monde des infiniment petits. Sans dédaigner les tulipes, les violettes et les roses, il ne se contente plus et n'a jamais pris grand plaisir je crois, à les disséquer comme savent le faire vos petits enfants. Je ne crois pas, qu'il me pardonne si je le calomnie, que votre bel herbier de famille puisse lui procurer autant de joie que la comparaison faite au microscope de deux fibres en apparence identiques. Après avoir traversé d'un pas rapide les charmants et faciles problèmes que vous enseignez à résoudre, il poursuit avec persévérance des vérités plus générales et plus cachées, sinon plus admirables et plus hautes.

Je l'ai prié de consacrer quelques heures d'un temps toujours précieux à lire et à juger votre livre. La brièveté et la forme précise de sa réponse m'ont rappelé que je l'avais connu géomètre.

» Le livre de Madame Huguette, dit-il, est tout à fait char- » mant et j'ai pris grand plaisir à le lire jusqu'au bout. La

» *forme est vive, alerte, souvent attrayante. Les familles y sont » décrites avec exactitude et groupées avec méthode.* »

Vous n'avez pas oublié, quoique cinq ans déjà soient écoulés, qu'avant les maîtres de la science j'avais voulu consulter ceux du bon style et du langage élégant. Jules Claretie n'est pas un grand botaniste, il a passé l'âge où l'on peut espérer le devenir, mais il ne passera jamais, devint-il centenaire, celui où l'on est un ami excellent et toujours prêt. Lire un livre charmant n'est pas un sacrifice, mais écrire sur les fleurs, quand on a accepté la lourde tâche de trouver pour le premier théâtre du monde les meilleures pièces à jouer, de diriger les meilleurs acteurs, en leur procurant les plus beaux décors qu'on ait jamais admirés, toute distraction devient une affaire. La lecture de votre livre, il a bien voulu me le dire, la lui a rendue agréable. Notre bonne et cordiale amitié l'a faite possible; il a quitté, pour quelques soirées, le monde du théâtre si enchanteur et si brillant de loin, pour se reporter vers le souvenir des jardins, des champs et des bois que l'on ne cesse jamais d'aimer quand on les a connus de près.

Fallait-il donc tant de démarches pour voir ce qui frappe les yeux de tous? N'avais-je pas d'ailleurs le plus certain des témoignages? Des causeries dont votre modestie déclarait sans embarras être contente, ne pouvaient, sur un sujet que vous connaissez si bien, manquer de produire un bon livre. Permettez-moi, au risque de détourner le précepte de son sens primitif, de citer, en terminant, Saint-Augustin, qu'aussi bien que les fleurs vous connaissez mieux que moi. Il a dit : Opus est perfectum quod opifici placet[1]. *Un ouvrage de vous, qui vous plaît, doit être excellent.*

J. BERTRAND.

1. L'auteur a pu se dire satisfait de sa méthode parce qu'elle lui a donné de bons résultats depuis de longues années, mais il est loin d'être assez satisfait de son livre pour accepter la citation, telle que la lui applique une plume agréablement railleuse.

(*Note de l'auteur.*)

COMMENT S'EST FAIT MON LIVRE

Il y avait autrefois une grand'mère qui avait trois petits enfants. Elle se plaisait à se promener avec eux, à les voir courir de fleur en fleur, pour les lui présenter, et s'en faire dire les noms.

Peu à peu, elle les habitua à observer la forme de la fleur, les différentes parties qui la composent, le fruit qui lui succède. Elle arriva même à établir les caractères qui distinguent chacune des familles les plus importantes.

Tout cela en un langage familier et sans détails trop scientifiques.

Lorsque ses petits-enfants eurent grandi, ils se souvenaient avec plaisir des causeries de leur grand'mère ; ils la prièrent un jour de leur écrire tout ce qu'elle leur avait dit autrefois.

La voilà charmée, pensant résumer en quelques pages le peu qu'elle savait, mais lorsqu'elle leur présenta son travail, il ne leur causa qu'une déception.

« C'est de la botanique aride ». « Ce n'est pas comme cela que vous causiez avec nous. »

La voilà de nouveau à l'ouvrage, expliquant, décrivant, trop longuement quelquefois.

— Est-ce bien ? demanda-t-elle.

— Mais non, grand'mère ; c'est tout sur le même ton : c'est froid ; vous étiez plus aimable dans vos causeries, quand vous parliez au lieu d'écrire.

— Attendez, dit la plus petite, je sais où Marie garde les notes qu'elle écrivait après nos promenades.

— J'ai encore mes tableaux, ajouta Jean. Ils vous rappelleront nos jeux, nos inventions, nos succès botaniques.

On va chercher tout cela, on se souvient, on babille du passé, on redit mille détails.

Grand'mère s'étonne d'en avoir tant enseigné.

Elle recueillit notes et souvenirs, elle les arrangea avec tout l'ordre qu'elle put, elle en a fait ce livre des fleurs qu'elle offre aux jeunes enfants d'aujourd'hui.

Il n'y est pas question de plantes lointaines comme dans les récits des voyageurs. Les nôtres offrent des détails curieux, auxquels nous ne savons pas prendre intérêt; quelques-uns sont racontés, dans ces pages, à mesure que l'occasion s'en présente.

L'enseignement se fait selon les fleurs qu'amènent les saisons, et pourtant suivant un ordre méthodique. Il se trouve encadré dans les simples incidents de promenades ou de causeries en famille qui aideront à le rendre moins monotone.

La forme dialoguée plaît généralement aux enfants, elle permet un ton plus familier, des questions simplement amenées, et des réponses clairement nettes. On ne l'a adoptée qu'en partie, afin de délasser par des récits rapides entre les causeries.

Dans ce petit livre, personne ne fait de morale en ses discours, mais il en ressort cette morale facile :

Que l'étude peut devenir un plaisir ; que les bonnes relations en famille donnent du charme à la vie la plus simple ; que chacun doit contribuer au bonheur de tous, à l'imitation de Celui « qui passa faisant le bien ! »

NOS FLEURS
PETITES CAUSERIES BOTANIQUES

PREMIÈRE CAUSERIE
LES TULIPES

Six partout

Trois jeunes enfants accourent vers leur grand'mère, lui présentant les fleurs qu'ils viennent de cueillir. Et cependant, ils continuent entre eux une discussion plus animée que scientifique.

— Je te dis, Marie, que cette fleur est aussi une tulipe.

— Moi, je te dis que non, reprenait Marie.

— Pourquoi non, s'il te plaît !

— Parce qu'elle est toute blanche et que les tulipes sont rouges ou violettes, ou brunes, avec de belles panachures de couleurs vives.

— Oh ! fit Jean d'un petit air capable, la couleur ne fait rien, grand'mère me l'a dit hier.

— Pourtant, dit la petite Josèphe, les roses sont roses et les violettes sont violettes.

La grand'mère sourit.

Marie ajouta :

— Et les bluets sont bleus ; c'est pourquoi...

Mais Jean l'interrompit :

— J'ai vu des bluets roses, et il y des roses qui sont blanches.

— C'est vrai, dit Josèphe convaincue. Qu'est-ce qui fait donc connaître les espèces de fleurs ?

— Je vais t'expliquer cela, petite sœur, commença Jean.

Mais les petites filles aimèrent mieux que la leçon vînt de la grand'mère.

— Grand'mère, demandèrent-elles, que faut-il donc pour connaître si une fleur est une tulipe ?

GRAND'MÈRE

Pour qu'une fleur soit une *tulipe*, il faut qu'elle ressemble à celle-ci, dans le nombre et la disposition de toutes ses pièces.

JEAN

C'est justement ce que j'allais dire.

JOSÈPHE

Alors, les tulipes sont toutes faites comme le gobelet de Jean, qui ressemble à un calice d'autel.

GRAND'MÈRE

Remarquez que ce gobelet n'est pas fait d'une seule pièce.

— Josèphe, effeuillant une tulipe : une, deux, trois, quatre, cinq, six pièces.

JEAN

Ce sont les *pétales,* n'est-ce pas, grand'mère ?

JOSÈPHE

Eh bien ! six pétales, alors.

MARIE

Où est donc la *corolle,* si ce sont là les pétales ?

GRAND'MÈRE

Il n'y a plus de corolle lorsque la fleur est effeuillée.

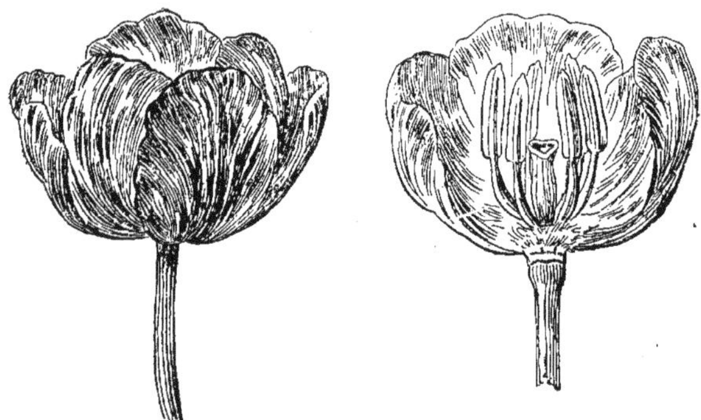

1. TULIPE 2.

1. Fleur entière.
2. Coupe longitudinale de la fleur montrant les six étamines et l'ovaire.

JEAN

Je sais, je sais. La corolle, c'est la couronne que forment les pétales réunis ensemble.

MARIE

Ainsi, la corolle est composée de pétales.

JEAN

Et corolle veut dire petite couronne.

MARIE

En effet, les pétales forment une sorte de couronne autour du centre de la fleur.

GRAND'MÈRE

Lorsque mon petit Jean apprendra le grec, il vous expliquera aussi que pétale veut dire feuille.

MARIE

Ah ! c'est pour cela que si les pétales tombent, on dit que la fleur est effeuillée.

JOSÈPHE

Comment appelle-t-on ces jolies petites baguettes noires qui sont debout dans le fond de la tulipe?

MARIE

Ce sont les *étamines,* n'est-ce pas, grand'mère?

JEAN

Oui, c'est bien cela, avec leurs têtes qui ressemblent à des rames de bateau.

GRAND'MÈRE

Comptez aussi les étamines.

JOSÈPHE

Une, deux, trois, quatre, cinq, six.

MARIE

Autant d'étamines que de pétales.

JEAN

Devine, Marie, ce que c'est que la petite colonne verte, toute basse, qui est au milieu de la fleur.

MARIE

Je sais bien que c'est la boîte aux graines.

JEAN

C'est *l'ovaire,* ce qui veut dire boîte aux œufs, parce que les graines sont comme les œufs des plantes.

JOSÈPHE

Seulement, il n'y vient pas de petits poulets.

GRAND'MÈRE

Non, mais il en sort des plantes de la même espèce que celles qui ont donné les graines.

JOSÈPHE

Je ne vois pas de graines dans la petite colonne verte de ma tulipe.

GRAND'MÈRE

C'est qu'elles n'ont pas eu le temps de grossir. Voyez cette grosse coque sèche sur cette autre tulipe, toute défleurie, c'est encore la boîte aux graines ou ovaire, qui s'est accrue, et ses graines y sont bien visibles.

MARIE

Elle est grosse comme une noix. Elle ne ressemble plus à la petite colonne verte qui se cachait entre les étamines.

GRAND'MÈRE

Ouvre-la doucement avec ton canif.

JOSÈPHE

Il y a plus de six graines, par exemple, mais elles sont les unes sur les autres, en six piles, comme les sous que grand'mère compte pour ses pauvres.

GRAND'MÈRE

Deux rangs de graines dans chaque compartiment de cette boîte.

JOSÈPHE

Une boîte à compartiments comme celles des bonbons ou des fruits confits !

GRAND'MÈRE

Je vous dirai plus tard comment cette boîte s'est faite de trois feuilles qui se sont roulées pour enfermer les graines et les abriter.

JEAN

Je n'ai jamais vu de tulipes dans les champs !

GRAND'MÈRE

Dans quelques-unes de nos provinces, on trouve certaines espèces de tulipes sauvages, mais elles sont bien inférieures en dimensions à celles de nos jardins, et leurs teintes obscures rappellent mal nos belles étrangères !

MARIE

De quel pays sont-elles venues nos belles tulipes ?

GRAND'MÈRE

De l'Asie. Mais les amateurs ont ajouté à leur beauté par des soins, des précautions qui ont augmenté leurs qualités et affaibli leurs défauts ; la culture peut faire des merveilles.

MARIE

C'est comme l'éducation, n'est-ce pas, grand'mère ?

GRAND'MÈRE

Très vrai, ma fille ! Allons, continuez votre promenade ; cherchez si d'autres fleurs n'auraient point six partout.

JEAN

Je vais noter sur mon beau carnet du premier de l'an : *Les tulipes ont une corolle de six pétales, elles ont six étamines et une boîte aux graines en trois compartiments, ayant chacun deux rangs de graines.*

GRAND'MÈRE

Il faut ajouter que la boîte aux graines ou ovaire est au fond de la corolle. Ce détail est nécessaire pour plus tard.

DEUXIÈME CAUSERIE

LE LIS ET QUELQUES FLEURS DE SA PARENTÉ

MARIE

Grand'mère, j'ai compté les pétales des lis qui sont chez le voisin, j'ai cru bien voir qu'ils ont six pétales, et je ne connais pas de lis dans le jardin pour m'en assurer.

JEAN

Je me rappelle bien en avoir vu un l'année dernière, aux derniers jours du mois de mai.

MARIE

Leur corolle est une coupe un peu allongée, évasée sur les bords et composée de six beaux pétales blancs.

JOSÈPHE

Encore six pétales comme les tulipes.

GRAND'MÈRE

Et Jean se rappelle-t-il les étamines du lis ?

JEAN

Oui, grand'mère, six hautes étamines, avec de petites têtes d'or, en forme de navettes, posées en travers sur de fines baguettes verdâtres.

JOSÈPHE

Et Jean veut toujours me barbouiller le visage avec la poussière jaune de ces petites navettes d'or.

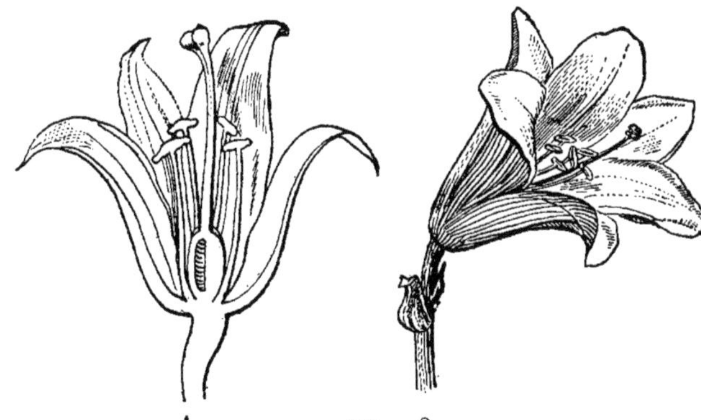

1. LIS 2.

Coupe longitudinale montrant les pétales, les étamines, le pistil et la coupe de l'ovaire.
2. Fleur entière.

JEAN

Cette poussière s'appelle *pollen.*

MARIE

Au milieu des six fines baguettes à tête d'or, il y a une autre baguette plus haute et coiffée d'un petit chapeau vert à trois cornes.

GRAND'MÈRE

C'est le *style ;* devinez pourquoi ce nom ?

JEAN

Grand'mère m'a dit l'année dernière, que c'est à cause de sa forme en stylet.

JOSÈPHE

Un stylet, qu'est-ce que c'est ?

JEAN

C'était le petit poinçon dont se servaient les anciens pour écrire sur des tablettes enduites d'une légère couche de cire.

JOSÈPHE

Pourquoi n'écrivaient-ils pas comme nous sur du papier ?

MARIE

C'est qu'ils ne savaient pas le fabriquer comme nous.

GRAND'MÈRE

Lorsque les lis fleuriront, je vous ferai voir que le style est placé sur une sorte de petite colonne verte qui est l'ovaire ou boîte aux graines.

LIS MARTAGON
Sommité fleurie.

JOSÈPHE

C'est la boîte aux œufs de lis.

GRAND'MÈRE

L'ovaire et le style ont ensemble la forme d'un petit pilon; c'est pourquoi on les nomme *pistil.*

JEAN

Nous n'avions pas trouvé de pistil dans nos tulipes.

GRAND'MÈRE

Dans les tulipes, il n'y a pas de style; c'est pourquoi leur ovaire ne s'appelle par un pistil.

MARIE

Est-ce que les *lis Martagon,* dont les pétales sont retournés en dehors et roulés comme un turban, sont de vrais lis?

GRAND'MÈRE

Aussi bien que le lis de Pomponne, aux grappes de petites fleurs rosées; aussi bien que le beau lis royal aux larges fleurs roses marquées de points saillants couleur de pourpre.

MARIE

Puisque les lis ont six pétales et six étamines, pourquoi ne sont-ils pas des tulipes ?

JEAN

Tu as bien vu qu'ils ont un style sur l'ovaire et les tulipes n'en ont pas.

GRAND'MÈRE

Le lis est le type de la famille des *Liliacées*, de la famille dont les fleurs ont six partout.

MARIE

Et tous les lis sont frères en cette famille, tandis que les tulipes ne sont que leurs cousines.

JOSÈPHE

Est-ce que toutes les Liliacées ressemblent aux lis ou aux tulipes ?

GRAND'MÈRE

Comme on se ressemble en famille.

MARIE

Je me rappelle que Linné appelle les Liliacées « les Patriciennes du règne végétal. »

JEAN

« Les nobles dames de la nation des fleurs », cela plait à Marie. On dirait qu'elle l'a inventé.

MARIE

Oui, ce sont les patriciennes de nos jardins ; taille élevée, tenue un peu fière, avec des vêtements aux riches couleurs.

GRAND'MÈRE

Ces nobles patriciennes ont des sœurs plus humbles en leurs habits, aussi nous les reléguons dans le potager.

JOSÈPHE

Comme Cendrillon, qui habitait la cuisine pendant que ses sœurs faisaient les grandes dames dans les salons.

GRAND'MÈRE

Et précisément, nos Liliacées du potager iront aussi à la cuisine ; ce sont les ails, poireaux et oignons, échalottes, ciboules, toute cette tribu au suc acerbe, qui relève le goût de nos apprêts culinaires.

JEAN

Tribu très peu patricienne en sa coiffure, qui est un bonnet pointu, comme celui des marmitons du temps jadis. *Un casque à mèche.*

GRAND'MÈRE

Ce bonnet de marmiton que tu leur reproches, est une feuille enroulée précautionneusement pour abriter les nombreux petits boutons réunis en une tête au sommet de la hampe, ou *tige florale.*

JOSÈPHE

Alors ils fleurissent sans qu'on puisse les voir.

MARIE

La feuille devient toute transparente, puis elle se déchire par le bas, du côté où les petits boutons sont plus gros et plus prêts à fleurir. A la fin, la grosse tête se trouve toute décoiffée, parce que le bonnet est devenu trop petit pour l'enfermer.

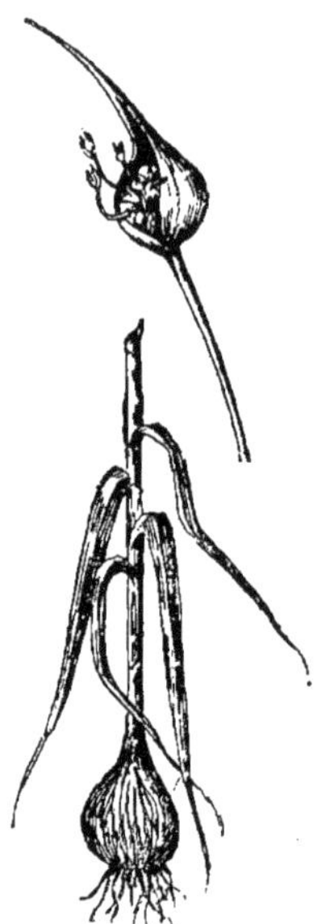

AIL POTAGER
Plante entière montrant le bulbe et une sommité fleurie.

GRAND'MÈRE

Vous trouverez dans les champs plusieurs espèces d'ails dont les fleurs rosées ou jaunes ou blanches sont assez jolies. Vous connaissez sur les plates-bandes du parterre l'*ail couleur de lait* que Marie essaie quelquefois de faire admettre dans nos jardinières, malgré l'odeur que donnent ses feuilles si on vient à les froisser.

MARIE

Cette jolie étoile blanche, dont les pétales sont verts en dessous, et qui se ferme tant qu'il ne fait pas de soleil, est-ce aussi un ail ?

GRAND'MÈRE

Non, pas tout à fait, c'est l'*ornithogale belle d'onze heures.*

JOSÈPHE

Ornithogale; quel drôle de nom.

GRAND'MÈRE

Il signifie « lait d'oiseau. »

JOSÈPHE

C'est encore plus drôle, comme si les serins ont du lait, par exemple.

GRAND'MÈRE

C'est précisément parce que les oiseaux n'ont pas de lait, que les Grecs appelaient les choses rares : « lait d'oiseau. »

JEAN

Comme les écoliers disent : la semaine des quatre jeudis.

GRAND'MÈRE

C'est cela même. On a trouvé curieux qu'une fleur s'ouvrît ou se fermât, selon sa volonté, semble-t-il ; c'est pourquoi on l'a comparée au lait d'oiseau qui serait un phénomène.

MARIE

Quand je la voyais toute large ouverte, je l'ai quelquefois mise à l'ombre sous mon ombrelle; après un peu de temps, elle se refermait comme pour la nuit.

ORNITHOGALE BELLE D'ONZE HEURES
Plante entière fleurie et son bulbe.

GRAND'MÈRE

Bien d'autres fleurs se referment pour la nuit, comme pour dormir plus en sûreté. Nous en parlerons plus tard.

MARIE

Et les notes du carnet, Jean?

JEAN

La tulipe, le lis, les oignons et les poireaux sont de la famille des Liliacées, parce que leurs fleurs ont 6 partout et l'ovaire dans la corolle.

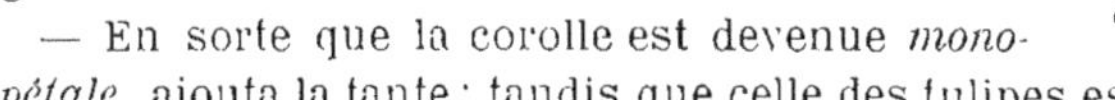

TROISIÈME CAUSERIE

LES CLOCHETTES DES JACINTHES ET DES SCILLES

JACINTHE
Plante entière fleurie et son bulbe.

Quelques jours plus tard, la grand'mère conduisit les trois enfants dans le jardin d'une de leurs tantes.

C'était déjà la fin d'avril, le doux mois où la vie s'épanouit partout « en fleurs fraîchement écloses ». Les pelouses, égayées de pâquerettes printanières, étaient coupées, çà et là, de corbeilles fleuries.

— Des *jacinthes!* s'écria Josèphe, et plus prompte que discrète, elle en cueillit une des plus belles, dont elle distribua les fleurons à chacun autour d'elle.

Puis elle commença à vouloir effeuiller le sien pour en compter les pétales. Mais elle déclara bientôt que les fleurs de jacinthe sont faites d'un seul morceau, comme une des clochettes du hochet de son petit cousin.

— C'est que les 6 pétales de cette petite clochette sont soudés ensemble, expliqua la grand'mère.

— En sorte que la corolle est devenue *monopétale,* ajouta la tante; tandis que celle des tulipes est *polypétale.*

JEAN

Je comprends : monopétale signifie un seul pétale; polypétale veut dire plusieurs pétales. C'est comme des mots monosyllabes ou polysyllabes.

Pendant cette explication, Josèphe cherchait les étamines au fond de sa petite clochette de jacinthe. Mais elle assura que sans doute les fleurs monopétales n'ont pas d'étamines. Pour mieux s'en assurer, elle enleva toute la corolle; pas une étamine ne resta plantée autour de l'ovaire, comme cela était arrivé pour les tulipes quand elle en avait effeuillé les pétales.

— Je les trouverai bien, dit Marie, et fendant avec l'ongle la petite corolle parfumée, elle l'étendit en la déroulant, pour montrer à Josèphe les 6 petites têtes des étamines attachées de distance en distance sur les soudures qui réunissent les pétales entre eux.

— Pourquoi ne sont-elles pas plantées autour de l'ovaire comme dans les autres fleurs ? demanda Josèphe.

GRAND'MÈRE

Elles y étaient implantées, mais au lieu de se dresser libres comme de petites épingles légèrement piquées sur une pelote, elles se sont appuyées à la paroi intérieure de la corolle, et elles y ont adhéré si bien que tu viens de les arracher du même coup que la corolle même.

— Cela est ainsi dans la plupart des fleurs monopétales, compléta la tante.

MARIE

Je me rappelle avoir trouvé de jolies jacinthes bleues, mais avec des fleurs moins grosses que celles-ci, dans les buissons autour de la grande prairie. C'étaient sans doute des jacinthes sauvages ?

GRAND'MÈRE

Non, ma fille, ce sont des *scilles,* je les connais là depuis longtemps ; ta mère aimait comme toi à les cueillir.

SCILLE FLEURIE
Plante entière et son bulbe, à droite une fleur isolée.

JOSÈPHE

Pourquoi ne sont-elles pas des jacinthes ? Est-ce parce que leurs clochettes sont moins grosses ?

GRAND'MÈRE

Les dimensions plus ou moins grandes ne comptent pour rien là-dedans. Il y a d'autres différences plus importantes, et d'abord les pétales des scilles ne sont soudés entre eux que par la base, en sorte que la corolle est presque polypétale.

JOSÈPHE

Les scilles et les jacinthes sont bien au moins cousines, malgré cela.

JEAN

Et cousines des lis, je suppose.

MARIE

Je voudrais connaître toutes les cousines de ces cousines là.

GRAND'MÈRE

Nous trouverons bientôt dans le jardin la grande *hémérocalle* à fleurs d'un jaune fauve, avec de longues feuilles dont les grosses touffes durent tout l'été; les pâles *tubéreuses* au parfum pénétrant, dont on cultive des champs dans le midi, pour l'huile odorante de leurs pétales.

— Et, continua la tante, nos *yuccas*, aux fleurs en gros grelots blancs, attachées le long d'une grosse quenouille rameuse, au-dessus d'une gerbe de longues feuilles qui ne périssent pas l'hiver.

JEAN

Mais qui ont une bien vilaine grosse tige sans feuilles, lorsqu'ils deviennent vieux.

GRAND'MÈRE

Ce vilain tronc des yuccas rappelle ceux des palmiers, comme nous le dirons plus tard.

JOSÈPHE

C'est dans les champs que j'aime mieux les fleurs, parce qu'on peut les cueillir sans permission.

MARIE

Mais, grand'mère, les fleurs des jardins sont des fleurs des champs dans les pays d'où elles nous viennent?

GRAND'MÈRE

Assurément, et toutes ne viennent pas de l'Orient comme les tulipes. Nos campagnes de France en fournissent de très belles à nos cultures.

JOSÈPHE

Mais, grand'mère, Lorient est aussi en France.

Jean se permit un rire impertinent pour sa petite sœur :

— Voilà Josèphe qui prend Lorient pour *le Orient*. Marie, Marie, explique à ton élève les quatre points cardinaux.

JOSÈPHE

Le nord, le midi, l'est et l'ouest font bien les quatre points cardinaux. Lorient n'en est pas, puisque c'est une ville.

Marie se chargea de renseigner sa sœur sur le côté où se trouve l'Orient, et Jean ne le nota pas sur son carnet. Il y inscrivit seulement que *dans certaines Liliacées la corolle est polypétale et en d'autres elle est monopétale.*

QUATRIÈME CAUSERIE

LES OIGNONS OU BULBES DES LILIACÉES

Josèphe suivait gravement une des allées du jardin, tenant la main de son père.

Tout à coup elle s'arrêta pour regarder Pierre, le jardinier qui plantait des oignons.

— Papa, dit-elle, est-ce que les oignons vont grossir en terre?

— Non, répondit le père, ils vont pousser et devenir de nouveaux oignons.

— En voilà qui ont poussé dans le panier, remarqua la petite fille. Voyez comme ils ont déjà des feuilles.

POIREAU
Plante entière.

ÉCHALOTTE
Plante entière.

— Ouvre celui-ci, dit le père.

— Ouvre le, Jean, pria la petite fille, il sent mauvais.

L'oignon fut fendu en deux, avec précaution; il n'était plus qu'une bourse vide, au fond de laquelle une jeune pousse était enracinée.

— Qu'est devenu l'oignon, demanda Marie survenant avec sa grand'mère?

— Il est devenu la jeune pousse que vous voyez, répondit le père.

— Je ne comprends pas, je ne comprends pas, dit Josèphe.

— Eh bien, intervint grand'mère, ouvrez doucement cet autre oignon qui est encore sans feuilles vertes, que trouvez-vous au milieu de la grosse toupie?

MARIE

Une petite pousse qui commence à monter pour sortir par le haut de l'oignon, et qui est déjà un peu verte à son sommet.

JEAN

Autour de la petite pousse, les morceaux de l'oignon se séparent les uns des autres, au lieu d'être d'une seule pièce, comme les carottes et les navets.

LE PÈRE

L'oignon n'est pas une racine charnue comme la carotte ou le navet, il est composé de grosses feuilles succulentes emboîtées les unes dans les autres et toutes remplies de suc, comme des éponges imbibées d'eau.

JOSÈPHE

Les oignons sont pleins d'une eau qui pique dans les yeux. Nanette ne veut pas que j'en coupe à la cuisine parce qu'ils la font pleurer.

GRAND'MÈRE

Ce suc qui est dans les grosses feuilles de l'oignon, le petit bourgeon central le boit peu à peu pour grandir et devenir les feuilles vertes, au pied desquelles un nouvel oignon se développera et poussera à son tour au printemps prochain.

JEAN

C'est très curieux, mais je vois que toutes les grosses feuilles-éponges tiennent par le pied à un petit plateau qui est plus dur que les feuilles.

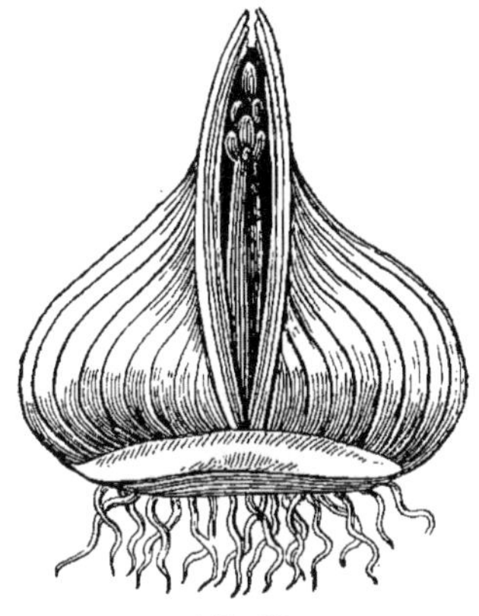

OIGNON
Coupe montrant les racines, le plateau, les feuilles souterraines et la hampe florale.

LE PÈRE

Ce petit *plateau* ou disque, c'est la tige *sur* laquelle poussent les feuilles, et *sous* laquelle poussent les racines.

— Sa tige c'est plutôt le bourgeon vert du milieu de l'oignon, prétendirent les aînés.

LE PÈRE

Au centre de ce bourgeon vert, il y aura bien en effet la tige florale, portant à son sommet la petite tête de fleurs que nous connaissons dans son petit bonnet pointu, mais la tige de la plante, c'est le petit plateau-disque qui fait la base de la *toupie.*

GRAND'MÈRE

Les racines de ces vieux oignons se sont desséchées dans le grenier et elles sont tombées, mais voyez celles de ce *poireau,* elles poussent aussi sur la face de dessous du petit plateau-tige.

JOSÈPHE

Le poireau n'est pas fait comme un oignon.

LE PÈRE

La seule différence, c'est que les feuilles du poireau, au lieu de rester courtes pour former une toupie plus ou moins ventrue, sont en étui plus allongé.

GRAND'MÈRE

En sorte de fourreau dont le plus extérieur est le plus ancien; chaque nouveau venu a poussé au centre du plateau-tige, qui s'accroît comme une pâte élastique à mesure qu'elle doit porter des étuis plus nombreux.

JEAN

Voyez comme à une certaine hauteur tous ces étuis se fendent en vraies feuilles allongées.

MARIE

Ce qui est joli, c'est qu'ils ne se fendent pas tous du même côté.

OIGNONS

Oignon commençant à germer. Oignon sec.

Il y a une feuille qui s'allonge vers l'orient, une autre vers l'occident; la troisième du côté du nord, et la quatrième du côté du sud.

JEAN

C'est une bonne manière de ne pas se gêner les unes les autres.

JOSÈPHE

C'est trop long à dire toutes ces histoires des oignons et des poireaux.

LE PÈRE

Ils nous aideront à comprendre la végétation et la structure des palmiers.

JEAN

Les palmiers sont peut-être des poireaux en arbres?

MARIE

Pas de folies, Jean, petite sœur les croirait.

LE PÈRE

Ce sont des folies presque vraies, mais, ce n'est pas le temps de les discuter aujourd'hui.

JEAN

Que noterons-nous sur le carnet ?

MARIE

Les oignons ont une tige aplatie en un petit plateau, sur lequel poussent les feuilles autour d'un petit bourgeon central, qui devient un autre oignon l'année suivante.

JOSÈPHE

Il faut dire aussi que *les grosses feuilles épaisses comme des éponges mouillées, sont enfermées les unes dans les autres* comme nos douze petites poires de buis jaune, qui se ramassent chacune dans une plus grosse.

GRAND'MÈRE

Très bien trouvé, mignonne.

LE PÈRE

N'oublions pas de noter que le bourgeon central ne perpétue que la même plante. Mais d'autres petits bourgeons, ou *caïeux*, se développent au pied de quelques feuilles, sur le petit plateau-tige, et deviennent de nouveaux oignons qui multiplient la plante-mère.

MARIE

Ah ! c'est comme cela qu'il se trouve plusieurs petits oignons autour d'une tulipe, quoique je n'en aie planté qu'un seul.

JOSÈPHE

Mais ces petits-là ne fleurissent pas et il n'ont qu'une feuille.

GRAND'MÈRE

L'année suivante, ils auront plusieurs feuilles et ils fleuriront.

JEAN

De la même couleur que leur mère ?

LE PÈRE

Exactement.

MARIE

Je n'aime pas à savoir que ma belle tulipe meurt tous les printemps ; je croyais toujours voir la même fleur revivre et refleurir.

LE PÈRE

C'est toujours la même vie qui se transmet de génération en génération.

JEAN

Si on remontait de fleur en fleur à reculons ?

LA MÈRE

On arriverait au jour où la terre commença à produire des

arbres et des herbes qui se sont reproduits, chacun selon son espèce.

CINQUIÈME CAUSERIE

OU EST L'OVAIRE DES PERCE-NEIGE

JOSÈPHE

Oh ! grand'mère, quel vilain gros livre, avec des feuilles détachées et pas de dos pour les tenir.

MARIE

C'est l'herbier de petit père.

JEAN

Et c'était l'herbier de grand-père.

PERCE-NEIGE
Plante entière fleurie. A droite, fleur isolée.

GRAND'MÈRE

Nous y trouverons des fleurs cueillies dans toutes nos promenades, et chacune porte la date du jour où nous la cueillîmes avec nos enfants ou nos amis.

MARIE

C'est l'histoire de la famille.

JOSÈPHE

Faisons aussi un herbier pour nos petits-enfants ? Voulez-vous ?

JEAN

Il vaut mieux aider grand'mère, à continuer celui-là,

GRAND'MÈRE

Il y manque beaucoup de plantes, même des plus communes. Mais voici toujours celle que je cherchais pour vous la faire connaître.

JOSÈPHE

C'est le joli *perce-neige* blanc qui est devenu tout gris.

MARIE

Les fleurs d'un herbier sont couleur de momies, et tout attristantes.

JOSÈPHE

Je peux tout de même compter, sur le perce-neige, un, deux, trois pétales, qui étaient couleur de lait, autrefois.

MARIE

Et en dedans de cette corolle de trois pétales, il y en a une plus basse, qui est aussi de trois pétales, mais ils n'étaient pas tout blancs, le bord était liséré de vert.

JOSÈPHE

Trois grands pétales, et trois petits pétales, c'est encore six; c'est une *Liliacée.*

JEAN

Six pétales, ce n'est pas tout. Et les étamines? Et l'ovaire? Et les graines dans le fruit?

GRAND'MÈRE

Il est difficile de compter tout cela maintenant. Je vous dirai que le perce-neige est en effet une Liliacée, mais il n'est pas de la même division que le lis, la tulipe, l'ail, etc

MARIE

Pourquoi pas de la même division?

GRAND'MÈRE

Je vous dirai le pourquoi, quand vous m'aurez dit où est l'ovaire de ce perce-neige.

JEAN

C'est ce gros bouton vert qui est au-dessous de la corolle au lieu d'être dedans.

GRAND'MÈRE

Précisément, ovaire *infère*, au lieu d'être *supère.*

MARIE

Et voilà pourquoi le perce-neige est mis presque hors de la famille?

GRAND'MÈRE

Oui, on tient grand compte de la position de l'ovaire pour établir des divisions, qui aident à classer les fleurs.

MARIE

Alors je sais d'autres fleurs qui sont de la division duperce-neige. Tenez, voilà des *astroémères* à peu près défleuris, avec l'ovaire très gros, surmonté encore des derniers pétales. Et nos belles *agapanthes* bleues, qui fleurissent à la fin de l'été, elles ont des ovaires très longs au pied de la corolle. Et nos *amaryllis* roses, qui ressemblent à des lis sans feuilles.

JONQUILLE
Plante entière fleurie, et son bulbe.

JEAN

Et ceux de la serre alors, qui ont des noms très longs à dire, et des ovaires qui restent au haut de la tige portant longtemps les restes de la corolle desséchée.

2

GRAND'MÈRE

Très bien trouvé; astroémères, agapanthes, amaryllis ont l'ovaire sous la corolle, et font partie, à cause de cela, de la seconde division des Liliacées.

MARIE

Nos *jonquilles* toutes jaunes et nos beaux *narcisses* blancs n'ont-ils pas aussi l'ovaire au pied de la corolle?

JEAN

« Le beau narcisse se penche sur les eaux pour y contempler son image. »

Et Jean alla en cueillir une fleur sur la plate-bande voisine.

MARIE

N'est-il pas délicieux avec ses grands pétales si blancs et sa couronne intérieure bordée de couleur orange.

JOSÈPHE

Attendez que je compte.

JEAN

Six grands pétales très larges, et je ne sais combien de petits pétales bas, que Marie appelle une collerette; c'est bien trop pour être cousin des perce-neige, — même à la mode de Bretagne, comme le cousin de mon cousin qui m'appelle son cousin.

GRAND'MÈRE

On ne compte que les grands pétales blancs, la collerette à l'entrée de la gorge de la corolle n'est qu'un dédoublement des vrais pétales, qui composent seuls la corolle.

JOSÈPHE

Alors les narcisses sont encore des Liliacées, de la belle famille de Marie.

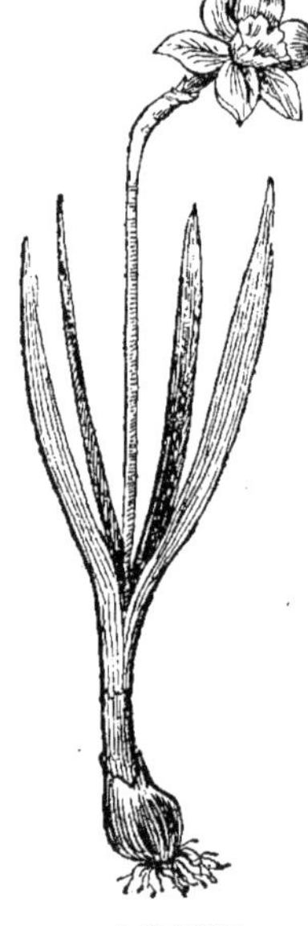

NARCISSE
Plante entière fleurie.

MARIE

Leur corolle n'est plus en coupe allongée, comme celle des lis et des tulipes, elle est étalée en roue; puis voyez comme elle se rétrécit en un long tube.

JEAN

En sorte qu'elle a l'air d'un entonnoir très évasé à son sommet.

JOSÈPHE

Et la boîte aux graines a l'air d'un petit bouton au bas du tuyau de l'entonnoir.

GRAND'MÈRE

Très bien, Josèphe.

Ainsi le narcisse est dans la seconde division des Liliacées. Il y a même des auteurs qui nomment cette seconde division : famille des *Narcissées*. D'autres la nomment famille des *Amaryllidées*, parce que les amaryllis en font partie, comme nous le disions tout à l'heure.

MARIE

Gardons-leur le nom de Liliacées, les amaryllis n'ont-ils pas tout l'air de vrais lis. Et l'humble perce-neige semble aussi...

JEAN

Attends, Marie, je te devine.
« Il semble un lis penché sous la tristesse des souvenirs. »

MARIE

C'est toi qui imagines cette poésie. Moi je crois plutôt qu'il incline sa clochette pour que les étamines soient à l'abri comme sous un toit.

JEAN

Bravo, Marie, voilà qui est nettement positif.

GRAND'MÈRE

Avant la floraison, il est dressé tout droit, pour que la vie circule mieux dans ce petit bouton qui peut braver la pluie et la froidure, parce qu'il est enveloppé d'une *spathe membraneuse*, dont il ne s'échappe qu'en clochette pendante.

JOSÈPHE

Je voudrais être à l'année prochaine pour voir tout cela.

GRAND'MÈRE

Dans toute cette seconde division des Liliacées, les plantes sont enveloppées d'une spathe, tantôt une à une, tantôt plusieurs ensemble.

JEAN

Je note tout simplement que *certaines Liliacées ont l'ovaire sous la corolle et qu'on en fait comme une autre famille.*

JOSÈPHE

Ce qui ne les empêche pas d'être aussi bien de nobles dames que les autres. Et même plus belles que les oignons et les poireaux, qui sont pourtant de la première division, je ne sais pas pourquoi.

SIXIÈME CAUSERIE

CROCUS ET IRIS

GRAND'MÈRE

Aujourd'hui, il faut encore faire appel à vos souvenirs du printemps. Qui se rappelle le *crocus* ou *faux-safran*, dont la fleur toute jaune et toute basse, s'ouvre en un godet peu évasé, le long de nos plates-bandes, en la saison des perce-neige ?

MARIE

Chez ma tante, il y en a de blancs et de violets qui sont bien plus jolis que les jaunes. Les longues têtes d'or de leurs étamines se détachent mieux au fond de la corolle.

GRAND'MÈRE

Le vrai safran, qui est aussi d'un beau violet, est cultivé dans le midi et le centre de la France pour ses longs styles d'un jaune orangé, qu'on emploie en médecine.

SAFRAN

Plante entière fleurie et son bulbe.

MARIE

J'en ai vu de petits paquets dans votre pharmacie, grand'mère ; ils ressemblent à de longues étamines.

GRAND'MÈRE

Si nous avions une fleur de crocus, vous croiriez y voir encore six étamines, bien qu'il n'y en ait que trois.

JOSÈPHE

Alors, elles sont fendues par la moitié, comme les fourches à deux branches qu'on me fait pour faner dans la prairie.

GRAND'MÈRE

Non, c'est le style qui est fendu en trois longues branches, et comme il est de la même couleur orangée que les étamines, on les confond ensemble à première vue.

JOSÈPHE

Ainsi il n'y a plus six partout, quel dommage! C'était si facile à dire.

GRAND'MÈRE

Il est aussi facile de dire trois partout.

JEAN

Oui, trois branches au style, et trois étamines, mais il y a pourtant six pétales.

GRAND'MÈRE

On peut dire deux corolles de chacune trois pétales, ce sera trois partout. Et réellement, trois pétales plus pointus, font une couronne distincte, extérieure ; trois pétales plus arrondis font une seconde corolle intérieure.

JEAN

C'est bien comme cela aussi dans les lis et les tulipes. Si on dit six pétales, c'est sans doute pour que leur nombre égale celui des étamines.

JOSÈPHE

Et pour les crocus, on dit trois pétales et trois étamines.

MARIE

Les *colchiques* d'un violet pâle, qui fleurissent sans feuilles à l'automne, ont tout l'air d'être des crocus.

GRAND'MÈRE

Les botanistes n'en jugent pas comme toi. Et d'abord les colchiques ont six étamines. Pourtant ils ne sont pas dans les Liliacées, je ne sais plus pourquoi. Ils sont de la petite famille des *Colchicacées.*

MARIE

Est-ce qu'ils n'ont pas de feuilles, je n'ai jamais vu que des fleurs toutes nues.

GRAND'MÈRE

Les feuilles poussent au printemps suivant.

JEAN

Peut-être elles poussent d'avance, au contraire, puis elles se fanent avant que les fleurs se montrent à leur tour en automne.

GRAND'MÈRE

Je vais vous raconter ce qui m'est arrivé, quand j'avais à peu près votre âge, vous déciderez ensuite si les feuilles précèdent ou suivent les fleurs.

JOSÈPHE

C'est amusant l'histoire d'une petite fille qui s'appelle grand'mère.

COLCHIQUE
Plante entière et son bulbe. Fleur isolée.

GRAND'MÈRE

C'est plutôt l'histoire du colchique.

Un jour de printemps, je rencontrai en dehors d'un jardin voisin... une belle touffe de longues feuilles assez larges, d'un beau vert et je crus voir au milieu de ces feuilles... un gros bouton qui semblait promettre une grosse fleur.

J'allais tous les matins voir si elle s'était ouverte dans la nuit.

Ennuyée d'attendre, j'ouvris un jour le gros bouton vert, mais devinez ce qu'il renfermait ?

JOSÈPHE

Une grosse bête qui avait mangé la fleur ?

GRAND'MÈRE

Non pas... Beaucoup, beaucoup de petites graines fines qui m'échappèrent des doigts.

Ce n'était point un bouton, c'était l'ovaire, qui après s'être développé l'automne précédent, à la base de la fleur, un peu enfoncée dans le sol, comme celle des crocus, y avait grossi tout l'hiver. Il s'était élevé au printemps entre les feuilles, sur le petit tronçon d'une tige qui avait grandi pour l'amener au jour.

JOSÈPHE

Alors les colchiques ont des graines avant les fleurs, puisque le printemps est avant l'automne.

JEAN

Quelle bêtise! Les graines ne peuvent pas venir avant la fleur, puisqu'elles se forment dans l'ovaire, qui est une partie de la fleur.

IRIS
Feuilles et fleur.

MARIE

Il est bien permis à sœurette de se tromper, monsieur le futur savant.

GRAND'MÈRE

Oublions nos colchiques, qui ne sont pas des *Iridées*, et arrivons aux *Iris*, qui donnent le nom à la famille.

MARIE

Nos belles iris, aux nuances de l'arc-en-ciel, sont de la famille des monotones crocus!

JEAN

N'est-ce pas, grand'mère, que leur nom vient de la ceinture d'Iris, que Jupiter étendit dans le ciel des nuages ?

MARIE

Mais je me souviens, il y a des Iris jaunes comme des crocus.

JOSÈPHE

Grand'mère, voilà Jean qui court en chercher dans le marécage. Il va se noyer comme moi, l'autre jour.

MARIE

Quelle frayeur tu nous fis, et lorsque Jean te ramena au bord, tu étais vraiment pâle comme une noyée.

GRAND'MÈRE

Notre Jean n'a pas ménagé sa peine, voyez quel fardeau de feuilles avec leurs grosses racines.

JEAN

Et des fleurs, s'il vous plaît : trois beaux pétales retombants, trois pétales plus étroits, redressés vers le centre.

MARIE

Pas d'étamines ni de style et l'ovaire au pied de la corolle.

GRAND'MÈRE

Qui cherche, trouve.

MARIE

Rien du tout, grand'mère, le milieu de la fleur est absolument vide.

GRAND'MÈRE

Ces trois grands pétales ne vous paraissent-ils pas singuliers, avec leur grosse côte comme une goutière renversée ?

JOSÈPHE

Regarde, Marie, la grosse côte se soulève quand je la pince ; on dirait la mâchoire d'un crocodile qui s'ouvre pour me dévorer le doigt ; elle a même une langue toute noire.

JEAN

Sa langue est une étamine couchée entre le pétale et la grosse côte !

MARIE

Qui pouvait la deviner là ? Mais toujours pas de style.

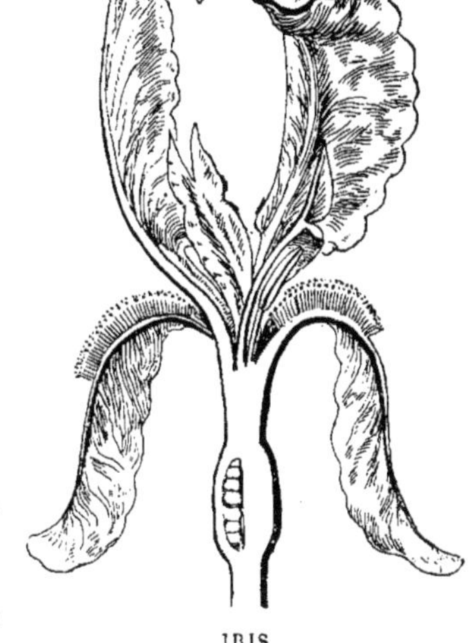

IRIS
Coupe longitudinale de la fleur.

GRAND'MÈRE

Si nous redressions les trois grosses côtes qui sont couchées sur les grands pétales à l'intérieur de la corolle, vous les reconnaîtriez mieux pour les trois branches du style.

MARIE

Dans les autres fleurs les styles sont si grêles.

JEAN

Comment ! c'est là le style ! Mais en effet, il est bien planté sur l'ovaire.

GRAND'MÈRE

Vous savez que les iris des marais sont appelées faux glaïeuls ; les vrais *glaïeuls* sont encore de cette même famille.

MARIE

Pour cette fois, il n'y a pas d'air de famille.

GRAND'MÈRE

Les glaïeuls ne diffèrent des iris que par une corolle irrégulière.

JOSÈPHE

Est-elle donc faite de travers?

GRAND'MÈRE

C'est à peu près cela, puisque le haut de la corolle n'est pas fait comme le bas et que les deux côtés ne ressemblent ni au haut ni au bas.

MARIE

Le pétale du haut est presque un capuchon et celui du bas s'abaisse comme une lèvre inférieure.

GRAND'MÈRE

Il y a en outre deux petits pétales à gauche entre les deux grands, et deux petits pétales à droite: on dirait deux paires de petites oreilles.

JOSÈPHE

Deux grands et deux petits, font six pétales, et pas trois comme les crocus.

GRAND'MÈRE

C'est qu'il y a deux corolles de chacune trois pétales, comme dans toute la famille. Un grand pétale et deux petits en chaque corolle.

JEAN

Tout y est irrégulier.

GRAND'MÈRE

Dans les *ixias*, aux fleurs plus ou moins rouges, et plus ou moins jaunes, la corolle est en roue; avec trois pétales légèrement plus étroits que les trois autres.

JEAN

Très bien nommé, c'est la roue qu'Ixion devait faire tourner éternellement dans le Tartare.

MARIE

C'est trop érudit pour petite Josèphe, elle va s'endormir.

JOSÈPHE

Non, non, je pense aux notes du carnet. Mais grand'mère a dit trois partout, c'est assez.

GRAND'MÈRE

Et l'ovaire au pied de la corolle. En sorte que cette famille des *Iricacées* se rapproche par là de la seconde division des Liliacées.

MARIE

Elles sont aussi belles de port et de vêtements; je regrette qu'on en fasse une famille à part.

GRAND'MÈRE

On fait des familles et des groupes dans les familles, pour aider à se reconnaître dans la multitude des fleurs connues, mais il y a toujours quelque ressemblance entre les fleurs d'une famille et celles de certaines autres familles ; c'est pourquoi elles forment un ensemble merveilleux par sa diversité et son unité, tout à la fois.

SEPTIÈME CAUSERIE

FEUILLES ET RHIZOMES DES IRICACÉES

Le soir, on était autour d'une table rustique; Marie enfilait les aiguilles de sa grand'mère et Josèphe tournait autour d'elles, traînant par leurs feuilles les touffes d'iris que Jean avait arrachées du marégace.

Il voulut en arrêter une au passage, Josèphe résista, le frère tira plus fort par le bout de la grosse racine, si bien qu'elle se rompit.

— Oh! fit Jean, voyez comme elle est plus mince de distance en distance; elle s'est rompue juste à l'un de ces étranglements.

Et il s'amusa à la rompre par tronçons.

GRAND'MÈRE

Chacun de ces gros nœuds est la pousse d'une année.

MARIE

Toutes les petites racines sont en dessous de la grosse racine.

GRAND'MÈRE

Appelons les choses par leur nom. Les petites racines sont sous une tige couchée ou *rhizome*, qui n'est pas une racine.

JOSÈPHE

Pourtant on la met en terre quand on les plante.

GLAÏEUL
Sommité fleurie; fleur grossie; bulbe.

JEAN

J'ai remarqué qu'elles sont plutôt sur la terre, qu'enterrées, et il y a même des Iris qui viennent sur les murs, où les petites racines pénètrent entre les pierres, pendant que les grosses tiges, enracinées, sont étendues sur les pierres, comme si on avait oublié de les planter.

MARIE

Sur la grosse tige-rhizome, voilà des nœuds qui poussent de côté, comme les bras d'une croix.

JEAN

Ce sont des caïeux, je pense; ils sont chargés de multiplier le pied principal.

GRAND'MÈRE

On ne les nomme pas ainsi, mais ils sont en effet, des pousses de multiplication, comme les caïeux.

JOSÈPHE

Mais voyez donc les feuilles, comme elles sont drôlement prises les unes dans les autres par le bas.

JEAN

Chacune est fendue dans le bas pour pincer celle qui en sort.

GRAND'MÈRE

Elles ne sont pas fendues dans le bas ; elles sont repliées dans le haut, dans le sens de leur longueur, c'est pourquoi elles emprisonnent à leur base les feuilles plus intérieures.

MARIE

Chaque feuille est double alors, comme un ruban de deux centimètres de large que je plie par la moitié pour qu'il ne soit plus que d'un centimètre?

GRAND'MÈRE

Exactement cela, mais remarque que si tu plies ainsi ton ruban, l'envers en dedans, par exemple, tu auras l'endroit des deux côtés.

JOSÈPHE

Certainement, et c'est plus joli.

MARIE

Ainsi nous ne voyons que l'endroit des feuilles d'Iris, en dessus et en dessous.

JEAN

Je crois que nous n'en voyons que le dessous; le dessus est en dedans.

JOSÈPHE

Voyez donc celle que je viens de fendre un peu au-dessus du pied, le dedans est blanc comme de la moelle de jonc.

GRAND'MÈRE

C'est que la face intérieure n'a pu verdir parce qu'elle est privée de lumière.

JEAN

Je comprends pourquoi elles n'ont pas la pointe au milieu de leur largeur, comme une épée. Elles sont plutôt comme des sabres, avec la pointe de côté.

MARIE

Les Glaïeuls ont bien les feuilles faites de la même sorte que les Iris, mais ils n'ont pas de rhizome, leurs racines sont plutôt comme des galets bien ronds, j'en ai vu planter.

GRAND'MÈRE

Ce sont des bulbes solides, d'une seule pièce, au lieu d'être composés de feuilles, comme les oignons. Mais ne les appelez pas des racines.

JOSÈPHE

Permission d'arracher un pied de glaïeul qui n'a plus de fleurs.

MARIE

Deux galets l'un sur l'autre, mais celui de dessous est très desséché.

JEAN

Sans doute il a donné sa vie à l'autre, comme le vieil oignon qui avait nourri son successeur. Te rappelles-tu, quand Pierre les plantait ?

MARIE

Voilà un crocus qui a même trois galets, mais celui de dessus est tout petit, comme un pois.

GRAND'MÈRE

Ce sont trois générations de crocus.

MARIE

Celui de dessous, c'est l'aïeul; celui du milieu, c'est la génération présente; le tout petit, c'est le bébé qui sera la génération prochaine.

GRAND'MÈRE

Outre ces bulbes superposés, qui assurent, par succession, la reproduction de la plante, voyez-vous à la base du galet de cette année de petits œils ou bourgeons, qui en assurent la multiplication ?

JOSÈPHE

Un, s'il vous plaît, petite grand'mère, je le planterai dans mon jardin.

GRAND'MÈRE

Attendons qu'il se développe davantage pour se suffire; il n'a pas encore de racines pour puiser sa nourriture dans le sol, laisez le vivre de celle que lui fournit le bulbe mère.

JEAN

Que noterai-je sur les rhizomes et les bulbes solides ? Toujours une génération qui en produit une autre ?

MARIE

N'oublions pas les feuilles repliées, avec la pointe de côté.

GRAND'MÈRE

Mais seulement dans quelques espèces d'Iris, et non pas dans toutes les Iricacées.

HUITIÈME CAUSERIE

ORCHIS OU PENTECOTES

Cette fois, on était dans une prairie.

Jean cherchait autant des coléoptères que des fleurs. Il fouillait même, avec une petite baguette, malgré les répugnances de Marie, dans de petits tas d'une matière verdâtre, d'origine peu agréable, pour y découvrir des *bousiers*. Puis il interpellait grand'mère, pour qu'elle expliquât à ses sœurs le rôle de répurgateurs bienfaisants qu'ils remplissent à notre profit.

ORCHIS POURPRE

Plante entière avec sommité fleurie; à droite fleur isolée.

— Moi, j'aime mieux chercher des fleurs, s'avisa Josèphe. Voyez que de petits glaïeuls.

Elle montrait dans sa main un bouquet d'*orchis* qu'elle venait de cueillir à ses pieds; les uns d'un pourpre plus ou moins violacé, les autres d'un blanc lavé de rose, avec des taches purpurines.

— Des glaïeuls! fit Marie. Non, non, petite sœur; ce sont plutôt des *pentecôtes*.

JOSÈPHE

Un capuchon en haut, et une lèvre en bas, comme disait grand'mère. Ce sont bien des glaïeuls, pourtant?

JEAN

Et les trois étamines dressées autour d'un style à trois branches, où les trouves-tu? D'ailleurs, vois donc, les feuilles n'ont pas la tournure de celles des glaïeuls.

JOSÈPHE

C'est vrai, elles n'ont pas du tout l'air de grands sabres pointus.

GRAND'MÈRE

Marie a raison, ce sont des orchis, de la famille des *Orchiacées*. Une seule étamine à deux têtes réunies en massue, le sommet du style est comme écrasé et appliqué à la base de la lèvre pendante à l'entrée de la gorge de la corolle.

JEAN

Et l'ovaire ?

GRAND'MÈRE

Sous la corolle, où il ne semble d'abord qu'un léger renflement du sommet de la tige.

MARIE

Je l'aurais cru au fond de ce petit cornet qui a l'air d'être une bourse pour loger quelque chose.

GRAND'MÈRE

Ce petit cornet, ou éperon, n'est que l'extrémité du grand pétale qui se prolonge sous la fleur.

JEAN

Au bas de la petite quenouille de fleurs, voyez sur une des premières fleuries, l'ovaire a bien grossi, il est allongé en fuseau.

MARIE

Il est tout tortillé comme le linge que tordent les laveuses.

GRAND'MÈRE

Il se détordra plus tard pour se fendre en trois petites lames qui se détacheront de la base au sommet comme trois petites trappes qui se lèvent afin de laisser sortir les graines.

MARIE

J'ai lu que les grandes gousses de vanille avec lesquelles on parfume nos crèmes, sont le fruit d'une plante de la famille des orchis.

GRAND'MÈRE

Les grandes *gousses* sont plutôt des *capsules* très longues, mais nommons les d'un nom ou de l'autre, elles sont vraiment le fruit d'une orchidée. Certaines espèces de nos orchis ont aussi des fleurs à odeur de vanille.

MARIE

Oui, grand'mère, mais il y en a qui ont une odeur de punaises.

JEAN

Et le *satyrium à odeur de bouc*, répand réellement les senteurs désagréablement pénétrantes de « l'animal encorné ». Te rappelles-tu, Marie, sa langue pendante couleur de sang ? C'est laidement curieux.

MARIE

Oui, oui, je me souviens que nous avions placé ces vilains boucs à côté d'espèces à odeur suave, espérant que le bien corrigerait le mal; et, au contraire, toutes prirent odeur de bouc.

JOSÈPHE

C'est comme la fable des bonnes oranges, avec une orange gâtée — n'est-ce pas, grand'mère ?

GRAND'MÈRE

C'est peut-être dans la famille des orchis qu'on trouve les corolles les plus variées et les plus bizarres. Dans une espèce, qu'on appelle l'*orchis-singe*, ou l'homme pendu, la forme et la disposition des pétales figurent en effet un homme ou un singe, pendu par les bras.

JEAN

C'est une position plus ordinaire aux singes qu'aux hommes.

OPHRYS-MOUCHE

Montrant les feuilles et les fleurs, les tubercules et une fleur.

MARIE

Et l'*orchis-mouche*, grand'-mère, vous rappelez-vous le jour où papa me fit croire qu'il m'apportait un gros bourdon sur une fleur.

JOSÈPHE

Comment cela ? Je voudrais voir le gros bourdon.

MARIE

C'est que le capuchon de la fleur est rose, le pétale du bas est velouté de noir et bombé en dessus comme le dos d'un bourdon qui aurait la tête cachée dans la fleur.

— Oh ! je voudrais en planter dans le jardin. Aidez-moi à en chercher, je vous en prie, disait Josèphe voulant entraîner sa grand'mère.

— Mais elles ne vivent pas si on les transplante, objecta grand'-mère.

— Ne les arrachons pas à leur sol natal, disait Marie, comme si elle eût demandé la grâce de quelque condamné.

— Voilà Marie dans ses grands sentiments. « L'exil et le sol natal ! » « La patrie et la terre étangère » fit Jean, avec de grands gestes.

GRAND'MÈRE

Cependant il y a des botanistes qui ont cru aux voyages des

orchis « dans leur sol natal ». Ils ont calculé en combien de temps ils parcourraient la longueur de ce champ, je suppose.

JOSÈPHE

Mais on les verrait marcher.

JEAN

Ils feraient plutôt des voyages souterrains.

GRAND'MÈRE

Ce serait sans doute pendant l'hiver, lorsque la tige et les feuilles sont desséchées et que les racines restent profondément enfoncées dans le sol.

JOSÈPHE

Il faudra les mettre alors dans un grand vase en verre, pour les voir voyager.

GRAND'MÈRE

Eh bien, essayons d'en arracher un pied avec toute sa racine pour décider comment ils cheminent sous terre.

MARIE

Allons, frère, une bêche et ta bonne volonté.

Jean revint avec la petite pelle étroite et pointue des herborisations de son père. Portant sur l'épaule la boîte du collectionneur, il rappelait à la grand'mère d'heureuses promenades faites entre son mari et ses fils en des temps déjà bien loin.

On bêcha, on fouilla au pied d'un *orchis-morio*, aux fleurs d'un violet pourpre, formant un épi court et peu fourni. Voici la tige avec toutes ses racines, et un peu au-dessous du collet de la plante, deux petites boules d'un blanc terreux, dont l'une à droite l'autre à gauche. L'une un peu plus bas que l'autre, un peu flétrie et moins pleine. L'autre un peu plus haut, toute fraîche et rebondie.

— On dirait deux petits œufs, imagina Jeanne. Et les aînés de rire sans pitié.

GRAND'MÈRE

Il y a quelques mois, vous n'auriez trouvé que la moins haute de ces deux petites boules, mais alors elle était fraîche et toute pleine. Dans quelques mois d'ici, au contraire, vous ne trouveriez que la plus haute, qui est celle de l'année ; tandis que l'autre, qui est de l'année dernière sera toute desséchée.

JEAN

Je comprends, le tubercule de l'année est encore un sac de provisions comme les bulbes des liliacées ?

GRAND'MÈRE

Remarquez que les deux tubercules ne sont pas sur le même côté de la tige. Il en résulte que l'année prochaine le nouvel orchis ne se montrera pas exactement à la même place que celui de cette année.

MARIE

Quelques millimètres de différence, si c'est là le chemin qu'il fait chaque année, il ne se rendra pas de notre vivant à la distance d'une longueur de ses feuilles.

JEAN

J'aurais pensé plutôt que l'année suivante le tubercule nouveau sera placé du côté opposé à celui de cette année, c'est-à-dire du côté de celui de l'année dernière.

MARIE

C'est juste, en sorte que s'il a cheminé une année de deux millimètres vers le nord, il reviendra l'année suivante deux millimètres vers le sud, ce qui le ramènera tous les deux ans exactement à la même place.

GRAND'MÈRE

Notre calculateur des voyages supposés, avait oublié cette alternance annuelle de la situation des tubercules sur la tige.

Josèphe n'avait pas écouté jusqu'au bout. Armée de la petite bêche et de son couteau; fouillant même avec ses doigts, elle parvint à obtenir un second orchis, pourvu aussi de ses tubercules.

Elle était triomphante, et pourtant elle s'arrêta tout étonnée d'une nouvelle découverte: ce ne sont plus des œufs, dit-elle toute déçue; ce sont de petites mains, avec des doigts très menus.

GRAND'MÈRE

Regarde les fleurs de ton orchis, il n'est pas de la même espèce que celui de ton frère.

JEAN

Sans doute ces petites mains toutes gonflées sont encore pleines de provisions comme les tubercules en œufs.

GRAND'MÈRE

La forme varie suivant les espèces. Diversité de forme, unité de moyens et de but.

Mais voilà le père qui survient et ce sont des élans de joie pour l'accueillir.

On revint longuement, suivant les sentiers buissonneux. De petits oiseaux recueillaient un à un des brins de mousse et de crin, puis ils s'envolaient pour redescendre encore.

Josèphe marchait en avant, écartant de sa main curieuse les branches où se cachaient des nids qu'on devinait.

Marie, au bras de son frère, écoutait quelques divagations auxquelles elle souriait.

Grand'mère suivait, près de son fils, essayant de parler aux pensées qu'il lui taisait.

NEUVIÈME CAUSERIE

LE MUGUET ET LES ASPERGES

Voyez, grand'mère, quel beau pied de *muguet* Jean vient d'apporter pour notre causerie.

JEAN

N'est-ce pas, grand'mère, que le muguet s'appelle « *le lis de la vallée ?* »

GRAND'MÈRE

Oui, parce qu'il est de la famille des lis, et qu'il se plaît dans les lieux frais, comme les vallées et les bois.

JOSÈPHE

Les fleurs du muguet ressemblent à celles du yucca, excepté qu'elles sont toutes petites et que celles du yucca sont très grosses.

MARIE

Mais pourquoi n'est-il pas tout à fait de la famille des Liliacées?

GRAND'MÈRE

Je ne pourrais pas bien vous le faire voir avant qu'il ait des fruits.

JOSÈPHE

Des fruits à manger comme les petites fraises des bois ?

GANRD'MÈRE

Ce sera une jolie petite baie, rouge comme la petite fraise des bois, mais pas du tout bonne à manger.

MUGUET
Feuilles et fleurs; à gauche, fleur isolée.

MARIE

Comment est-ce fait une baie ?

JOSÈPHE

Dans ma géographie, une baie c'est un petit golfe.

Et la petite fille éclata de rire comme si elle avait dit une grande malice.

GRAND'MÈRE

En botanique, une baie est un fruit, dans lequel les graines sont mêlées çà et là, dans une chair ou pulpe plus ou moins succulente.

MARIE

Est-ce que nous connaissons des baies, grand'mère ?

JOSÈPHE

Les baies d'églantier, qui ont l'air de petites poires de corail.

GRAND'MÈRE

Un jour je vous dirai pourquoi les baies d'églantier ne sont que de *fausses baies*. Mais vous connaissez les petites boules rouges des asperges, ce sont des baies véritables comme celles du muguet.

ASPERGE
Branche portant des baies.

JEAN

Je ne connais les asperges qu'en bottes blanches avec une tête verte qu'on mange à la sauce au beurre, ou à l'huile.

GRAND'MÈRE

Ce sont les jeunes pousses des asperges qu'on a eu soin de couper dès qu'elles sortent de terre, pendant qu'elles sont très tendres.

JOSÈPHE

Et si on ne les coupait pas, elles auraient de petites boules rouges ?

GRAND'MÈRE

Vers le milieu de l'été, on laisse pousser les asperges afin de ne pas épuiser les pieds; sans quoi nous n'aurions plus de bottes d'asperges l'année suivante.

MARIE

Oh ! je sais, elles poussent très vite de grandes branches, très menues, qui font une petite forêt sur les carrés du jardin.

JOSÈPHE

C'est cela des asperges ! La petite forêt aux boules rouges qui font des colliers de corail ! Mais ils se gâtent trop vite.

MARIE

Pourquoi y a-t-il beaucoup de pieds d'asperges qui n'ont pas une seule boule?

JEAN

C'est que ceux-là n'avaient pas eu de fleurs.

GRAND'MÈRE

Non pas. C'est que les fleurs de ces pieds-là n'avaient que des étamines, mais pas d'ovaire.

JEAN

Et les pieds qui ont eu des baies rouges avaient eu des fleurs avec un ovaire?

GRAND'MÈRE

Oui, corolle et ovaire, mais pas d'étamines.

JEAN

Ainsi, dans les asperges, la fleur est en deux volumes.

GRAND'MÈRE

En deux habitations, deux maisons.

MARIE

Toute la famille a-t-elle comme cela des fleurs de deux espèces?

GRAND'MÈRE

Non, il n'y a que les asperges, si je me rappelle bien. Ton muguet, du moins, a des fleurs complètes.

MARIE

Le muguet et les asperges n'ont pas du tout l'air de la même famille.

GRAND'MÈRE

C'est vrai, l'aspect général est très différent, mais leurs fleurs ont les mêmes caractères; petite corolle d'une seule pièce, en clochettes blanchâtres, à six dents pointues, six étamines, l'ovaire dans la corolle.

JEAN

Mais ce sont des *Liliacées,* de la première division?

GRAND'MÈRE

Ce sont des *Asparaginées,* parce qu'elles ont des baies au lieu de capsules.

JOSÈPHE

Au moins on trouve le muguet dans les bois, c'est plus joli que de voir les asperges à côté des carrés de choux dans le potager.

GRAND'MÈRE

On trouve aussi dans les bois un cousin du muguet, si rude et piquant qu'on l'appelle le *petit houx*. Le *houx-fragon.*

MARIE

Le petit houx-fragon! chez ma tante en Bretagne on le vend en petits balais ronds, pour laver les pots à lait.

JEAN

Un cousin du muguet en laveur de vaisselle?

JOSÈPHE

C'est bien fait, puisqu'il est rude et qu'il pique très dur, ses feuilles sont rondes comme les piques des cartes, avec une pointe très pointue. — Mais sur la feuille, il y a quelquefois une belle boule rouge, qu'on ne peut pas prendre sans se percer les doigts au piquant de la feuille.

GRAND'MÈRE

Plus tard, je vous dirai comment les asperges et leurs cousins les petits houx-fragons n'ont pas de vraies feuilles.

Mais assez sur cette petite famille. Demain, nous irons au bas de la prairie faire connaissance avec une nouvelle famille qu'il est temps d'aborder.

MARIE

Famille d'amis, ou famille de fleurs ?

GRAND'MÈRE

Famille de fleurs très humbles, portant « obscure livrée. »

JEAN

Adieu nobles Liliacées, et Iricacées, adieu bizarres Orchiacées, adieu pâles Asparaginées !

MARIE

Au revoir, plutôt. En cherchant de nouvelles familles, nous rencontrerons sans doute de vieilles connaissances. Dans la campagne, les fleurs ne sont pas semées en compartiments comme dans nos parterres.

JEAN

Que noter sur le muguet et les asperges ?

FRAGON PIQUANT OU PETIT-HOUX
Rameau fleuri ; fleur isolée ; fruit à l'aisselle d'un rameau.

MARIE

Voisines des Liliacées de la première division, avec l'ovaire dans la corolle; mais le fruit en baie, n'est-ce pas, grand'mère ?

GRAND'MÈRE

Très bien résumé.

DIXIÈME CAUSERIE

LE JONC

(Encore six partout)

JOSÈPHE

Je t'en prie, Jean, fais-moi un bonnet pointu avec ces beaux joncs du ruisseau.

JEAN

Je veux bien, sœurette, il ressemblera à la spathe des oignons, et je l'ornerai au sommet d'une de ces petites houppes de boutons verts qui sont en haut de quelques-uns des brins de jonc.

MARIE

Mes joncs ont de bien plus jolies houppes que les vôtres. Voyez, elles sont un peu teintées de brun.

JEAN

C'est que les miens ne sont qu'en boutons, et les tiens sont fleuris, voilà toute la supériorité.

JOSÈPHE

Singulières petites fleurs, sèches comme des feuilles de papier, et couleur de fleurs fanées.

— Justement ! c'est cela, s'écria Jean, c'est la famille de grand'mère.

— Grand'mère ! appela Marie, nous avons trouvé les fleurs « à ilvrée obscure », comme vous disiez hier,nous avons deviné; cesont les *joncs,* n'est-ce pas ?

GRAND'MÈRE

Précisément. Leurs petites fleurs brunes ou vertes, selon les espèces, ont encore « six partout », mais leur fruit est une petite coque sèche.

MARIE

Pourquoi y a-t-il tant de tiges qui n'ont pas de fleurs?

GRAND'MÈRE

Ce que vous croyez des tiges sans fleurs, ne sont que des feuilles.

JEAN

Pardon, grand'mère, je ne vois pas une seule feuille. Je ne trouve que de petites baguettes vertes, pointues comme des alènes.

GRAND'MÈRE

Tes petites baguettes sont des feuilles roulées bord à bord dans toute leur longueur, en sorte qu'elles forment ce petit rouleau que tu appelles une baguette.

MARIE

Il y a une jolie moelle blanche, enfermée dans ce petit rouleau.

GRAND'MÈRE

Ce n'est pas de la moelle proprement dite, mais nous verrons cela plus tard.

JOSÈPHE

Pourquoi les fleurs des joncs sont-elles en petits bouquets, sur un côté de la tige, et pas tout en haut ?

GRAND'MÈRE

Elles sont tout au haut de la tige; le bout qui les dépasse est une spathe, dans laquelle elles étaient enfermées. Regarde bien, on voit un petit rétrécissement entre le bout de la tige et la spathe.

JEAN

Ainsi les joncs ont aussi un bonnet pointu ; et ils portent leurs fleurs en un bouquet posé sur l'oreille, au lieu de les porter en couronne sur le front.

MARIE

Toute la famille a-t-elle des feuilles en baguettes ?

GRAND'MÈRE

Les joncs seulement. Les *luzules,* qui font aussi partie des *Joncacées,* ont les feuilles comme ce que vous appelez « de l'herbe. » Elles se distinguent encore des joncs, en ce qu'elles n'ont que trois petites graines au fond de leur petite coque sèche.

JOSÈPHE

Ce n'est pas une famille bien curieuse, s'il n'y a que cela à en dire.

LILIACÉES

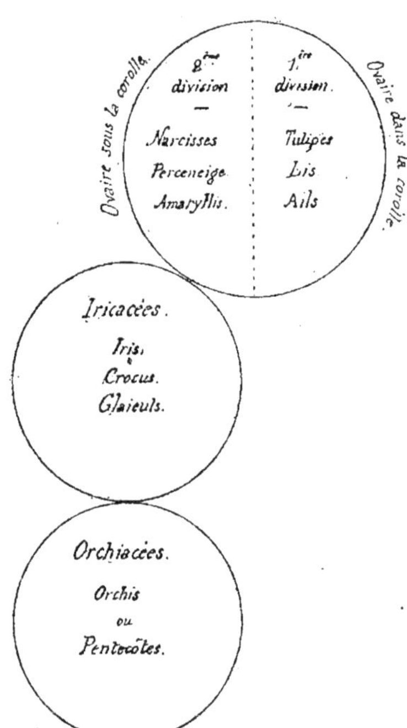

ONZIÈME CAUSERIE

LES RONDS DE PAPIER

Ce jour-là, la grand'mère avait coupé *des ronds de papier*, de couleurs et de dimensions différentes.

Josèphe était fort intriguée pour en deviner l'emploi. Et Marie avait compris qu'il s'agissait de fleurs.

Au milieu d'une grande feuille de papier blanc, grand'mère posa un rond de papier rouge. Puis, elle se ravisa ; coupant un autre rond de papier violet, elle le plia par la moitié et posa cette moitié de rond violet sur une des moitiés du rond rouge. En sorte qu'il y avait deux demi-ronds l'un à côté de l'autre, de façon à faire un seul rond, mais de deux couleurs.

— Voilà, dit-elle, la famille des Liliacées.

— Avec ses deux divisions, acheva Marie.

— C'est cela, approuve la grand'mère, aide-moi, Marie. Plaçons nos Iricacées, avec l'ovaire sous la corolle, à côté de la deuxième division des Liliacées, sur la gauche de notre rond central, puisque cette seconde division a aussi l'ovaire *infère* et non pas *supère*, comme la première.

Pour représenter les Iricacées, Marie choisit un rond de papier jaune et Josèphe devina que c'était à cause de l'Iris des marais.

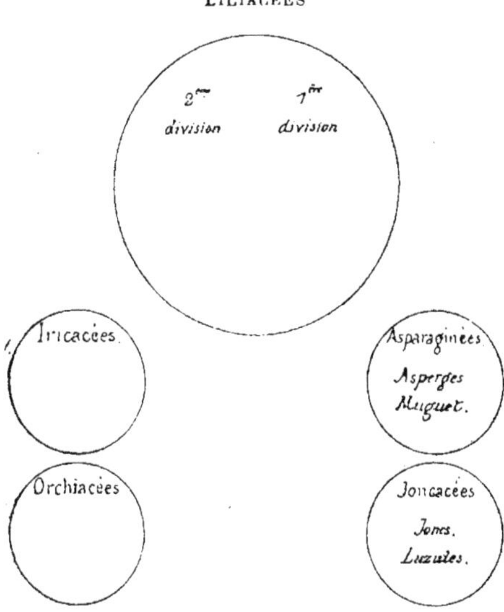

La petite fille se souvint que les orchis lui avaient paru de petits glaïeuls ; elle demanda la permission de mettre un rond de papier violet, à cause des pentecôtes, tout près des Iricacées puisque les glaïeuls en font partie.

Ce sera très bien, approuva grand'mère, parce que les orchis ont aussi l'ovaire *sous* la corolle.

Voilà Jean qui survient, très empressé de comprendre ce qu'on fait ainsi. Il approuve. Puis il part en courant, jetant derrière lui qu'il y a encore bien mieux à faire.

— Jean ! disait Marie. Jean ! redisait Josèphe !

— Travaillez, travaillez, criait-il déjà loin.

On continua sans lui.

A droite, tout près de la première division des Liliacées ayant l'ovaire *dans* la corolle, on posa un rond de papier vert pâle, qui représentait les Asparaginées. Puis, sous celui-ci, un rond d'un brun vert pour les Joncacées.

Grand'mère et petites filles s'applaudissaient de l'ensemble et de l'effet. Mais, monsieur Max entra pour assurer que le travail était très imparfait.

— Faites mieux, mon fils, dit la grand'mère.

— Pas mieux, mais plus parlant, dit le père ; attendez que Jean nous revienne.

Il entrait, et Josèphe le suivait avec de petits morceaux de papier à la main.

Sur la moitié rouge du rond du milieu, il attacha avec une épingle un lis pas trop mal esquissé, et sur l'autre moitié, à droite, un Narcisse assez reconnaissable.

— Très joli, dit la grand'mère, j'accepte l'idée. Et nos autres familles ?

JEAN

— C'était trop long à dessiner, j'ai découpé une Iris dans une image de Josèphe.

JOSÈPHE

Et il m'a donné un Orchis très difficile, pour que je réussisse mal !

MARIE

Dans la main de papa, je vois un muguet bien dessiné, il ne manque plus que des joncs.

La soirée se passa à remanier, perfectionner, admirer ce tableau d'ensemble. Jean promit de le dessiner, on l'augmenterait de toutes les familles, à mesure qu'on les connaîtrait. Et grand'mère se réjouissait du plaisir que tous prennaient sous ses inspirations, à une étude qui élève les pensées, qui tient l'esprit paisible et qui, plus tard, repose des fatigues de la vie.

AVOINE
Plante entière.

DOUZIÈME CAUSERIE

PLUS DE COROLLES — LES GRAMINÉES

Un soir, on se dirigea vers les champs, avec le père, qui allait visiter ses cultures. Il était trop tôt dans la saison pour trouver des blés en épis, comme l'eût voulu grand'mère. Mais, à l'abri d'une haie buissonneuse, quelques pieds d'avoine portaient déjà des panicules hâtives.

M. Max en présenta quelques-unes à sa mère :

— Je me souviens, dit-il, que vous m'avez expliqué une fleur d'avoine, il y a bien vingt ans.

JOSÈPHE

Il y a vingt ans ! que vous êtes vieux, petit père !

MARIE

Eh bien, voyons si vous savez encore la leçon de grand'mère.

LE PÈRE

Pas toutes ses bonnes leçons, peut-être, mais au moins celle du grain d'avoine certainement.

MARIE

Quel bonheur d'avoir petit père à nous ce soir ! Mais, petit père, cette branche d'avoine n'a encore que des boutons.

LE PÈRE

Nous les ouvrirons pour trouver les fleurs.

GRAND'MÈRE

Dites-leur d'abord que ce qu'ils prennent pour le bouton d'une fleur, est un petit épillet de trois fleurs enfermé dans une spathe.

LE PÈRE

Et cette spathe est composée de deux pièces, qu'on appelle deux balles, ou deux glumes?

MARIE

Les voilà ouvertes, faut-il les enlever, ces deux balles ou glumes ?

GRAND'MÈRE

Oui, elles ne font pas partie de la fleur.

LE PÈRE

Vous distinguez maintenant trois petites fleurs vertes le long de la petite tige grêle de l'épillet ?

AVOINE
Panicule ; en haut, à droite, fleur ; en bas, à droite, épillet.

JOSÈPHE

Je ne vois rien qui ait l'air de fleurs, à moins que ce ne soit ces trois petits boutons verts, si petits.

JEAN

Celui du bout est imperceptible ; celui du milieu se voit à peine, et celui du bas n'est guère plus visible.

GRAND'MÈRE

Celui du bout et celui du milieu ne deviendront jamais plus gros, mais celui du bas se développera en une fleur complète.

LE PÈRE

Elle donnera un beau grain d'avoine, qui prendra toute la nourriture et tout l'espace, en sorte que ceux des deux autres fleurs périront de faim et de manque d'espace.

JEAN

Ainsi l'épillet à trois fleurs, n'est vraiment qu'à une seule fleur?

GRAND'MÈRE

Précisément.

MARIE

Et cette fleur, comment est-elle donc faite?

JOSÈPHE

A-t-elle encore six partout?

GRAND'MÈRE

Elle a deux *presque* partout.

JEAN

Deux *balles* ou *glumes* pour enfermer l'*épillet.*

MARIE

Grand'mère a dit que les glumes ne sont pas de la fleur.

LE PÈRE

Chaque fleur a aussi deux balles plus petites, qu'on appelle *glumelles.*

JEAN

Ce qui veut dire petites glumes ; c'est comme sœur et *sœurette.* N'est-ce pas Josèphette? petite Josèphe?

GRAND'MÈRE

Votre père va oublier les deux *glumellules*, qui sont en dedans des *glumelles.*

LE PÈRE

Mère, j'y ai foi, mais je ne les ai jamais vues, tant elles sont petites.

MARIE

N'importe, c'est très joli d'avoir imaginé : glumes, glumelles et glumellules.

GRAND'MÈRE

Les étamines devraient être aussi au nombre de deux, mais il y en a trois, n'en déplaise à Josèphe. Pour la consoler, le style est fendu en deux petites branches plumeuses, qui s'étalent sur l'ovaire.

LE PÈRE

Cherchons maintenant la graine dans un des épillets les plus avancés.

MARIE

En voici une qui est sortie de sa boîte.

JEAN

Elles sont toutes ainsi dans cette panicule; à découvert entre les deux balles ou glumelles.

GRAND'MÈRE

Pas plus à découvert que ta main, lorsqu'elle est enfermée dans un gant.

JOSÈPHE

Tous les grains d'avoine ont donc de petits gants?

GRAND'MÈRE

Oui, des gants, ou petits sacs, comme il te plaira les nommer. C'est l'*ovaire*.

LE PÈRE

Le petit sac est d'abord trop large; mais la graine y grossit à son aise, et si bien qu'elle arrive à le remplir, de façon qu'il se trouve collé exactement sur toute la graine, comme un gant bien ajusté qui se collerait sur la peau de la main.

GRAND'MÈRE

La graine semble alors être nue, parce qu'on ne distingue pas la pellicule de l'ovaire qui la recouvre.

LE PÈRE

Lorsqu'on écrase le grain pour faire de la farine, il est aisé de voir dans le son ou écorce qu'on en détache la double épaisseur de l'ovaire et de l'écorce de la graine, adhérant l'une à l'autre.

BLÉ
Plante entière, épi.

JEAN

Est-ce que le blé a aussi dans chaque fleur une seule graine et deux glumelles et deux glumes comme l'avoine?

GRAND'MÈRE

Oui, comme toutes les *Graminées*.

MARIE

Mais le blé est en vrais épis, tandis que l'avoine forme des grappes élégantes.

GRAND'MÈRE

Les épillets d'avoine sont portés sur des pédoncules ou pieds, ou petites tiges, longues et grêles, étalées en panicules pendantes, tandis que les épillets du blé sont serrés le long d'une tige ou axe, et forment ainsi ce qu'on appelle un *épi*.

JEAN

Puis les épis de blé sont barbus comme des queues de blaireau.

LE PÈRE

Beaucoup d'espèces n'ont pas de barbes.

GRAND'MÈRE

L'ensemble des barbes forme une sorte de fourrure qui défend les grains de l'épi contre trop d'humidité ou trop de chaleur. Les espèces qui sont cultivées dans des conditions favorables de climat et de terrain s'en dépouillent au bout de quelques générations, parce qu'elle leur devient inutile.

ORGE

Plante entière. Épi. Barbe.

LE PÈRE

On croit avoir observé que ces mêmes espèces devenues *non barbues*, se revêtent de nouveau de leur fourrure de barbes, si elles se trouvent pendant un certain nombre de générations en de mauvaises conditions de végétation.

JEAN

Mais qu'est-ce que c'est que ces barbes du blé?

LE PÈRE

C'est un prolongement de la nervure du milieu, soit d'une glume, soit d'une glumelle.

MARIE

Les champs d'orge sont charmants lorsque tous les épis ondulent au soleil, avec leurs barbes qui ont des points tout étincelants.

LE PÈRE

C'est que leurs barbes sont comme parsemées de petits points siliceux qui brillent comme le petit sable micacé que vous connaissez sur certaines grèves.

JEAN

Le grain de l'orge a aussi une barbe dure et piquante.

GRAND'MÈRE

C'est que les balles ou glumes de ces espèces d'orge se sont appliquées et soudées sur l'ovaire, en sorte qu'elles font une troisième enveloppe au grain de l'orge, et comme une de ces balles est terminée en une barbe ou arête, le grain semble en être pourvu, mais cette barbe est l'extrémité de la balle même.

Du reste, il y a des espèces d'orge dans lesquelles les balles ne se soudent pas sur le grain.

MARIE

Dans celles-là, le grain n'est pas surmonté d'une arête ou barbe ?

LE PÈRE

Pas plus que nos grains d'avoine.

MARIE

C'est sans doute dans les pays froids, que les grains de l'orge sont recouverts d'une troisième enveloppe ?

LE PÈRE

Pas toujours.

Voyez comme les semences des plantes sont merveilleusement enveloppées dans les pays chauds. L'amande du cocotier est dans une boîte de bois, aux parois épaisses, recouvertes de filasse. Les petites graines du cotonnier sont enveloppées d'épaisses couches d'ouate, dans une capsule boiseuse. Devinez si ce peut être pour les préserver du froid ?

JEAN

C'est plutôt comme les Arabes qui portent des vêtements de laine en tissus épais, pour se préserver du soleil.

Écrivons sur le carnet : *Dans les Graminées, plus de corolle, plus de pétales ; il n'y a que des balles qui s'appellent : glumes, glumelles et glumellules.*

Au lieu de la boîte aux graines, il y a un petit sac pour chaque graine. Elle le remplit et elle s'y colle en dedans, de sorte qu'elle a deux peaux ou enveloppes.

MARIE

Et l'une des glumelles porte quelquefois une barbe ou arête.

JEAN

Les petits épillets sont quelquefois attachés en panicules et quelquefois attachés en épis.

GRAND'MÈRE

Souvenez-vous bien de tous ces noms-là, il est bon de les redire.

Alors tous les enfants chantèrent à qui mieux mieux tous les noms que Jean venait d'écrire sur son carnet, et ils les surent bientôt de façon à ne pouvoir les oublier.

TREIZIÈME CAUSERIE

ENCORE LES GRAMINÉES

Le soir, la causerie se fit près du fauteuil de la grand'mère fatiguée.

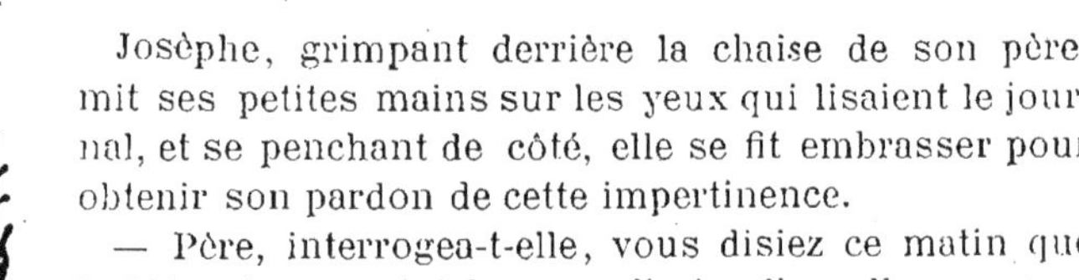

Épi de riz.

Josèphe, grimpant derrière la chaise de son père, mit ses petites mains sur les yeux qui lisaient le journal, et se penchant de côté, elle se fit embrasser pour obtenir son pardon de cette impertinence.

— Père, interrogea-t-elle, vous disiez ce matin que le blé est une céréale; grand'mère l'appelle une graminée.

LE PÈRE

Et moi aussi, mignonne. Le blé est bien une graminée et il est aussi une céréale. Demande à ton frère d'où vient ce dernier nom.

— C'est moi qui vais le dire, s'empressa Marie. C'est que la culture du blé fut enseignée aux Grecs d'autrefois par une femme qui se nommait Cérès, et qu'ils ont appelée la déesse des moissons.

JEAN

Tous les grains sont-ils donc des céréales, à cause de madame Cérès ?

MARIE

Pas le blé noir, bien sûr. Il n'est toujours pas une graminée, car ses petites fleurs rosées ne sont pas avec des balles, ni en épillets.

LE PÈRE

Le seigle, le froment, l'orge et l'avoine sont nos seules céréales.

JEAN

Et le riz, qui a la forme des grains de blé ?

JOSÈPHE

Le riz n'a toujours pas de son comme le blé ! Il est blanc pardessus, comme s'il était tout en farine.

JEAN

C'est peut-être qu'on enlève l'écorce du riz, avant de nous l'envoyer de si loin.

MARIE

L'orge n'est pas blanche dans l'épi, ni dans le grenier, et elle est toute blanche lorsqu'on l'achète pour en faire de la tisane.

GRAND'MÈRE

C'est qu'on l'a *décortiquée* comme le riz.

MAÏS

Plante entière. Épi.

JEAN

Est-ce que le blé de Turquie est un vrai blé ?

LE PÈRE

Le blé de Turquie est un *maïs* ou *zéa*, qui diffère grandement du blé, bien qu'il soit cependant une graminée.

MARIE

Leurs gros épis de grains ronds alignés côte à côte et sans balles, ne ressemblent guère à nos épis de blé.

JEAN

Sans balles ? les épis de maïs sont bien emmaillottés dans je ne sais combien de balles raides, dont la portière fait des paillasses.

GRAND'MÈRE

Leurs fleurs diffèrent grandement de celles des autres graminées. Elles sont en deux volumes dans le maïs, comme disait ton frère à propos des asperges.

LE PÈRE

Mais dans le maïs les deux volumes sont sur le même pied.

JEAN

Dans un épi de maïs il y a des fleurs à ovaire et d'autres fleurs sans ovaire ?

GRAND'MÈRE

Pas dans le même épi, mais sur le même pied.

MARIE

Oh ! je sais, je devine ; les fleurs à étamines forment ce grand panache plein de poussière qui est tout au sommet de la grande tige du maïs.

CANNE A SUCRE
Plante entière fleurie.

LE PÈRE

Très bien trouvé vraiment. Et les fleurs à ovaires ?

JEAN

Elles sont alignées sur ce gros tronc de l'épi où nous voyons plus tard, de gros grains blancs, dorés ou bruns, suivant les espèces de maïs.

GRAND'MÈRE

Qui a vu ces gros épis encore emmaillottés, comme dit Jean, de leurs balles plissées, dont s'échappe par le haut une longue chevelure brune ou dorée ?

JOSÈPHE

J'ai voulu en faire des cheveux à ma poupée, mais ils se fanent trop vite.

MARIE

Est-ce que se sont des barbes comme celles de l'orge et du blé ?

GRAND'MÈRE

Ce sont les styles des ovaires alignés sur le gros épi.

JEAN

La *canne à sucre* n'est-elle pas une espèce de maïs ?

GRAND'MÈRE

Non, pas plus que les *grands roseaux,* ni les *gynériums,* ni les *bambous,* tous plus rapprochés du blé et de l'avoine que du maïs, excepté pour les dimensions.

MARIE

Est-ce que nous ne parlerons pas des *brizes* tremblantes, des *méliques*, des *agrostis* délicats, de toutes les jolies herbes de nos prairies ?

GRAND'MÈRE

Les *graminées* sont innombrables et leurs espèces très difficiles à distinguer les unes des autres, aussi nous n'essaierons que

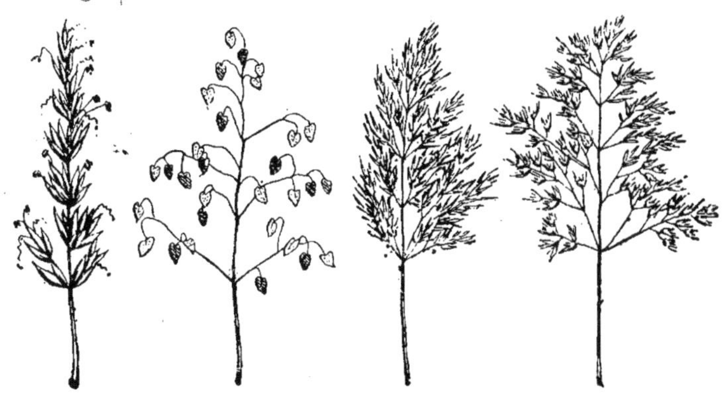

GRAMINÉES DES PRAIRIES NATURELLES

Flouve odorante. — Brize moyenne. — Agrostis jouet du vent. — Canche gazonnante.

plus tard à les classer. Toutes celles de nos prairies furent qualifiées par Linné de « Plébéiens, campagnards, gens de chaume, pauvres gens, communs, simples, vivaces ; se multipliant d'autant plus qu'on les maltraite et foule aux pieds : menue tourbe de la nation, constituant la puissance du royaume de Flore. »

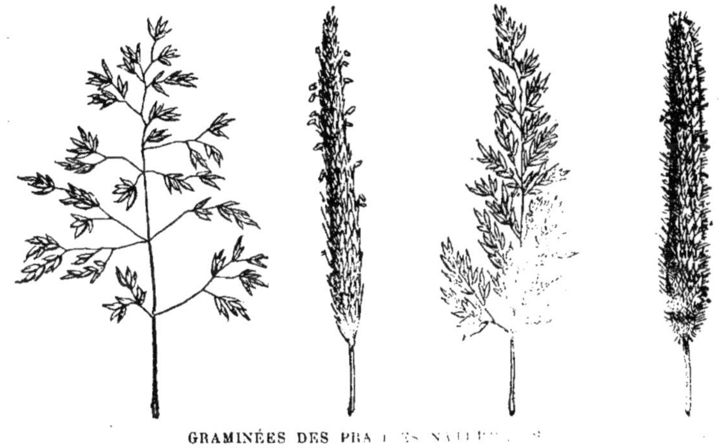

GRAMINÉES DES PRAIRIES NATURELLES

Pâturin élevé — Vulpin des champs — Houlque laineux. — Fléole des prés.

LE PÈRE

J'avais oublié ces allusions si pleines de vérité et de finesse.

JEAN

Linné aimait bien l'histoire romaine; avec ses patriciens et ses plébéiens

LE PÈRE

Il était un observateur aux vues élevées, aimant les plantes, les étudiant dans leurs mœurs, leur ensemble, leurs détails, pour les grouper, ou les diviser. Ses observations sont toujours justes, mais il avait essayé une classification qui n'était pas assez naturelle. Des botanistes français en ont donné de meilleures.

— Bravo que ce soient des Français ! dit Jean.

QUATORZIÈME CAUSERIE

LES DURS CAREX

— Quel triste ruisseau avec son eau toute jaune ! disait Josèphe.

— Quel terrain aride ! ajouta Jean.

— Pas une fleur, continua Josèphe.

— Cependant, contredit Marie, voilà de gracieuses graminées qui feraient de charmantes corbeilles pour grand'mère.

— Mais elles sont rudes comme des scies, s'écria-t-elle bientôt. Et si dures que je ne peux pas les couper avec mes doigts.

LE PÈRE

Ce sont des moyens de conservation que leur a donnés la Nature. Ils ne sont pas faits pour être coupés.

— Pourquoi donc pas, demanda Jean ?

LE PÈRE

Parce qu'ils croissent sur des terrains qu'ils ont mission d'améliorer.

JEAN

Comme les feuilles des arbres qui tombent à leur pied pour faire un abri et un terreau pour leurs racines ?

LE PÈRE

Le rôle des *carex* est surtout d'améliorer le sol en se nourrissant des mauvais principes qu'il contient.

MARIE

Mais si leurs débris restent sur la terre où ils ont pris ces mauvais principes, elle s'en sera pas débarrassée.

LE PÈRE

Ce qui est admirable, c'est que dans le travail de la végétation, les mauvais principes subissent de telles transformations qu'on ne les retrouve plus dans les carex qui les ont absorbés.

MARIE

C'est comme les porcs qu'on a essayé de nourrir de poisons et dont la chair n'est pas pour cela malfaisante.

LE PÈRE

L'estomac des porcs est disposé de façon à digérer, en effet, certaines substances dangereuses pour nous et à les transformer.

JEAN

Et il faut que les carex vivent sur ces mauvaises terres avant qu'elles puissent nourrir de bonnes plantes ?

CHAMPIGNONS

GRAND'MÈRE

Ne sais-tu pas qu'au commencement du monde, il avait fallu que beaucoup de végétaux inférieurs vécussent en grand nombre sur la terre, avant que d'autres plus parfaits pussent y respirer.

LE PÈRE

Ce furent d'abord des champignons, dont le tissu spongieux absorbait abondamment l'excès d'humidité.

JOSÈPHE

On en trouve encore dans la prairie, quand le temps est mouillé en été. Il poussent tout d'un coup en une nuit.

LE PÈRE

Vinrent ensuite des prêles et des fougères gigantesques.

GRAND'MÈRE

Ce sont les débris de ces espèces, accumulés pendant des siècles, peut-être, qui ont formé le sol où vécurent ensuite des espèces à racines puissantes.

JEAN

Ah ! oui, les premières espèces buvaient davantage dans l'air humide et épais dont la terre était enveloppée et ils le purifiaient.

MARIE

Et ensuite, nos arbres vont chercher leur nourriture dans les débris des générations qui se sont nourries d'air et d'eau !

GRAND'MÈRE

Ils se nourrissent bien aussi d'air et d'eau, mais attendons. Comme nous voilà loin de nos chemins ordinaires.

JOSÈPHE

Je trouve que les carex ressemblent tant aux graminées par les feuilles que je ne peux pas m'y reconnaître.

GRAND'MÈRE

Les tiges des graminées ont des *nœuds* de distance en distance, et des feuilles qui partent de chaque nœud.

JOSÈPHE

Ah ! Je vois. Les carex n'ont pas de nœuds et pas de feuilles le long de leurs tiges.

LE PÈRE

Et les fleurs sont de deux espèces dans le carex ; les unes avec des ovaires ; les autres avec des étamines.

JEAN

En effet, voilà les étamines en un panache composé de petites fleurs, comme dans le maïs, mais bien plus petit.

MARIE

Je vois plus bas des épis de fleurs à ovaire, et sur chaque ovaire, un petit style comme un fil, mais plus court que les chevelures du maïs, qui sont aussi des styles.

GRAND'MÈRE

En certaines espèces de carex, les fleurs à étamines sont par petits bouquets entre des épis de fleurs à ovaire, le long de la tige.

CAREX
Plante entière fleurie.

LE PÈRE

Dans les carex, chaque petite fleur de l'épillet n'a qu'une seule balle ou glume, tandis que dans les graminées il y a deux balles pour chaque fleur.

MARIE

Oui, les deux balles se referment l'une sur l'autre, comme un étui bien clos, pour protéger le grain des céréales, parce qu'il est nécessaire aux hommes.

On revenait en suivant la lisière d'un bois que limitait un faible cours d'eau. Jean s'arrêta devant une haute plante, à feuilles en lanières retombantes, à forte tige triangulaire couronnée d'une ombelle légère. Ce n'est pas un jonc, questionna-t-il?

GRAND'MÈRE

Regarde si les fleurs sont de 6 pièces comme de petites balles sèches autour de six étamines?

MARIE

Non, il y a de petites balles, mais en épillets, une pour chaque fleur.

— C'est un carex alors, dit Josèphe.

— Et toutes les mains de l'applaudir.

Il ne ressemble pas à ceux des mauvais terrains là-bas, remarqua Jean, car chaque fleur a son ovaire et ses étamines.

MARIE

Et, ce qui est très joli, les petites écailles sont pliées en carène de navire, sur les côtés de l'épillet, en sorte qu'il est tout aplati.

GRAND'MÈRE

Ces deux caractères sont particuliers aux *Cypérus* et en font un petit groupe distinct dans la famille des carex.

C'est à ce groupe qu'appartient le *Papyrus*, dont les tiges et les feuilles préparées en tranches très minces, étaient employées chez les anciens pour leurs manuscrits.

— Voyez les grands joncs dans le milieu du ruisseau; s'écria tout à coup Josèphe, ils sont gros comme la badine de Jean.

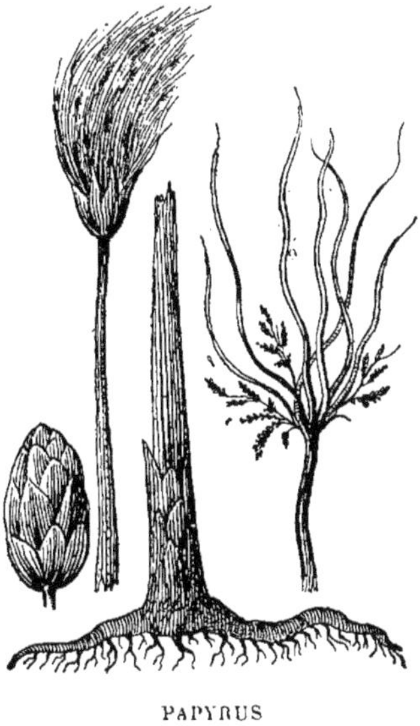

PAPYRUS
Plante entière.

Et en haut, au bout pointu de la badine, un bouquet de gros épillets pointus, couleur de cuir tanné.

GRAND'MÈRE

Si ces *gros joncs* n'étaient pas un peu loin, vous ne seriez pas excusables de les prendre pour des joncs.

JEAN

Papa me dit tout bas que c'est le *Scirpe* des lacs.

LE PÈRE

Les *Scirpes* sont un troisième groupe des *Caricées*. Les écailles de leurs épillets sont *imbriquées* circulairement de bas en haut, en sens inverse des ardoises ou des tuiles d'un toit.

GRAND'MÈRE

A la base intérieure de chaque écaille, il y a des poils au milieu desquels l'ovaire se trouve préservé contre l'humidité des eaux où ils croissent.

LE PÈRE

Dans quelques espèces, ces poils s'accroissent en longueur, jusqu'à dépasser assez longuement l'écaille même, en formant une sorte d'aigrette soyeuse, quelquefois d'un blanc brillant.

MARIE

C'est la *Linaigrette* de nos marécages !

LE PÈRE

Le lin en aigrette. On a inutilement essayé d'en tisser les soies, elles sont trop parfaitement lisses pour se lier les unes aux autres.

JOSÈPHE

Où en trouver, grand'mère ; je n'en ai jamais vu.

GRAND'MÈRE

Jean écrira tantôt : *carex, scirpes et cypérus, une seule balle.*

JEAN

Voilà le précieux carnet.

GRAND'MÈRE

Carex : Étamines et ovaire en des fleurs différentes sur le même pied.

Scirpe : Épillets cylindriques, à écailles imbriquées.

Cypérus : Épillets aplatis, à écailles en carènes.

LE PÈRE

Tiges sans nœuds et sans feuilles.

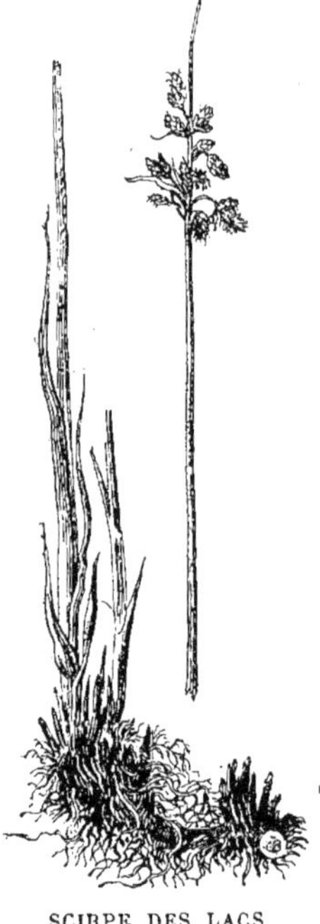

SCIRPE DES LACS
Plante entière fleurie.

QUINZIÈME CAUSERIE

DEUX PETITES FAMILLES

On faisait le tour d'une belle pièce d'eau, en l'absence des propriétaires voisins.

— Voilà une haute plante très curieuse, dit Jean au retour d'une exploration en avant.

MARIE

C'est le *roseau de la Passion* avec ses jolies quenouilles vertes, qui deviennent brunes comme la bure des carmes.

GRAND'MÈRE

C'est la *Massette* ou *typha*.

JEAN

Est-ce encore un scirpe ?

MARIE

Sa grande quenouille de velours n'est pas faite d'écailles.

JEAN

Mais de quoi est-elle faite, s'il te plait ?

GRAND'MÈRE

Voyez, ce sont des poils très fins, comme ceux d'une brosse molle, et serrés comme les soies de nos velours.

MARIE

Les fleurs sont sans doute ce panache plein de poussière qui est au haut de la quenouille, et qui tombe plus tard, ce qui fait que les quenouilles semblent toutes avoir été brisées.

LE PÈRE

Fleurs à étamines, oui ; mais les fleurs à ovaire, entourées chacune de petits poils sont, çà et là au milieu de la fourrure épaisse de la quenouille.

JEAN

Je mettrai ces roseaux non loin du maïs sur mon tableau, à cause de leurs étamines en haut.

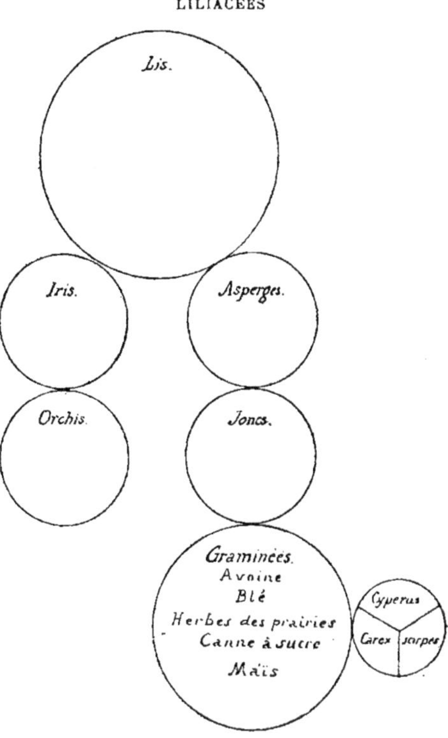

GRAND'MÈRE

Et tu inscriras : *typhacées* mais non pas roseaux.

On allait de fleur en fleur ; Marie se prit à examiner un bel *Arum* blanc, qui fleurissait dans un petit bassin, à côté des typhas, mais elle ne pouvait se rendre compte des différentes parties de la fleur.

Josèphe prétendit voir une grosse étamine jaune, dressée comme un pompon.

Jean assurait qu'il n'y a ni étamines ni ovaire.

— Et il n'a pas de corolle, ajouta la Grand' mère.

— Cependant ce beau cornet blanc, interrogea Josèphe?

GRAND'MÈRE

Ce beau cornet n'est qu'une spathe qui enveloppe les fleurs.

— Les fleurs ! répéta incrédulement Josèphe !

On ouvrit un des grands cornets et on put voir, à la base du grand pompon jaune, des anneaux de petites soies ou poils, entremêlés d'étamines réunies par bouquets, dont chacun est une fleur.

Plus bas que ces étamines, voici comme de petites rugosités dont chacune est couronnée d'un petit fil court et grêle. Ce sont les fleurs à ovaire, enchâssées dans l'épaisseur du spadix.

MASSETTE TYPHA
Feuilles et fleurs.

Chez nous cet *Arum du Cap* ne produira pas de fruits, continua la grand'mère. Mais vous avez trouvé dans nos champs, à l'automne, des tiges basses, épaisses, sans feuilles, portant à leur sommet comme un petit chapiteau couronné de six, huit, dix baies rouges. Ce sont les fruits de l'*Arum commun* ou *gouet*. Ils sont produits par quelques-uns de ses petits ovaires qui ont pu se développer en étouffant leurs plus proches voisins.

JOSÈPHE

Et le pompon jaune est donc tombé pendant ce temps-là ?

GRAND'MÈRE

Nos arums communs n'ont pas de pompon jaune, ni de cornet blanc.

MARIE

Ils ont des pompons verts ou bruns, dans une

ARUM TACHETÉ OU GOUET
Plante entière fleurie. Plante en fruit.

grande feuille verte, repliée en niche.

Tu sais, Jean, quand nous étions jeunes, nous les cherchions au printemps pour les ranger dans des boîtes, comme des bâtons de pastel.

JEAN

Mais à quoi sert-il ce pompon au-dessus des petites fleurs ?

GRAND'MÈRE

Peut-être à emmagasiner des sucs pour nourrir les fruits qui doivent se former à sa base.

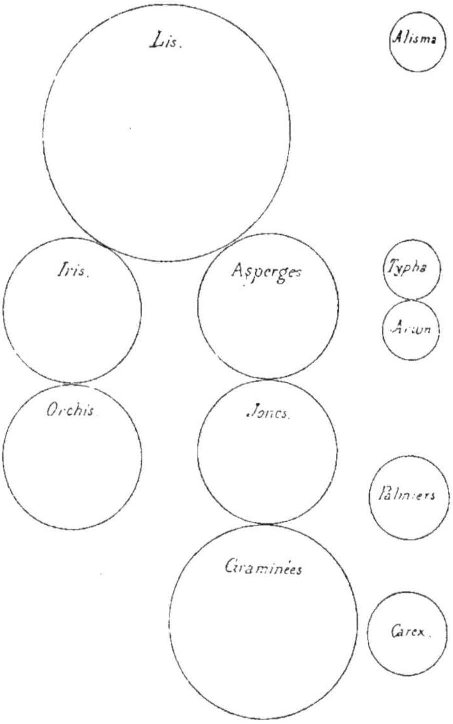

MARIE

De quelle famille sont les arums ?

GRAND'MÈRE

Ils forment la très petite famille des *Aroïdées.*

Il faudra tailler pour elle un tout petit rond.

JOSÈPHE

Nous le placerons près des Asparaginées à cause de leurs fruits en baies.

MARIE

Et les massettes par là aussi, sous les arums, à cause des fleurs à ovaire au-dessous des fleurs à étamines.

GRAND'MÈRE

Nous placerons dans le bas du tableau la magnifique famille des *Palmiers,* après que nous en aurons dit quelques mots, pour la rattacher à celles dont elle se rapproche le plus.

PREMIÈRE PEUPLADE
RÉCAPITULATION

Lis. — Alisma — Iris. — Asperges — Typha — Arum — Orchis — Joncs. — Palmiers — Graminées — Carex.

SEIZIÈME CAUSERIE

QUELQUES PALMIERS

— Par quels côtés les Palmiers peuvent-ils se rattacher à nos herbes, demandait Jean ?

Josèphe trouva que leurs feuilles sont rudes comme celles des carex. Marie se rappela que leurs fleurs sont dans une spathe.

— Mais les noix de coco, mais les dattes, mais le gros tronc nu des palmiers, avec une couronne de feuilles; répondait Jean. Tout cela ne ressemble à rien de ce que nous avons vu dans les autres familles.

Le père écoutait; il les rejoignit pour aider à faire de meilleurs rapprochements. Demandez plutôt comment sont les fleurs.

JOSÈPHE

Elles doivent être larges comme les tourne sol, puisqu'elles donnent les grosses noix de coco.

COCOTIER
Plante entière portant des fruits.

JEAN

Ce n'est pas une raison; les fleurs des melons et des citrouilles ne sont pas beaucoup plus grandes que celles des fraises.

MARIE

Les palmiers de ma tante ont de petites houppes de fils jaunes, qui sont sans doute les étamines.

JEAN

C'est vrai, et je me rappelle que ces petites houppes sont attachées de distance en distance sur de petites baguettes fourchues, sans feuilles.

LE PÈRE

Ses baguettes ou *spadix* (porte-fleurs) ne sont pas fourchues dans toutes les espèces de palmiers. Celui du dattier, est simple; celui du sagoutier est à plusieurs branches épaisses et disposées comme des doigts.

GRAND'MÈRE

Vous n'avez remarqué que les étamines, mais chaque petite fleur a aussi un ovaire et une petite corolle toute basse, ayant six pétales en deux couronnes, de trois pétales chacune, et les étamines y sont au nombre de six.

MARIE

Pourquoi les feuilles sont-elles d'abord pliées comme un éventail fermé?

GRAND'MÈRE

Parce qu'elles sont pliées dans le sens de leurs nervures, qui vont toutes de la base au sommet de la feuille, comme la monture de ton éventail.

MARIE

Et plus tard elles se déchirent, comme un éventail usé, qui se coupe sur ses plis, c'est pourquoi elles deviennent de plusieurs pièces.

JEAN

Tous les palmiers ne sont pas de grands arbres, car il y en a de nains en Algérie?

LE PÈRE

Il y en a un grand nombre d'espèces qu'on distingue entre elles par leurs fruits.

JEAN

En effet les cocos et les dattes ne se ressemblent guère.

MARIE

J'ai vu des noix de sagoutier, grosses comme des bœufs, en beau bois brun vernis.

SAGOUTIER
Plante entière.

JOSÈPHE

Les petits grains de sagou, qu'on mange en bouillies, sont sans doute les graines de cette grosse boite.

LE PÈRE

Non, les fruits de toutes les espèces de palmier n'ont qu'une seule graine en sorte d'amande.

GRAND'MÈRE

C'est la moelle du sagoutier qu'on prépare en petits grains pour nos bouillies et nos potages.

JEAN

Où placerons-nous les palmiers dans notre tableau ?

GRAND'MÈRE

Six pétales, six étamines, un ovaire.

JOSÈPHE

C'est comme les Liliacées.

On les y rattacherait par les *Bananiers*, *Muzas, Cannas* ou *Balisiers*.

JEAN

Quel immense tableau !

MARIE

Et tout ce qui nous reste à apprendre. Pense donc aux chênes, aux pommiers, aux roses, aux violettes.

Et les œillets, les choux, les carottes, etc., etc.

DIX-SEPTIÈME CAUSERIE

UNE FAMILLE OUBLIÉE

Ce jour-là, les enfants avaient herborisé sans grand'mère. Ils rapportaient des fleurs plein leurs mains, et Josèphe avait encore les plus petites dans son tablier relevé autour de sa taille.

Ils les étalèrent toutes sur le gazon, cherchant à en reconnaître quelques-unes.

Ce n'était plus la saison des orchis, iris, muguet des bois et perce-neige.

Mais on avait décidé de cueillir tout ce qui s'appelle fleur. On devait les dessécher, les conserver en un herbier particulier et les étiqueter à mesure qu'on les rencontrerait au courant des petites études.

La grand'mère en nommait déjà quelques-unes, lorsque ses enfants les lui présentaient; mais elle s'arrêta à en considérer une toute petite, dans la main de Jeanne.

— J'avais oublié cette petite famille, leur dit-elle.

MARIE

Trois pétales rosés, seulement trois pétales, pour cette fois.

JOSÈPHE

Et trois petites feuilles vertes par dessous !

JEAN

Encore deux fois trois, ce qui égale six.

GRAND'MÈRE

Oui, mais on dit: calice vert de trois sépales; et corolle rosée de trois pétales.

JEAN

Si ce n'est que cela ?

GRAND'MÈRE

Et plusieurs ovaires, au lieu d'un seul.

MARIE

Comment s'appelle cette petite fleur qui d'abord ressemble à bien d'autres et qui en diffère pourtant ?

GRAND'MÈRE

C'est un *Alisma*, de la famille des *Alismacées*.

JEAN

Ses petites feuilles ont des pieds ou des queues, au lieu de rester larges dans le bas, comme celles des poireaux, des tulipes, des iris.

GRAND'MÈRE

Toute cette petite famille croît au bord des eaux; ou dans les lieux humides, comme les renoncules, auxquelles elle se rattache par les ovaires nombreux, quoique les renoncules appartiennent à une peuplade toute différente par des caractères importants.

JOSÈPHE

Voilà un autre alisma qui a cinq pétales blancs et cinq pétales verts sous les blancs.

MARIE

Ce n'est donc pas un alisma.

JOSÈPHE

C'est ce que je pensais bien.

GRAND'MÈRE

C'est précisément une renoncule, la petite renoncule aquatique, son tour viendra bientôt.

ALISMA
Plante entière fleurie. Fleurs ; coupe de la fleur.

JOSÈPHE

— Ah, voyez-vous? grand'mère a dit qu'elles se touchent, et je les ai apportées ensemble.

— Vive ma petite sœur Josèphe qui devine la botanique, s'écria Jean, et l'élevant à pointe de bras, il pivotait sur lui-même pendant qu'elle se débattait en riant, s'imaginant qu'elle avait peur.

Marie la reçut dans ses bras.

— Voyez-vous, dit la grand'mère, cette fleur d'un beau bleu foncé, avec des feuilles rubannées : là, sur la plate-bande, c'est l'*Éphémère de Virginie*.

MARIE

Elle n'a que trois pétales, comme les alismas.

GRAND'MÈRE

Nos *tradescantias*, ou comelines de serre et d'appartement, n'en ont que trois non plus ; leurs petites fleurs se relient aux alismas et aux joncs

MARIE

Je m'y perds, je m'y perds, comment, ces petites feuilles ovales tout le long de grosses tiges pendantes peuvent-elles être près des joncs ?

GRAND'MÈRE

Et les fleurs ?

MARIE

Elles devraient être dans les alismas, puisqu'elles ont aussi trois pétales.

JEAN

As-tu compté les étamines et les ovaires ?

MARIE

Ah ! peut-être un seul ovaire comme les joncs ?

GRAND'MÈRE

Des ressemblances mêlées à des différences, voilà ce que vous retrouverez partout.

MARIE

Comme il est difficile de faire des divisions, avec tout cela.

GRAND'MÈRE

Il n'y en a point dans l'ensemble de la création. C'est nous qui en établissons pour l'étudier par groupes et peu à peu.

JEAN

Alismacées : trois pétales, ovaires nombreux.

JOSÈPHE

Et trois pétales verts sous la fleur.

GRAND'MÈRE

Ici finit la pleuplade où règne le nombre six, ou deux fois trois.

Dans l'autre peuplade qui nous reste à étudier, nous verrons de grandes diversités de nombre, de forme, d'ensemble.

MARIE

Heureusement nous verrons tout cela peu à peu et avec grand' mère pour nous conduire. Sans quoi nous serions égarés entre tant de familles, de divisions et d'espèces.

DIX-HUITIÈME CAUSERIE

DEUX GRANDES PEUPLADES

On avait fait de grands préparatifs indiqués par la grand'mère. Le tableau de Jean était terminé; on l'avait appendu aux basses branches d'un tilleul sous la vieille charmille.

Josèphe avait fait six petites boîtes avec de larges feuilles repliées et Marie avait écrit sur des étiquettes posées dans les boîtes :

Maïs	blé noir
	fèves
oignons	glands de chêne
blé	

En chaque boîte, il y avait plusieurs graines de l'espèce indiquée sur son étiquette.

Mais toutes ces graines étaient gonflées par une macération de quelques jours dans de la terre humide, afin qu'on pût mieux distinguer ce qu'on y devait observer ce jour-là.

Grand'mère commença :

— Prenons ces grosses fèves et enlevons la mince peau qui les recouvre.

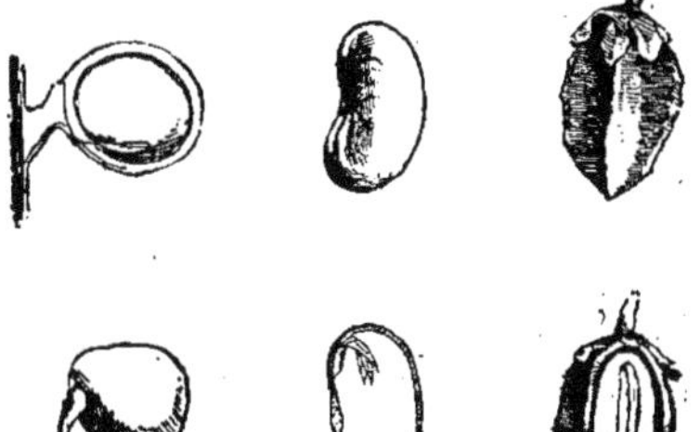

GRAINES DIVERSES

1. Le pois. — 2. Le haricot. — 3. Le sarazin entiers et coupés dans le sens de la longueur.

JOSÈPHE

J'ai déjà bien vu, quand on sert des fèves sur la table qu'il y en a deux dans le même petit sac. On déchire le petit sac, et les deux fèves se séparent.

GRAND'MÈRE

Ce ne sont pas deux fèves, mais seulement deux moitiés de fève qui se séparent ainsi. Tout ce qui est dans ce que tu appelles un petit sac n'est qu'une seule fève.

LE PÈRE

Voyez, il n'y a qu'un seul germe entre les deux moitiés ; si nous les plantions, il ne viendrait qu'un seul pied de fève et pas deux pieds.

JEAN

Bien souvent quand j'arrachais de petits chênes qui n'avaient encore que deux ou trois feuilles, j'ai trouvé au bas de leur tige un gland entr'ouvert et les racines s'enfonçaient à droite et à gauche dans les deux moitiés du gland, comme pour les retenir ensemble.

LE PÈRE

Ce petit chêne tient des deux côtés aux deux moitiés du gland pour y puiser la nourriture qui est nécessaire à son développement.

GRAND'MÈRE

Aussi ces deux moitiés du gland, ou de la fève, et de beaucoup d'autres graines se nomment les *cotylédons*, ce qui veut dire les réservoirs.

JEAN

Alors les cotylédons rendent à la jeune plante le même service que le tubercule des orchidées et l'oignon des tulipes, et bien d'autres oignons qui renouvellent les plantes vieillies?

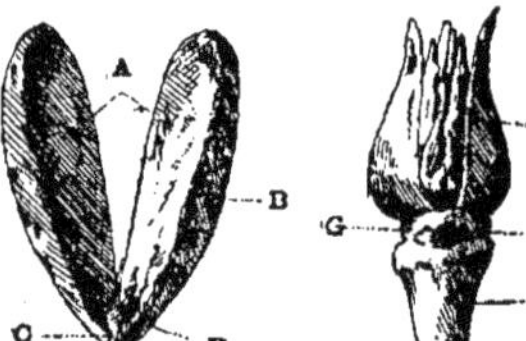

AMANDE OUVERTE

A. Cotylédons séparés, laissant voir la radicelle D., la tigelle C. et la gemmule E.

PLANTULE DE L'AMANDIER TRÈS GROSSIE

F. Gemmule.
G. H. Tigeller
I. Radicelle.

LE PÈRE

C'est exactement le même procédé.

JOSÈPHE

J'ai beau dépouiller aussi des graines de maïs, je ne peux pas les faire séparer en deux moitiés comme les fèves.

MARIE

J'en dis autant des grains de blé; toute sa farine est dans un seul petit sac.

JEAN

Et moi, dans mon grain de blé noir, j'ai bien deux petits sacs de farine.

LE PÈRE

Le maïs de Josèphe et le blé de Marie n'ont qu'un seul cotylédon, ce sont des graines *monocotylédonées*.

JEAN

Ah! je comprends, un seul cotylédon, c'est comme des fleurs monopétales.

MARIE

Et le blé noir de Jean? Et les fèves et les glands?

JEAN

Je me rappelle; ce sont des graines *dicotylédonées*, c'est-à-dire à deux cotylédons.

LE PÈRE

Les plantes à graines monocotylédonées et les plantes à graines dicotylédonées sont très différentes d'aspect et d'organisation.

GRAND'MÈRE

Elles forment deux grandes peuplades distinctes dans le royaume de Flore, disait notre Linné.

JEAN

Écoute, Marie, pour le carnet : monocotylédonées et dicotylédonées.

GRAND'MÈRE

Toutes les familles de notre tableau sont des monocotylédonées.

JEAN

J'écrirai au haut du tableau : Première peuplade du royaume de Flore.

JOSÈPHE

Je ne comprends pas bien ce que ça veut dire.

JEAN

Tu crois peut-être que Flore est une reine de France ou d'Angleterre ?

JOSÈPHE

Eh bien ! d'où est-elle reine ?

MARIE

C'est une femme d'autrefois qui aimait beaucoup les fleurs ; on l'appelle la déesse des fleurs. Tu apprendras cela plus tard.

GRAND'MÈRE

Toutes les autres familles qui nous restent à étudier sont des dicotylédonées.

JEAN

Nous ferons un autre tableau qui sera la deuxième peuplade du royaume de Flore.

LE PÈRE

Les dicotylédonées sont si nombreuses, si diversifiées qu'il te faudra plus d'un tableau pour en inscrire toutes les familles.

JOSÈPHE

Tant mieux qu'il y en ait beaucoup, je saurai écrire pour les dernières.

JEAN

Oui, peut-être. En priant grand'mère de ne pas aller trop vite pour attendre ce temps-là.

— Jean est méchant ! dit la petite fille humiliée. Je voudrais devenir un jour la plus vieille pour me venger de lui.

DIX-NEUVIÈME CAUSERIE

LES BULLES DE SAVON

Nouvelle installation sous l'abri de la charmille.

Depuis plusieurs jours, on attendait la *levée* des graines confiées aux soins de Jean et de Marie, pour une nouvelle étude.

Le moment était venu, et tout le monde s'était réuni près du pliant de grand'mère, devant un banc sur lequel étaient les deux vases où levaient les graines.

A un bout, celles du blé ; à l'autre, celles du blé noir.

Mais voilà que Josèphe s'oubliait à souffler des bulles de savon, au lieu de venir s'asseoir près des aînés. Et le père, passant, s'arrêta pour les voir. Puis :

— Bonne idée ! dit-il comme s'il venait de faire une découverte. Allez donc me chercher la petite coupe à deux compartiments où Marie range si bien les câpres et les cornichons.

Josèphe partit empressée, et revint avec la petite coupe déjà toute remplie pour l'heure du déjeuner.

— La coupe *vide*, s'il te plaît, dit le père ; ce fut le tour de Marie d'aller la vider à l'office.

Mais ils se demandaient, et grand'mère aussi, ce qu'on allait en faire.

— Verse un peu de ton eau savonneuse en chaque compartiment, dit le père à Josèphe, et cependant, conserves-en aussi dans ton gobelet.

— Bien, continue ton jeu maintenant, mais sans lever ton chalumeau ; tu sais, souffle toujours pour faire naître toutes ces petites bulles qui vont rester unies en une mousse au-dessus de ton gobelet.

Elle souffla, et de nombreuses cellules à facettes débordèrent bientôt autour du chalumeau.

Pendant ce temps, sur les indications de son père, Jean soufflait dans deux chalumeaux à la fois, plongeant chacun dans l'un des deux petits compartiments de la double coupe.

— Des bulles se formaient ainsi en deux masses égales, une dans chacun des petits compartiments mais réunies en une seule, à une certaine hauteur.

— Avec quoi se sont formés ces assemblages de bulles accolées, questionna le père ?

— Avec mon eau de savon, répondit Josèphe.

— Comme la première feuille du blé se forme avec la substance du cotylédon de la graine ; et les deux premières feuilles du blé noir, avec la substance des deux cotylédons.

— L'idée de papa était bonne, en effet, s'empressa de dire Marie. Le gobelet de Josèphe c'est le cotylédon du grain de blé ; les deux compartiments de la petite coupe de Jean, ce sont les deux cotylédons du grain de blé noir, ou du gland de chêne.

— Et je vois, ajouta Jean, revenant vers les vases où avaient levé leurs graines, que le blé a levé avec une seule première feuille.

— Parce qu'il n'avait qu'un seul cotylédon, expliqua le père.

JOSÈPHE

Comme je n'avais qu'une gerbe de bulles dans mon gobelet.

MARIE

Tandis que le blé noir, qui avait deux cotylédons, lève avec deux petites feuilles, placées comme deux oreilles aux deux côtés de sa petite tige.

— Admirablement compris, dit le père tirant avec amitié les deux oreilles de sa fille.

JEAN

C'est justement comme les deux compartiments de ma petite coupe, où j'ai soufflé deux gerbes de bulles, au lieu d'une.

LE PÈRE

La première feuille des monocotylédonées et les deux premières feuilles des dicotylédonées sont nommées *feuilles cotylédonaires*, parce qu'elles sont formées de la substance même des cotylédons de la graine.

GRAND'MÈRE

Quelquefois on les nomme aussi cotylédons, et on dit : le blé lève avec un cotylédon ; le blé noir, les haricots, les chênes lèvent avec deux cotylédons.

Mais je me rappelle que ce même nom pour les graines et pour les feuilles, m'a longtemps embarrassée.

LE PÈRE

Souvent ces premières feuilles ou *feuilles séminales*, c'est-à-dire feuilles de la semence, (pour ne pas embarrasser votre grand'mère), ne sont pas semblables à celles que produit ensuite la plante.

HARICOT

Jeune plante de haricot montrant les feuilles cotylédonaires ou séminales entre les deux cotylédons.

MARIE

J'ai vu cela sur les haricots qui lèvent dans le jardin. Les deux premières feuilles ressemblent aux deux moitiés d'un haricot qui seraient devenues vertes tout en restant épaisses comme dans la graine même.

LE PÈRE

Décidément Marie a le don de l'observation. Mais ce que tu prends pour les premières feuilles sont les deux moitiés du haricot qui se sont ouvertes en restant attachées par un des bouts à la tige.

MARIE

Mais comment ont-elles fait pour sortir de terre?

GRAND'MÈRE

C'est qu'elles sont attachées plus haut sur la tige que les cotylédons des autres plantes. La petite tige en s'élevant hors de terre a fait monter avec elle les deux cotylédons, qui restent souterrains dans la plupart des graines.

JEAN

Alors, si j'arrachais un haricot, lorsque ces deux cotylédons sont au-dessus de la terre, je ne trouverais qu'une petite racine dans le sol; tandis qu'aux jeunes chênes, je trouverais encore le gland?

LE PÈRE

Le haricot ne peut pas être à la fois au-dessus de la terre et dans la terre.

JEAN

Je suis perdu pour les notes.

JOSÈPHE

Le blé pousse avec une seule feuille; le blé noir pousse avec deux petites oreilles, qui sont deux feuilles.

LE PÈRE

Traduisons: *les monocotylédonées lèvent avec une seule feuille; les dicotylédonées lèvent avec deux feuilles.*

JOSÈPHE

Et les haricots?

GRAND'MÈRE

Ils ont aussi deux premières feuilles; leurs cotylédons au-dessus de la terre sont une exception de détail.

VINGTIÈME CAUSERIE

ENCORE LES DEUX RACES

Lorque les leçons furent apprises et les devoirs terminés, on se promena autour des grands carrés que longeait la charmille héréditaire.

Les pieds de blé, et les pieds de blé noir étaient restés sur le banc, aux deux bouts, comme les héros de deux nations étrangères l'une à l'autre.

Jean et Marie revinrent les observer et remarquèrent qu'en effet, ces deux plantes ont bien l'aspect de deux races différentes.

— Eh bien, dit la grand'mère, allez chercher nos autres petits godets où ont poussé toutes nos graines. Nous verrons si vous saurez les placer comme il convient; près du blé, ou près du blé noir, selon qu'ils vous paraîtront de la race de l'un ou de l'autre.

Josèphe était déjà partie; elle apporta un petit pot où levait du maïs et un autre où poussait un poireau; elle n'hésita pas à les poser près du blé.

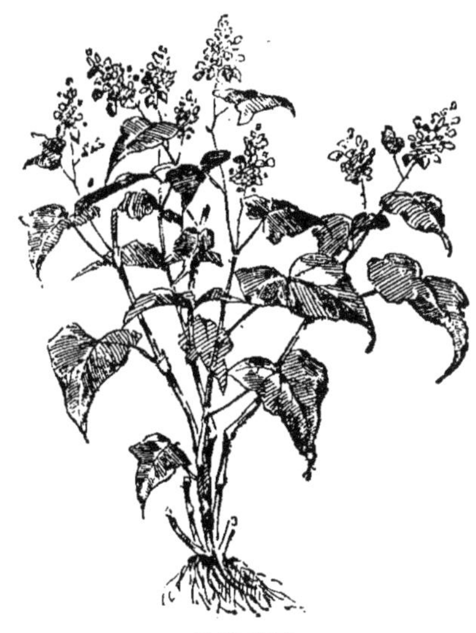

SARRASIN
Plante entière fleurie.

Jean apportait un chêne et un chou, avec un pied de colza il les plaça tout à l'autre bout, près du blé noir.

Marie avait choisi un palmier, dont la feuille unique marquait la place près du blé et du maïs, tandis que Jean était revenu avec un pommier à deux feuilles, un radis, une reine-marguerite, tous pour le groupe opposé.

MARIE

Une seule première feuille ou deux premières feuilles, on ne pourra pas se servir de ce signalement plus tard, lorsque toutes ces plantes auront beaucoup de feuilles, mais nous les distinguerons bien à leur aspect différent, n'est-ce pas, frère?

— Étudions quelques détails particuliers à chacune de ces races, dit le père qui s'était rapproché.

Jean fut chargé d'arracher un pied de seigle et un pied de colza déjà bien développés, et on commença à les examiner.

Il fut reconnu que le seigle a de menues racines, partant de divers points d'un tout petit plateau, ou tige affaissée et que toutes ces racines sont comme de petits cheveux tout droits, sans ramifications.

COLZA
Plante entière fleurie.

Le colza, au contraire, avait une seule racine centrale, qui semblait la continuation de la tige dans le sol, mais cette racine principale avait déjà de petites ramifications ou embranchements.

Pied de seigle montrant la tige affaissée et les racines.

— Et quelles différences vois-tu dans leurs tiges? demanda grand'mère.

— Au blé, au maïs, je ne vois pas de tiges, répondit Marie.

GRAND'MÈRE

Pas de tige qui s'élève comme fera celle du chêne, mais une tige affaissée en un petit plateau, d'où partent les feuilles, ne vous souvenez-vous plus des oignons ?

JEAN

Pour les feuilles, mon livre de classe dit que celles des monocotylédonées ont des fibres qui vont de la base au sommet, sans émettre de ramifications.

MARIE

C'est comme les racines, qui n'ont pas d'embranchements.

JOSÈPHE

On voit bien cela sur la feuille du petit palmier, mais pas bien sur celle du blé.

MARIE

Mais sur les feuilles du chêne les petites nervures vont dans tous les sens. Celle du milieu va toute seule jusqu'au bout.

GRAND'MÈRE

Feuilles de chêne montrant les nervures.

Ces nervures ramifiées, entre-croisées, rendent le tissu des feuilles dicotylédonées plus solide que celui des monocotylédonées.

MARIE

Aussi elles ne se déchirent pas comme celles des palmiers et des bananiers.

LE PÈRE

Ajoutons que les monocotylédonées ont des feuilles emboîtées les unes dans les autres à leur base, tandis qu'elles sont libres dans les dicotylédonées.

GRAND'MÈRE

Et voyez sur le seigle, comme elles sont longues, étroites, pointues, sans découpures sur leurs bords.

MARIE

En effet, rien que par les feuilles, on voit bien que les choux, les chênes, les carottes sont d'une autre race que le blé ou le maïs.

JEAN

Nous écrirons toutes ces différences en deux colonnes, n'est-ce pas Marie? Tu mettras les titres, moi je dessinerai des feuilles de chaque race et les racines.

MARIE

Mais les champignons, qui n'ont pas de feuilles, où les placerons-nous?

LE PÈRE

Il y a bien d'autres classes qui n'ont pas de feuilles, pas de fleurs, pas de graines.

PLANTES QUI ONT FORMÉ LA HOUILLE

1. Cordaites. — 2. Calamites. — 3. Fougère arborescente. — 4. Sigillaria. 5. Calamophyllites. — 6. Lépidodendron.

JOSÈPHE

Comment les sème-t-on quand on veut en avoir?

GRAND'MÈRE

Nous verrons cela plus tard.

LE PÈRE

Votre grand'mère a voulu commencer par les plantes qui ont des fleurs parce que l'étude en est plus attrayante pour votre âge.

Elles ne furent pas les premières dans l'ordre de la création, et elles ont une organisation moins simple que les *acotylédonées*. C'est-à-dire les plantes sans cotylédon, sans graine proprement dite.

MARIE

Comme les champignons ?

LE PÈRE

Et les algues, les mousses, les prêles, les fougères

JEAN

On dit qu'à l'époque secondaire les prêles et les fougères étaient comme des arbres.

LE PÈRE

On en trouve des empreintes gigantesques dans les houillères, qui sont le charbon produit par des forêts enfouies à ces époques reculées.

VINGT-ET-UNIÈME CAUSERIE

L'HERBIER

Les vacances avaient amené des visites et des voyages; on avait cueilli beaucoup de fleurs, on les avait desséchées pour l'herbier, mais on n'avait pas repris les causeries sérieuses.

DEUX GRANDES PEUPLADES

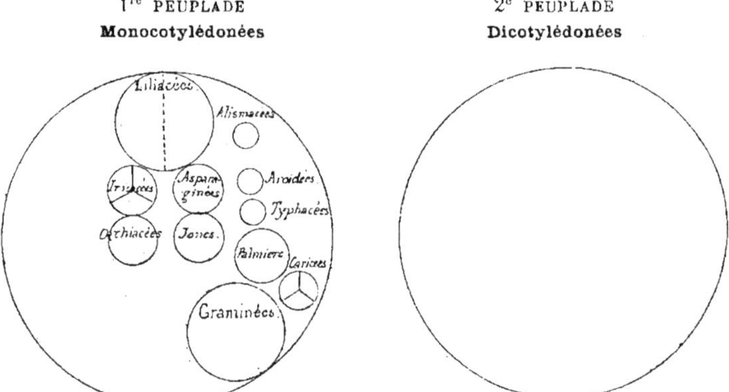

Un soir de pluie, grand'mère demanda toutes les fleurs pour les classer et les nommer.

Marie voulait les ranger dans des feuilles de son plus beau papier, mais on lui fit observer qu'elles se conservent en meilleur état dans du papier un *peu mou.* On se promit de faire choix pour le lendemain de tout ce qu'on trouverait de plus commun dans les papiers *buvards;* non pas de ceux d'aujourd'hui, couleur de chair, plus ou moins rose; mais de celui d'autrefois, gris comme le *brouillard,* dont il a pris son nom.

En attendant, on coupa de petites étiquettes, toutes de même taille, sur lesquelles on inscrivit le nom de chaque fleur et la famille à laquelle elle appartient.

Chacune portait déjà, de la main de Marie ou de Jean, l'indication du lieu, et la date de la promenade d'où on l'avait rapportée.

Mais dans toutes ces fleurs, combien dont n'avaient pas parlé les causeries précédentes. Comment s'y reconnaîtra-t-on?

— Patience, disait la grand'mère, nous les étudierons à leur tour; réunissez-les toujours par familles, en sorte de cahiers.

Bien. Vous rappelez-vous tous ces almanachs que Josèphe suspend quelquefois lorsqu'elle joue à vendre des tableaux; elle nous les prêtera pour faire des couvertures mobiles à plusieurs familles ensemble qui formeront alors comme un volume, et Marie l'attachera avec quelque ruban ou quelque galon hors de service.

Jean se chargera d'écrire sur une longue bande de papier le nom des familles enfermées en chaque volume. Et nous voilà un herbier en ordre, comme celui des savants.

Tout cela occupa plus d'une soirée. Chacun aida au travail, chacun rappelait devant certaine fleur, certains détails sur la corolle, ou sur ses feuilles, sa racine, etc.; ce fut une bonne récapitulation des études précédentes, et un adieu à la peuplade des *Monocotylédonées,* avant de passer chez les *Dicotylédonées,* avec lesquelles il s'agissait de faire connaissance.

VINGT-DEUXIÈME CAUSERIE

LES RENONCULES ET LES RENONCULACÉES

Cependant le classement de l'herbier n'avait pas l'attrait des promenades et des fleurs cueillies toutes fraîches.

Heureusement les perce-neige, les crocus commencèrent à se montrer vers la fin de l'hiver. On les accueillit comme de vieilles connaissances, dont le visage avait été décrit d'avance, dont l'histoire était connue.

Bientôt les prairies se couvrirent de fleurs. Un jour nos trois enfants mouillèrent dans l'herbe nouvelle et les ruisselets qui l'arrosent, leurs chaussures et leurs pieds, mais ils rapportèrent un gros bouquet très varié, dont ils étaient ravis. Ils en éparpillèrent les fleurs sur la petite table accoutumée et on pria grand'-mère de venir les admirer.

— Cherchez, dit-elle; il y a dans ces nouvelles venues une espèce qui nous rattachera à l'une de nos familles monocotylédonées.

— C'est la renoncule bouton-d'or, s'empressa de dire Marie, elle touche aux alismas de l'année dernière, par de nombreux ovaires dans la même fleur.

JEAN

C'est même tout exprès que grand'mère avait oublié les alismas jusqu'à la fin, pour qu'elles puissent toucher les renoncules.

GRAND'MÈRE

Je vois que vous n'avez pas oublié nos dernières causeries. Examinons notre bouton-d'or, qu'on appelle aussi le *bassinet*, sans doute, parce qu'il semble un petit bassin, dont l'intérieur est brillant comme le cuivre de nos bassins de ménage.

JOSÈPHE

Cinq pétales; une, deux, trois, six, dix étamines et bien d'autres encore. Je croyais n'en trouver que cinq, puisqu'il n'y a que cinq pétales.

RENONCULE ACRE
Plante entière fleurie montrant les racines.

MARIE

Mais en dessous de la corolle jaune, il y a une autre petite corolle verte, qui est aussi de cinq pièces.

JEAN

C'est le calice, dont chaque pièce s'appelle un *sépale* dans mon livre.

JOSÈPHE

Un sépale! pourquoi changer de nom, puisque la corolle a des pétales?

JEAN

Combien d'étamines, à la fin?

GRAND'MÈRE

Toutes les fois qu'il y a plus de dix étamines, on n'en cherche plus le nombre exact, parce qu'il est variable, même dans les fleurs de la même espèce. C'est pourquoi on dit : Étamines indéfinies, ou étamines nombreuses.

JEAN

C'est commode pour Josèphe qui n'aime pas à compter plus loin que dix.

JOSÈPHE

Oh le méchant frère! avec le boulier, je compte bien jusqu'à dix fois dix font cent. Demande à Marie?

— Eh bien, comptons toutes deux les ovaires, répondit Marie.

GRAND'MÈRE

Disons aussi : ovaires nombreux. Voyez, ils semblent une multitude de petits grains fixés sur un petit plateau un peu bombé, au centre de la fleur. A mesure qu'ils auront besoin d'espace pour grossir, le petit plateau prendra aussi de l'accroissement, si bien qu'il deviendra une petite tête toute ronde.

JEAN

Je ne vois qu'une seule graine dans chacun de ces petits ovaires.

GRAND'MÈRE

Avec ce dernier caractère, nous avons reconnu tous les traits qui distinguent les renoncules. Tu peux les noter sur notre précieux carnet.

JEAN

Ce n'est pas long : *corolle de cinq pétales, calice de cinq sépales, étamines nombreuses, ovaires nombreux et chacun à une seule graine.*

GRAND'MÈRE

Ajoutons : *toutes les parties de la fleur sont implantées sur un petit plateau libre, c'est-à-dire dont le calice peut se détacher sans déchirement.*

JEAN

Ce sera trop long pour nos notes.

GRAND'MÈRE

C'est que, faute de ce détail, vous pourriez confondre avec les renoncules certaines fleurs qui ne sont pas même leurs arrière-cousines.

MARIE

Allons Jean, je t'aiderai. Mais dites-nous, grand'mère, avec quelles fleurs nous pourrions les confondre.

GRAND'MÈRE

Avec des plantes très estimables par leurs bonnes qualités ; tandis que les renoncules et toutes les renonculacées sont plus ou moins malfaisantes. Il faut se défier de toute cette famille.

VINGT-TROISIÈME CAUSERIE

QUELQUES AUTRES RENONCULACÉES

Le soir, lorsqu'on voulut étendre les feuilles des renoncules qu'on desséchait pour l'herbier, grand'mère fit remarquer combien elles diffèrent de celles des dicotylédonées par leurs profondes découpures et leurs nombreuses nervures s'entre-croisant dans tous les sens, ce qui les rend plus solides, mais aussi plus difficiles à bien étaler.

Elle conseilla de les laisser se *pâmer* quelques heures sous une pression assez forte, avant de prétendre les étendre facilement, mais elle recommanda de ne pas tarder à bien disposer les fleurs entre de petites plaques de coton, ou de ouate, qu'on changerait tous les jours ou à peu près, de même que les feuilles de papier sur lesquelles on plaçait les plantes.

— Voilà, dit Josèphe, une renoncule qui a des feuilles presque rondes, avec de petits pieds, qui partent de la racine.

JEAN

Est-ce bien une renoncule ; ses pétales sont très étroits et il y en a bien plus de cinq ; huit, dix même..

GRAND'MÈRE

C'est la *petite chélidoine,* ou *ficaire,* qui n'a pas de calice.

MARIE

Qu'elles étaient jolies ce matin comme des étoiles d'or sur le gazon !

GRAND'MÈRE

Par les pétales; au-delà de cinq, la ficaire est voisine de nos hépatiques bleues, roses ou blanches. Mais elles ont, de plus que la ficaire, une petite collerette de trois folioles vertes, qui semble un petit calice descendu sur la tige, un peu au-dessous de la fleur.

MARIE

Je connais les hépatiques sur nos plates-bandes, entre des feuilles grisâtres et velues, qui sortent de terre bien pliées en plusieurs doubles, au milieu d'une touffe de vieilles feuilles en forme de celles du lierre.

JOSÈPHE

Je sais bien où il y en a. Demain matin, j'en ferai un petit bouquet pour grand'mère.

GRAND'MÈRE

Vous trouverez bientôt dans les bois une jolie renonculacée, dont la petite fleur rosée est entourée d'une collerette d'amples folioles à découpures élégantes.

JEAN

C'est *l'anémone sylvie.* Il y en a des tapis dans le petit bois.

MARIE

Et dans le jardin, celle des Alpes est d'un bleu incomparable.

GRAND'MÈRE

Vous diriez : *corolle* rosée, *corolle* bleue, la science veut que ce soit *calice* et non *corolle* parce que cette petite couronne rosée ou bleue est *sous* le plateau qui porte les autres parties de la fleur, tandis que la corolle devrait être implantée sur le plateau floral.

MARIE

Les anémones du jardin sont-elles aussi des reconculacées?

GRAND'MÈRE

Oui, elles en forment un groupe important.

MARIE

Il y en a qui ont plusieurs rangs de corolles ou de calices.

JEAN

Mon livre dit que les fleurs doubles sont des monstres.

JOSÈPHE

Les monstres, ce sont des bêtes méchantes.

JEAN

J'ai vu l'autre jour devant les baraques un mouton à cinq pattes qu'on annonçait comme un monstre, je t'assure qu'il n'était pas plus méchant que ton petit agneau.

GRAND'MÈRE

Un monstre, c'est tout être qui n'est pas conforme au type de son espèce.

MARIE

Il y a aussi des renoncules qui sont des monstres, puisqu'elles sont doubles comme de petites roses.

GRAND'MÈRE

Comme les renonculacées ont beaucoup d'étamines et beaucoup d'ovaires, elles peuvent doubler très facilement, parce que cette monstruosité, ce phénomène, si vous voulez, se produit par la transformation des étamines ou des ovaires en pétales.

JEAN

C'est donc pour cela que les fleurs doubles ne donnent pas de graine.

MARIE

Et quand elles en donnent un peu, les fleurs qui en viennent ne sont pas toujours doubles.

GRAND'MÈRE

Parce que le doublement en *plénitude* n'est qu'un accident, dû à la surabondance de sève en certaines parties de la fleur, sur certains pieds seulement.

MARIE

Aussi le jardinier dit que si on soignait mal les espèces bien doubles, elles redeviendraient simples.

GRAND'MÈRE

Cela arrivera pour nos anémones, si vous êtes plusieurs années sans les déplanter après la floraison, pour les replanter avant l'hiver.

JOSÈPHE

Ont-elles des oignons, comme les tulipes?

GRAND'MÈRE

Non, elles ont de petites souches boiseuses, dans lesquelles la sève se conserve aussi pour nourrir les bourgeons qui se développent au printemps.

Le lendemain, la matinée était belle; on suivit les bords d'un ruisseau, dont les eaux limpides baignaient le pied de grosses touffes de feuilles courtes et presque rondes, au milieu desquelles brillaient de jolies fleurs basses, d'un beau jaune, grand'mère les appela des *Populages* ou *Calthas*.

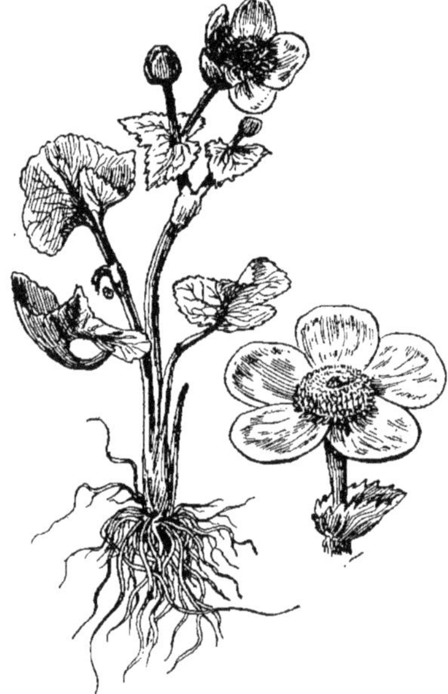

POPULAGE
Plante entière fleurie. — Fleur.

JEAN

Cependant j'ai beau regarder et compter, je trouve absolument tout ce qu'il faut pour une renoncule.

GRAND'MÈRE

C'est vrai, excepté un petit détail; c'est que le caltha a plusieurs graines dans le même ovaire.

MARIE

Qui aurait pu deviner que ce détail est important? Je trouve que cela ne peut empêcher le caltha d'être une renoncule, je l'appellerais « le bouton d'or des rivages » ou une chélidoine, car il en a presque les feuilles.

GRAND'MÈRE

Quand nous rencontrerons des *adonis,* tu les prendras pour des « boutons d'or à fleurs rouges »

Mais il y avait au haut du ruisseau un étang, et un moulin, et le jardin du moulin. Comme on regardait par-dessus la haie, Josèphe prétendit voir briller à travers les buissons, une fleur d'un rouge écarlate avec un cœur d'étamines brunes; elle assura que ce devait être une large renoncule devenue simple, faute de soins.

On demanda la permission d'entrer; la meunière n'était-elle pas une vieille connaissance depuis que Marie avait enseigné à lire à la petite Jeannette ?

On reconnut que la belle fleur rouge était une *pivoine* avec ses cinq gros ovaires ventrus terminés en bec et un gros calice vert de trois pièces.

—Elles sont venues de bien loin, dit la meunière en les cueillant pour les offrir à la grand'mère. Mais elles étaient plus belles sur nos montages là-bas.

GRAND'MÈRE

Les jardiniers cultivent surtout les espèces très doubles.

— Oui, reprit dédaigneusement Marie, elles ont cependant l'air de grosses ballottes plutôt que de fleurs.

— Marie n'aime pas les beautés joufflues, dit grand'mère en souriant. Mais les pivoines roses et les blanches surtout ont un mérite plus délicat.

JEAN

Ce sont les blondes entre les autres.

Sans écouter ces appréciations, Josèphe était entrée dans la maison de la meunière où une jeune voix chantait de doux refrains. C'était Jeannette, balançant du pied le berceau d'un petit frère, tout en épluchant des herbes pour la salade du dîner ; tandis qu'un gros garçon, assis par terre, à ses pieds, arrangeait un peu de foin dans des sabots neufs.

Les bonjours, les nouvelles des enfants, et des étables, et des poules employèrent toute la séance. On finit par une visite au meunier dans son moulin. Au retour, les trois enfants voulaient être meuniers et paysans ; tout les avait charmés : la maison avec ses meubles vieillis, le jardin avec ses ruches d'abeilles sous les noisetiers, et des violettes sous les buissons des haies.

Il leur semblait que la paix extérieure peut suffire à tous les souhaits de la vie.

VINGT-QUATRIÈME CAUSERIE

LES RENONCULACÉES A CORNET

Un jour, grand'mère avait découvert une *rose de Noël*, dont la floraison tardive était due sans doute à quelque erreur de transplantation. Elle se hâta de l'annoncer à ses petits apprentis botanistes, et on convint d'aller la voir aussitôt le travail terminé.

Ils trouvèrent, entre d'amples feuilles d'un vert noir, à découpures bizarres, une large fleur de couleur blanche, avec un bouquet de grosses étamines très basses, c'est l'*Ellébore noir*, dit la grand'mère..

— Ellébore noir à la blanche corolle, répliqua Jean.

— A moins que ce ne soit un calice, continua Marie. Voyez comme il prend des teintes verdâtres lorsqu'il vieillit.

— C'est un calice en effet, confirma la grand'mère. Et cependant il y a aussi une corolle, mais je ne crois pas que vous la deviniez.

Chacun s'y appliqua, et personne ne put la découvrir.

Lorsque grand'mère fit distinguer, au pied du faisceau d'étamines, une couronne de petits cornets jaunâtres qu'elle présenta comme les pétales, on se récria d'abord, puis on admit bien entendu.

JEAN

Collerette aux anémones et aux hépatiques! Cornets aux roses de Noël! Ces dames ne s'habillent pas comme les autres.

— Elles ont pourtant cinq gros ovaires à cornes, comme les pivoines, ajouta Josèphe, toute fière de les avoir découverts au milieu des étamines à grosse tête.

Tous les Ellébores ont les caractères que vous venez d'observer dans celui-ci, mais ils sont généralement à calice verdâtre, aux teintes livides, mal nettes, comme toutes les plantes malfaisantes.

ELLÉBORE NOIR
Plante entière fleurie.

MARIE

C'est comme les méchants, au regard faux.

GRAND'MÈRE

Étudions aussi ces jolies *nigelles* bleues, dont la teinte n'est pas non plus très franche.

MARIE

Leur fine collerette dépasse toute la fleur, comme une chevelure ou une barbe, c'est sans doute pour cela qu'on les nomme barbe-de-capucin.

GRAND'MÈRE

En dedans des folioles bleues, qui composent le calice, et ne sont pas la corolle...

JOSÈPHE

Ah! je vois; encore de petits cornets, la nigelle est l'ellébore bleu.

GRAND'MÈRE

Pas tout à fait, parce que chaque petit cornet est fendu à son sommet en deux lèvres.

JOSÈPHE

C'est bien la peine d'y prendre garde. Je trouve plutôt qu'elle se distingue par sa barbe.

JEAN

Et par cette grosse coque verte à cinq cornets, qui est au milieu de la fleur. Te rappelles-tu, Marie, nous les renversions sur leurs cornes pour en faire des marmites à cinq pieds, mais toi, tu les appelais des outres ou même des urnes.

NIGELLE
Sommité fleurie.

GRAND'MÈRE

Cette grosse outre verte, ce sont les cinq ovaires qui se sont soudés entre eux lorsqu'ils sont arrivés à se rapprocher les uns des autres en grossissant.

JOSÈPHE

Je vois bien, elle est toute remplie de petites graines.

GRAND'MÈRE

Je veux encore vous faire connaître un troisième groupe de renonculacées à petits cornets.

MARIE

Cette fois je devine; ce sont les *aconits,* je me suis amusée à trouver dans leurs fleurs en casque de pompier, deux très petits cornets blanchâtres, au haut de deux longs filets. Lorsqu'on les abaisse en dehors de la fleur,

ACONIT NAPEL
Sommité fleurie. — Fleur grossie. — Pistils et étamines.

elles semblent y être attelées comme deux petites colombes à un char.

— Le char de Vénus, dit emphatiquement le frère.

GRAND'MÈRE

Voilà donc les caractères des aconits : un calice bleu, quelquefois jaune, dont deux des pièces sont soudées en capuchon ou casque ; deux autres accolées à ceux-ci sont les garde-joues d'un visage absent et les deux autres sont pendantes comme une barbe au-dessous du casque.

DAUPHINELLE PIED D'ALOUETTE
Sommité fleurie. — Fleur grossie.

JOSÈPHE

Voilà grand'mère qui veut se moquer des colombes de Marie.

GRAND'MÈRE

Non, c'est très exact, mais je vous prie de ne pas le vérifier sans quelques précautions ; les aconits sont très dangereux. Il y a même certaines espèces dont l'odeur suffit pour causer de graves accidents.

MARIE

L'odeur seule ?

GRAND'MÈRE

Je ferais mieux de dire les exhalaisons ou émanations qui s'en échappent.

JEAN

Papa m'a montré dans les moissons une autre fleur à capuchon, dans laquelle Virgile lisait le nom d'Ajax.

GRAND'MÈRE

C'est la *Dauphinelle*, dont le nom signifie petit Dauphin.

JOSÈPHE

Le Dauphin, c'était le fils aîné du roi. J'ai lu des histoires du petit Dauphin que Fénelon instruisait si bien en l'amusant.

JEAN

S'il y avait le Dauphin de France, il y avait aussi les Dauphins des mers, avec une grosse tête et un visage d'homme, et une queue de poisson.

MARIE

En effet, la Dauphinelle ressemble un peu à cet animal marin, parce que son capuchon s'allonge par derrière en une sorte de queue.

JOSÈPHE

C'est plutôt le *pied d'alouette* alors, dont on enfile les cornets les uns dans les autres pour faire des couronnes qui s'aplatissent dans nos livres.

GRAND'MÈRE

La Dauphinelle est appelée vulgairement pied d'alouette, à cause de ses feuilles découpées en pattes d'oiseau. Elle se distingue de nos autres renonculacées en ce qu'elle a un seul ovaire.

MARIE

Dans les pieds d'alouette du jardin, il n'y a pas de cornets pour nos petites couronnes.

GRAND'MÈRE

C'est que les pétales du capuchon se sont transformés en de petits pétales étendus comme ceux qui naissent de la transformation des étamines en nouveaux pétales.

ANCOLIE
Sommité fleurie.

JOSÈPHE

Mais je me rappelle de jolies fleurs bleues ou roses, ou quelquefois blanches, dont nous détachions aussi des cornets, et qui semblaient encore après cela des fleurs entières.

JEAN

Celles-là, Marie prétend qu'elles se plaisent dans les buissons pour y rêver la tête penchée.

MARIE

Aussi on les appelle *ancolie*, ce qui est sans doute une abréviation de mélancolie.

GRAND'MÈRE

On les appelle aussi *aiglantines*, petites aigles, parce que leurs pétales en cornets se prolongent sous la fleur, en une extrémité recourbée comme un bec d'aigle.

MARIE

Mais c'est le nom des jolies roses simples qui fleurissent sur nos églantiers sauvages.

GRAND'MÈRE

Oui, les *églantines* qui commencent par un *E,* tandis que *aiglantine* est le nom de l'ancolie.

JOSÈPHE

Je vais bien me rappeler cela pour le dire à Jean dans ses notes.

GRAND'MÈRE

Lorsque les ancolies deviennent doubles, elles semblent quelquefois de petites roses ou de petites renoncules, ayant plusieurs rangs de pétales. D'autres fois le doublement est plus curieux. Il consiste en ce que dans chacun des cinq cornets de la corolle, il se développe de nouveaux cornets, trois, quatre et plus, les uns dans les autres.

JEAN

Alors ils ont l'air des cornets de papier qui sont les uns dans les autres à la porte des bureaux de tabac ?

MARIE

Est-ce vraiment plus joli que l'ancolie de nos haies ?

JOSÈPHE

Je suis sûre que c'est charmant. J'en chercherai partout.

GRAND'MÈRE

A demain la fin des renonculacées.

JEAN

Des renonculacées sans fin.

VINGT-CINQUIÈME CAUSERIE

LES RENONCULACÉES EN CROIX

Josèphe était partie en avant vers le village, avec quatre sous qu'elle devait employer en mirlitons; car c'était jour d'*assemblée,* et elle avait gagé que son père ferait la basse dans le concert projeté. Pour grand'mère, on n'essaierait pas de lui offrir une partie ; elle serait le public.

Mais la petite fille revint bientôt les mains vides de mirlitons et de sous.

On aperçut de loin un pauvre jeune homme estropié, assis sur les pierres de la route, la jambe en avant, demi-bandée, on devina ce que l'enfant avait fait de ses sous.

Cependant Marie remarqua une *clématite odorante,* qui enroulait ses branches feuillées et fleuries, de la crête d'un mur aux arbres voisins. Elle fut autorisée à en couper des guirlandes, qui ornèrent bientôt les chapeaux, les cheveux, les corsages.

Mais Jean considérait une des petites fleurs des longues grappes verdâtres, et il s'y perdait.

— S'il y avait cinq pétales, interrogea le père ?

JEAN

Ce serait une vraie renoncule sans calice.

— Ou une anémone sans corolle, corrigea la grand'mère.

— Mais seulement quatre pétales qui font une croix, hasarda Josèphe ?

— Eh bien, enseigna la grand'mère, c'est un groupe particulier des renonculacées.

JEAN

C'est moins étrange que toutes les capuchonnées.

Cette jolie clématite sauvage est souvent nommée *l'herbe aux gueux*.

JOSÈPHE

Oh, le vilain nom! pourquoi le donner à une jolie fleur ?

LE PÈRE

Le misérable qui est là-bas sur les pierres pourrait peut-être vous dire d'où vient ce triste nom.

CLÉMATITE ODORANTE
Sommité fleurie.

JEAN

Je ne comprends pas.

LE PÈRE

Certains vagabonds emploient des cataplasmes de cette clématite au suc âcre, pour faire enfler et rougir une jambe ou un bras qu'ils veulent exposer à la pitié publique, afin d'en obtenir quelque aumône. Celui-ci me semble bien en avoir fait emploi.

MARIE

Ne me dites pas cela, père, j'aime mieux pouvoir plaindre tous ceux qui me paraissent souffrir.

JOSÈPHE

Je déteste cette méchante clématite qui aide à mentir avec une jambe ou un bras.

GRAND'MÈRE

Mais elle peut rendre aussi quelques services en médecine. C'est à nous de ne pas prendre le mal là où il nous serait possible de ne trouver que le bien.

MARIE

J'ai vu le long de certains treillages des clématites à jolies fleurs d'un beau blanc, en petits bouquets ; d'autres à fleurs d'un violet triste ; d'autres teintées d'un bleu très doux, sont-elles aussi traîtres que leur sœur de nos haies?

DEUXIÈME PEUPLADE

1re SECTION

Renonculacées

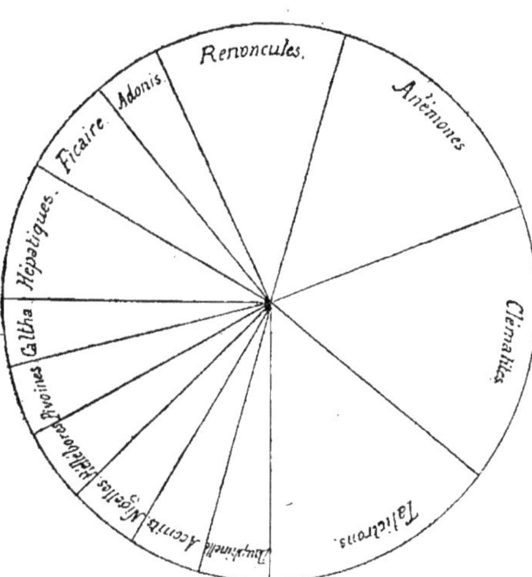

LE PÈRE

Vous devez supposer le contraire, d'après les théories de votre grand'mère sur les couleurs fausses des plantes malfaisantes.

MARIE

Qu'est-ce donc que les petites papillotes plumeuses qui, en automne, font ressembler la clématite de nos haies à des panaches verdâtres.

GRAND'MÈRE

Ce sont les styles qui restent fixés sur les ovaires et qui s'allongent en se tortillant comme des vis de t.re-bouchons.

JOSÈPHE

C'est pour rendre les grappes de nos guirlandes plus jolies.

LE PÈRE

C'est peut-être pour que l'ensemble de ces fils frisés préserve la graine contre la voracité des petits oiseaux.

— Voyez donc, dit Marie, ces petites fleurs d'un blanc jaunâtre, en petites boules avec beaucoup d'étamines légères et des feuilles d'ancolie.

— Clématites en herbes, au lieu d'être à sarments boiseux, décida Jean sans hésiter.

— C'est plutôt un *talictron*, ne vous en déplaise, reprit le père, interrogeant sa mère du regard.

— Oui, répondit-elle, et encore dans le groupe des renonculacées en croix.

On s'y perd. Je ferai sur mon tableau une grande roue à 6, 7, 8 rayons, ce qui me donnera 6, 7, 8 compartiments, dans chacun desquels je dessinerai une des espèces de chaque groupe des renonculacées.

Petit frère, dessine-moi aussi une grande roue, j'y collerai des fleurs desséchées au lieu de les dessiner.

— Très bonne idée, fut-il répondu en chœur.

VINGT-SIXIÈME CAUSERIE

QUATRE PARTOUT

Jean était en haut d'une échelle appuyée au mur du jardin ; il jetait à ses sœurs des *giroflées* à teintes brûlées et à odeur de girofle, d'où est venu leur nom, et il disait : quatre pétales en croix, famille des *Crucifères*, ce qui signifie porte-croix.

— Et quatre pièces au petit calice vert sous les pétales, continua Josèphe, tout en réunissant en un bouquet les branches de giroflées.

— Alors, 4 étamines probablement, ajouta Marie. Mais effeuillant une des fleurs pour s'en assurer, elle reprit : Grand'mère, est-ce possible ? 6 étamines avec 4 pétales ?

— Non, répondit grand'mère. Toutes les crucifères ont quatre partout.

Voilà les trois enfants de compter et de recompter toutes les fleurs et ils trouvèrent toujours 6 étamines.

— Ce qui est singulier, s'avisa Jean, c'est qu'il y en a deux plus basses et à grosses têtes, et 4 plus hautes, avec de petites têtes

MARIE

Les deux plus basses sont recourbées en arrière et elles sont écartées des autres par leur pied, parce qu'il y a deux petites bosses vertes qui les empêchent de se dresser.

GRAND'MÈRE

C'est cette courbure en arrière qui fait paraître ces deux étamines plus basses que les autres.

LE PÈRE

Les deux petites bosses vertes que Marie a remarquées sont des glandes, c'est-à-dire de petits amas de cellules gorgées de sucs très sucrés, ou nectar, dont les abeilles sont très friandes pour la composition de leur miel.

JOSÈPHE

J'ai vu des abeilles s'enfoncer dans les fleurs et lorsqu'elles en sortaient, leurs ailes étaient toutes jaunes de la poussière des étamines.

GRAND'MÈRE

Elles amassent avec les petites brosses de leurs pattes de devant, cette poussière ou pollen et elles en chargent les petites cuillers creusées dans les cuisses de leurs pattes de derrière.

LE PÈRE

Et elles l'emportent à la ruche pour la nourriture du couvain.

GRAND'MÈRE

Revenons à nos étamines de giroflées. Les quatre du milieu ne sont que des moitiés d'étamines, des étamines dédoublées. A elles quatre, elles ne font que deux.

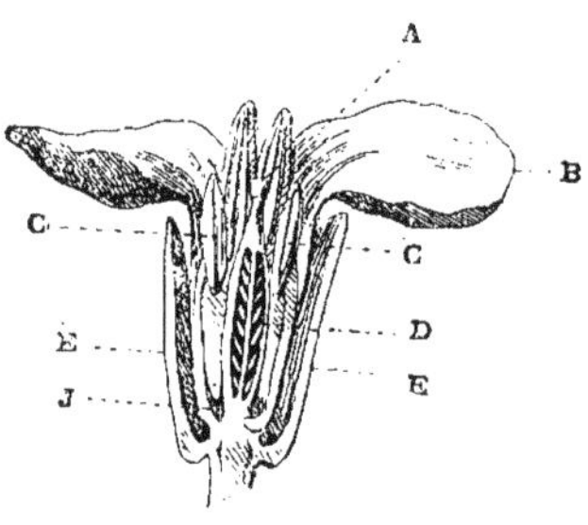

FLEUR DE GIROFLÉE

Coupée au milieu dans le sens de la longueur afin de laisser voir les diverses parties.

A. Stigmate. — B. Pétale. — C. Étamines. — D. Ovaire. — E. Calice.

JOSÈPHE

On s'amuse à supposer cela, pour dire quatre partout.

LE PÈRE

Mais non, regardez comme la tête de ces quatre étamines n'a qu'un petit sac à poussière, tandis que la tête des deux plus courtes est de deux petits sacs accolés dans leur longueur.

JEAN

L'ovaire a la forme d'une bouteille.

MARIE

A peu près comme celui des tulipes.

GRAND'MÈRE

Mais il ne deviendra pas une grosse capsule à trois loges, comme celui des tulipes.

Vous avez vu les siliques de colza dans les champs, c'est une sorte de capsule étroite et allongée, divisée en deux compartiments par une double cloison portant les graines le long de ses bords intérieurs.

JEAN

Quand le colza est battu, les deux couvercles de la boîte tombent, et la petite cloison reste au bout de la petite tige qui portait la silique.

MARIE

Dans la *monnaie du pape*, la silique est ronde, et la petite cloison qui la partage est d'un blanc nacré, qui la fait ressembler à un pétale spécial oublié dans la chute des autres.

COLZA
Silique.

PASTEL DES TEINTURIERS
Plante entière. — Fleur Feuilles alternes Siliques

JOSÈPHE

Mais c'est tout rond et les siliques du colza sont longues,

GRAND'MÈRE

Beaucoup de crucifères ont des siliques presque aussi larges

CRESSON
Sommité fleurie

MOUTARDE
Sommité fleurie et fructifiée

que longues, alors on les appelle des silicules ou petites siliques.

LE PÈRE

Il y a aussi des siliques à étranglements comme celles des raves. C'est surtout par les différentes formes des siliques et des silicules qu'on peut distinguer les différentes espèces de cruci-

NAVET

RAVE

fères. Par les fleurs, elles se ressemblent toutes.

DEUXIÈME PEUPLADE

1re SECTION

II

Renonculacées

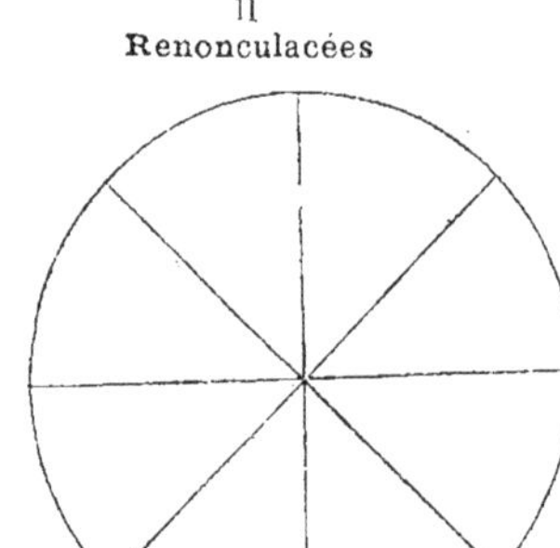

Crucifères.

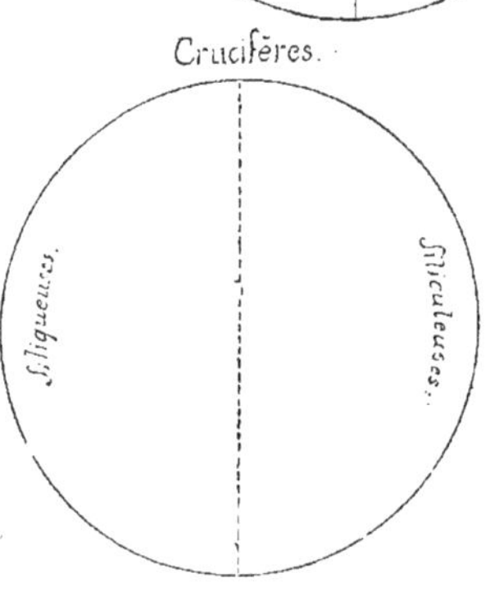

GRAND'MÈRE

Vous n'aurez pas de peine à reconnaître les crucifères sans les confondre avec d'autres familles, mais vous trouverez difficile d'en distinguer les différentes espèces, parce que toutes ont le même aspect général.

LE PÈRE

Feuilles très irrégulièrement découpées ; (chou, cresson.) Fleurs en épi.

MARIE

Pourtant le *thlaspi* a des fleurs en petites têtes plates.

LE PÈRE

C'est vrai d'abord, mais à mesure que les fleurs doivent s'ouvrir, l'axe auquel elles sont attachées s'allonge pour qu'elles aient plus d'espace où se développer, en sorte que peu à peu la tête plate s'allonge en un épi.

N'oublions pas les racines

en fuseau allongé, avec nombreuses ramifications, ou bien avec un renflement au sommet, comme les navets et les radis.

GRAND'MÈRE

Beaucoup de crucifères sont alimentaires, quelques-unes médicinales, aucune n'est malfaisante.

LE PÈRE

Je pensais que votre grand'mère se serait chargée de vous nommer dans cette famille quelques groupes aux grâces délicates.

GRAND'MÈRE

Les *cardamines, arabettes, alysses*, mais nous ne pourrons les connaître que dans nos promenades à travers champs et prairies.

VINGT-SEPTIÈME CAUSERIE

ONT-ELLES CINQ PARTOUT ?

M. Max revenait de voir ses laboureurs dans les champs, il rapportait distraitement quelques *stellaires* cueillies entre les buissons le long du sentier.

Marie accourait à sa rencontre pour se faire embrasser la première. Elle fit passer les fleurs de la main de son père dans la sienne :

— Quelles petites étoiles délicates, dit-elle, comme toute la plante est élégante, avec ses feuilles qui ressemblent à des brins d'herbe !

LE PÈRE

Elles allongeaient leur tête entre les ronces et les feuilles sèches pour chercher le soleil printanier. Je pensais à toi en les voyant ; elles n'ont pas la raideur que tu reproches aux crucifères.

JOSÈPHE

Leur petite graine est toute ronde comme une boule, et quand je l'écrase entre mes doigts, elle fait du bruit comme un petit ballon qui crève.

MARIE

Ce petit ballon, ce n'est pas la graine, c'est la boîte aux graines, n'est-ce pas, grand'mère ?

LE PÈRE

Certainement, c'est l'ovaire qui est devenu comme une petite vessie gonflée d'air.

GRAND'MÈRE

Ne trouvez-vous pas que cette petite étoile blanche ressemble à une fleur que nous cultivons dans nos jardins?

MARIE

Aux petits *œillets* de nos bordures.

LE PÈRE

Et aux œillets roses, rouges ou panachés qui fleurissent moins hâtivement.

JOSÈPHE

Les gros œillets de ma tante, dont la tige se brise dès qu'on y touche?

ŒILLET
Sommité fleurie. — Calice. — Pétale.

JEAN

Non, pas ceux-là, mais ceux que ma tante ne veut pas, parce qu'ils sont simples.

Marie revenait avec de petits œillets blancs, dont l'odeur de girofle se répandait sur son chemin. Elle les rapprocha des stellaires et s'étonna qu'ils eussent cinq pétales, et les stellaires dix.

LE PÈRE

Tu ne sais pas compter, Marie, œillets et stellaires ont le même nombre de pétales.

Josèphe se mit à effeuiller les deux fleurs en comptant un, deux, trois, quatre, cinq, et on s'aperçut que chaque pétale de la stellaire est coupé en deux dents arrondies, ce qui semble deux pétales au lieu d'un. En sorte qu'elle paraît avoir dix pétales.

MARIE

Mais je trouve dix étamines.

LE PÈRE

En deux verticilles de cinq étamines chacun.

JOSÈPHE

Alors, c'est cinq partout?

JEAN

Pas si vite, petite sœur, je ne trouve que deux styles dans les œillets, et trois dans les stellaires.

LE PÈRE

Il faut bien avouer cette inexactitude de nombre, c'est par ces différences dans le nombre des styles ou dans celui des étamines, qu'on distingue les différents groupes de cette famille.

MARIE

Mais voyez aussi quelle différence entre le calice de l'œillet et celui de la stellaire.

JOSÈPHE

Celui de l'œillet est un petit fourreau de parapluie pour loger la queue effilée des pétales.

MARIE

Pour les stellaires, le calice a sept petites feuilles libres.

JOSÈPHE

Au pied de mon petit fourreau de parapluie, il y a aussi dans l'œillet, 4 petites feuilles vertes, qui sont peut-être le calice.

GRAND'MÈRE

Non, non, le vrai calice est bien cet étui à cinq dents sur les bords, dans lequel sont enfermées les autres parties de la fleur.

LE PÈRE

La différence entre le calice soudé en étui, comme celui de l'œillet; ou divisé en cinq sépales, comme celui de la stellaire, fait établir deux grandes divisions dans la famille des *Caryophyllées*.

JOSÈPHE

Oh, petit père, quel nom, caryo... caryé...

JEAN

Cary... o... phyllées. Peux-tu dire maintenant : caryophyllées?

JOSÈPHE

Ca... ry... o... phyllées. Je l'aurais bien dit sans toi, quoique je ne parle pas le grec.

GRAND'MÈRE

A odeur, ou à feuilles de cary, c'est-à-dire à odeur de girofle, à cause de l'œillet giroflée de nos sables maritimes.

MARIE

Les graines sont attachées autour d'une petite colonne basse qui est au milieu de l'ovaire.

LE PÈRE

C'est un caractère distinctif de la famille.

JOSÈPHE

Les graines ne sont attachées à rien du tout; quand je secoue leur petit étui, elles tombent toutes seules dans ma main.

JEAN

Oui, quand elles sont mûres, mais pour se former et grossir elles avaient besoin de tenir à la petite colonne du milieu de l'ovaire.

LE PÈRE

Chaque graine y est attachée par un petit filet très fin, qui lui apporte la nourriture fournie par la plante.

GRAND'MÈRE

Toutes les espèces de cette famille ont un aspect très uniforme : tiges grêles et fragiles, feuilles étroites, naissant par paires aux nœuds qui coupent la tige.

LE PÈRE

Pas une n'est alimentaire ou médicinale ; pas une n'est malfaisante.

JEAN

Famille insignifiante, si ce n'est qu'elle a un joli visage et un port élégant.

MARIE

Je voudrais en connaître toutes les espèces.

Les notes à prendre me paraissent vagues; pourtant j'inscrirai : *cinq pétales, avec cinq ou dix étamines. Et les graines autour d'un axe central, dans un ovaire ballonné.*

LE PÈRE

Tu peux noter deux divisions : œillets et stellaires.

GRAND'MÈRE

Dans la 1re division.	*œillets*, styles à deux branches *silènes*, trois branches *lychnis*, cinq branches	
Seconde division.	*alsines* *sablines* *stellaires*	trois styles.
	cérastes *spergules*	cinq styles.

Et les petites sagines quatre partout ; quatre pétales, quatre étamines, quatre styles.

JEAN

Décidément, famille aussi capricieuse qu'elle n'est bonne à rien.

LE PÈRE

Et pourtant famille bien uniforme en son aspect, et l'une des plus naturelles.

VINGT-HUITIÈME CAUSERIE

UN ACCIDENT

Un jour Jean avait poursuivi Josèphe avec une mouche qu'il lui présentait comme une araignée. La petite fille s'imaginait qu'elle avait peur et criant, se débattant, elle avait frappé du coude dans une vitre ; il en était résulté plusieurs fêlures en tous les sens.

Dans l'attente du vitrier de la ville, la vitre fut consolidée avec des bandes de papier et on posa trois beaux ronds aux endroits d'où rayonnaient les fêlures.

Voilà que Jean s'imagina d'y dessiner des personnages. Sur le rond du haut, un petit bonhomme en jardinier ; sur ceux des côtés, deux jeunes filles qui ressemblaient à ses sœurs, prétendait-il ; tandis qu'elles reconnaissaient leur frère dans l'esquisse du jardinier.

DEUXIÈME PEUPLADE

1re SECTION

III

Renonculacées

Le père s'offrit pour compléter les trois portraits. Il dessina sur la tête du petit bonhomme un capuchon d'aconit, dans l'une de ses mains une tige sarmenteuse de clématite, en guise de canne ou de parapluie et à sa boutonnière une renoncule bouton d'or.

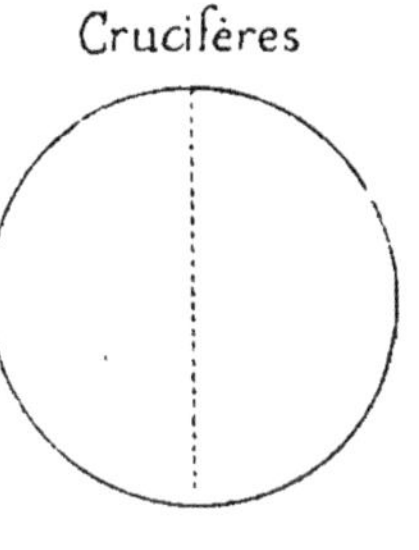

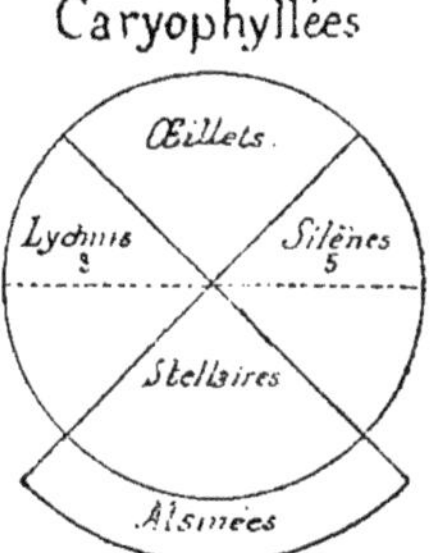

— Voilà nos renonculacées, dit la grand'mère.

— Attendez, répondit le père, ne me troublez pas ; j'ai deux autres idées.

Josèphe sera les crucifères, et Marie les caryophylées.

LE PÈRE

Un gros chou sur la tête de Josèphe, à son bras, un panier de navets, radis, cresson; puis à sa ceinture un bouquet des plus mignonnes crucifères.

JEAN

A Marie, une couronne d'idéales stellaires et dans les mains un gracieux bouquet sur lequel elle se penche pour respirer le parfum d'œillets délicats.

GRAND'MÈRE

Voilà trois grandes familles très bien représentées. Je voudrais les entourer de leurs plus proches voisines. Donnez-moi, pour tantôt, trois, cinq, huit ronds de papier. Mais plutôt : trois ronds découpés en étoiles à cinq branches, 2 ronds à 4 branches; attendez, et encore trois ronds à cinq branches.

Chacune des deux sœurs apportait trois ronds à cinq branches, et Jean en avait deux de quatre branches.

QUELQUES VOISINES DES RENONCULACÉES

La grand'mère plaça trois des étoiles sous les renonculacées à gauche et elle écrivit dans la première : tilleuls et sparménias; dans le second, cistes, et dans le troisième nénuphars.

LE PÈRE

Cinq pétales, des étamines nombreuses et un seul ovaire, dans les plus proches voisines des renonculacées.

MARIE

Les fleurs des *tilleuls* sont humbles dans leurs teinte jaunâtre, mais elles ont un arome très suave, dans les tisanes de grand'-mère.

JEAN

Les tilleuls ont de belles feuilles rondes qui s'ouvrent de bonne heure au printemps, mais elles jaunissent aux premiers froids de l'automne.

Pour les *sparménias*, est-ce que nous les connaissons, grand'-mère ?

JOSÈPHE

Ma tante en élève à l'hospice pour les salles de ses malades. Ils ont des feuilles qui ressemblent à celles des tilleuls, mais ce ne sont pas des arbres.

MARIE

Ah! je me rappelle. Ils ont l'hiver de petites fleurs comme celles des ronces blanches, avec des étamines violettes.

GRAND'MÈRE

Vous connaissez aussi les *cistes* de notre seconde étoile.

MARIE

Avec leur multitude de roses qui ne sont pas des roses.

LE PÈRE

Roses qui se renouvellent chaque jour, mais qui se flétrissent et tombent entre un lever et un coucher de soleil.

GRAND'MÈRE

Les *nénuphars* de notre troisième étoile se nomment aussi *nymphéas*, ce qui veut dire blanc, mais il y en a cependant de jaunes.

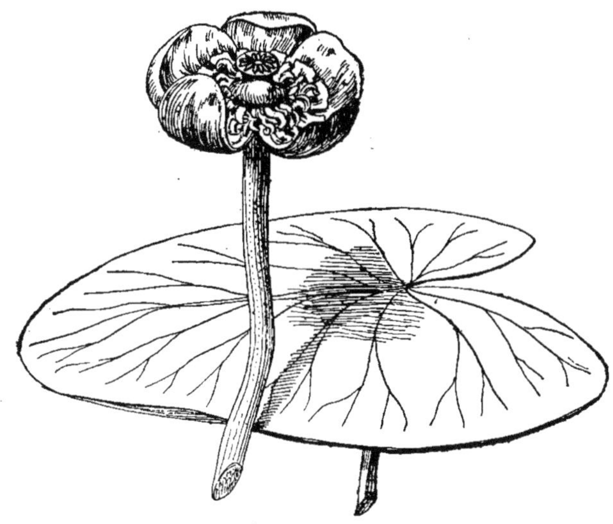

NÉNUPHAR JAUNE
Feuille et fleur

LE PÈRE

Les nénuphars blancs, « roses des eaux », sont une de nos plus belles fleurs.

MARIE

Elles semblent flotter sur leurs larges feuilles en cœur, étendues comme des tapis sur nos étangs et nos pièces d'eau.

JOSÈPHE

J'aime mieux les nénuphars jaunes parce que leurs petites barattes ont plus de lait ; tu sais, ces petites poires où on fait venir du beurre en barattant avec une petite baguette ?

LE PÈRE

Enfant ! — ce lait et ce beurre, c'est le suc des petites graines qui commencent à se former dans l'ovaire, devenu une sorte de grosse baie succulente.

MARIE

Pourquoi grand'mère a-t-elle réuni ces trois familles en un même groupe, voisin des renonculacées.

LE PÈRE

Elle vous l'a dit ; c'est qu'elles ont, toutes trois, cinq pétales avec des étamines nombreuses, comme les renonculacées.

JOSÈPHE

Alors, pourquoi ne sont-elles pas des renonculacées ?

JEAN

C'est que les renonculacées ont des ovaires nombreux, et leurs petites voisines n'en ont qu'un.

DEUXIÈME PEUPLADE

1re SECTION

IV

Renonculacées

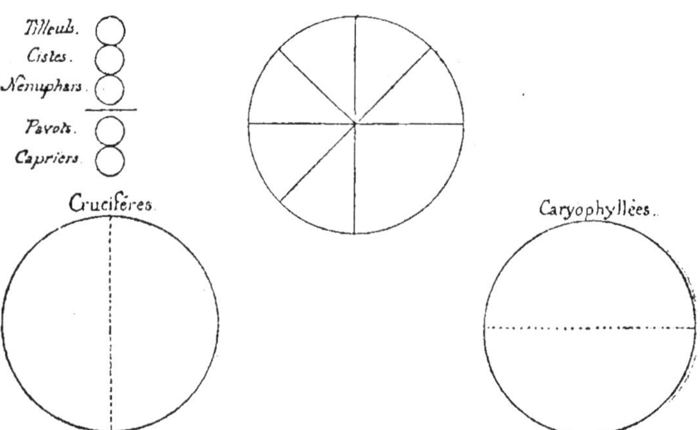

GRAND'MÈRE

Je voudrais maintenant les trois petits ronds, à quatre branches, pour faire un second groupe de petites voisines, dont les fleurs sont de quatre pétales, encore avec de nombreuses étamines.

LE PÈRE

Dans la première, les beaux *pavots-coquelicots* rouges, que Marie admire çà et là dans nos blés, mais que je voudrais n'y jamais voir.

GRAND'MÈRE

Ils envahiraient nos champs, si les travaux donnés aux cultures ne venaient en arrêter la multiplication. Une capsule de nos coquelicots contient généralement trois mille graines.

On s'est amusé à calculer que si on semait ces trois mille graines dans de bonnes conditions, l'année suivante, toutes les graines qu'auraient donnés les pieds provenant de ces trois mille graines, et ainsi pendant quatre ans, il n'y aurait plus de place sur notre globe pour aucune autre végétation.

JEAN

Pourquoi représente-t-on le Dieu du sommeil couronné de coquelicots?

LE PÈRE

C'est que le coquelicot a un suc laiteux très soporifique, c'est-à-dire très endormant.

MARIE

La fleur du coquelicot?

GRAND'MÈRE

Non, les feuilles et la tige, mais surtout la coque de la capsule.

C'est de ce suc laiteux qu'on obtient l'opium, ce calmant mortel.

GRAND'MÈRE

Les graines ne participent pas aux propriétés du reste de la plante. Elles contiennent une huile douce, qu'on emploie dans le nord aux mêmes usages que l'huile d'olive du midi.

PAVOT

Sommité fleurie. — Capsule

JEAN

Je me rappelle qu'on l'appelle de l'huile d'œillette et je croyais que c'était de l'huile d'œillets, mais vous me fîtes voir les têtes des grands pavots, chez le fermier de ma tante.

MARIE

Et on nous dit aussi que œillette veut dire oïllette, ce qui signifie petite huile, parce que *olei* signifie huile.

JOSÈPHE

Quand avez-vous appris tout cela ? je n'étais donc pas avec vous?

JEAN

Peut-être que si, sur le bras de ta nourrice.

MARIE

Mais nous ne parlons que des graines et nous oublions la fleur.

GRAND'MÈRE

Elle est enfermée dans une boîte de deux pièces, dont elle ne sort que toute chiffonnée parce qu'elle y était trop à l'étroit.

JOSÈPHE

Comme les robes de ma poupée quand je les laisse trop longtemps dans sa caisse de voyage qui est trop petite.

LE PÈRE

Exactement cela, les deux grosses feuilles du calice forment une boîte qui devient trop petite, parce que la fleur n'en sort qu'après y avoir pris tout son développement.

MARIE

Ainsi un calice de deux pièces, une corolle de quatre pétales, beaucoup d'étamines d'un beau violet pourpre, autour d'un ovaire très gros, coiffé d'une petite calotte.

JOSÈPHE

Et pourtant cette fois, des graines qui ne tiennent à rien dans leur coque, elles sonnent comme de petits osselets dans le hochet de paille que je porterai à la petite portière.

GRAND'MÈRE

Quand leur boîte est encore peu développée, elle est partagée en huit compartiments, par huit cloisons auxquelles les graines sont attachées. Mais en s'élargissant peu à peu, la coque tiraille sur les cloisons, qui finissent par se détacher du centre, en sorte que, si vous ouvrez la capsule, lorsqu'elle a atteint toute sa grosseur, vous ne trouverez plus que des pans de cloisons attachés au pourtour intérieur de la coque.

LE PÈRE

Puis, entre le petit toit à huit rayons et le bord supérieur de la coque, il se fait un autre tiraillement, dans lequel huit petites fenêtres s'ouvrent sous le toit, pour laisser sortir les graines lorsqu'elles sont mûres.

JOSÈPHE

J'aime mieux les graines que la fleur, qui n'a rien de drôle à nous faire expliquer.

GRAND'MÈRE

C'est le fruit qui te plaît, et non pas la graine. Ne confondez pas ces deux mots.

LE PÈRE

Toutes les Papavéracées n'ont pas un fruit en grosse capsule, comme celle du pavot, la *grande chélidoine* ou *éclaire* a une silique, comme les crucifères.

JEAN

C'est pour cela que grand'mère l'a placée dans le bas du rond, du côté des crucifères.

MARIE

Je connais bien l'éclaire, qui a quatre pétales jaunes, bien plus petits que ceux des pavots, et beaucoup d'étamines du même jaune que les pétales. Il y en a dans le bas du vieux mur de la cour, et sur des tas de pierres au pied du mur.

JOSÈPHE

Ma bonne s'en jaunit les doigts pour brûler ses verrues.

GRAND'MÈRE

L'éclaire possède en effet un suc assez caustique. On a prétendu qu'il est bon pour la vue, c'est pourquoi on a donné à cette plante le nom d'*éclaire*.

LE PÈRE

Je ne devine pas à quelle intention ce second rond à quatre branches, sous les Papavéracées.

GRAND'MÈRE

Vous oubliez les *capriers* de nos haies méridionales, avec leurs jolies fleurs roses, sur des sarments grêles et épineux.

MARIE

Je ne connais que leurs boutons dans les petits bocaux où ils sont confits dans du vinaigre.

VINGT-NEUVIÈME CAUSERIE

D'AUTRES VOISINES

JEAN

Y a-t-il aussi de petites voisines de l'autre côté des Renonculacées.

GRAND'MÈRE

Trois familles seulement, en un seul groupe. Encore des étamines nombreuses avec cinq pétales.

JOSÈPHE

Comme les trois voisines qui sont à gauche.

GRAND'MÈRE

Mais à gauche, les étamines sont libres, c'est-à-dire qu'elles sont plantées comme de petites épingles sur une pelote. Et dans le groupe de droite, ces petites épingles sont collées ensemble, comme les brins tordus de ton écheveau de coton.

COTONNIER

Feuilles, fleur, capsules à graine, graine entourée de son duvet.

JEAN

Qu'écrivez-vous dans la première étoile de droite ?

LE PÈRE

Mauves, guimauve, passe-roses, cotonnier.

GRAND'MÈRE

Une *mauve*, s'il te plaît. Elles sont communes sur le chemin, au pied du mur.

Josèphe était partie et revenue.

Les étamines ont l'air d'être plantées tout autour d'une petite colonne au milieu de la fleur, et elles ont de très petites têtes.

Graine de cotonnier coupée longitudinalement pour en laisser voir l'intérieur.

LE PÈRE

Elles sont plantées, comme toutes les étamines, sur le petit plateau qui porte les autres parties de la fleur, mais elles sont collées ensemble, par leurs filets, comme le disait votre grand'mère ; avec leurs têtes libres pourtant. Et l'ovaire est enveloppé de ce faisceau d'étamines.

JEAN

Je comprends, comme elles ne sont pas toutes de la même longueur, il y a de petites têtes à toutes les hauteurs du petit faisceau.

DEUXIÈME PEUPLADE

1re SECTION

V

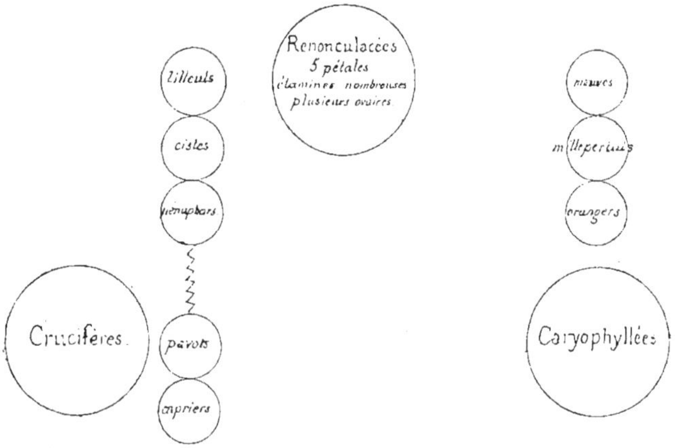

Renonculacées
5 pétales
étamines nombreuses
plusieurs ovaires

tilleuls
cistes
nénuphars
pavots
capriers
Crucifères

mauves
millepertuis
orangers
Caryophyllées

JOSÈPHE

Est-ce que le coton est fait avec des étamines blanches ?

LE PÈRE

Non, le coton pousse sur la graine du cotonnier, comme la barbe poussera bientôt au menton de ton frère.

MARIE

Vous savez, cousin Maurice m'avait envoyé d'Afrique une coque de cotonnier, dans laquelle plusieurs grosses graines noires semblaient avoir été entourées d'ouate, comme des bijoux pour un voyage.

GRAND'MÈRE

Qui connaît les *mille-pertuis* de ma seconde étoile?

JEAN

Nous tous, grand'-mère, avec leurs fleurs d'or, et leurs étamines d'or, et leurs petites feuilles percées de *mille pertuis*.

LE PÈRE

Qui *semblent* percées, et encore pas dans toutes les espèces.

JEAN

Qui *semblent* avoir des trous? Mais quand on les regarde à travers le soleil on les voit les petits trous.

GRAND'MÈRE

C'est qu'elles sont parsemées de petites glandes chargées d'une huile transparente, à travers lesquelles vous voyez la lumière, comme par de petits trous.

MILLEPERTUIS

Sommité fleurie. — Racine. — Fleur grossie. — Pistil.

MARIE

Mais leurs étamines ne sont pas en une colonne, comme celles des mauves.

LE PÈRE

Elles sont en plusieurs faisceaux, au lieu d'être en un seul.

GRAND'MÈRE

Les *orangers* et *citronniers* de notre troisième étoile ont aussi les étamines en plusieurs faisceaux.

JOSÈPHE

Mais ce sont des arbres.

JEAN

Des arbres qui ont des fleurs.

LE PÈRE

Avec cinq pétales, des étamines en plusieurs faisceaux et un tout petit ovaire, qui devient une grosse baie à noyaux que vous appelez oranges, citrons, limons, mandarines.

TRENTIÈME CAUSERIE

TROIS ARCHIPELS AUTOUR DES CARYOPHYLLÉES

Encore trois étoiles à cinq branches, dit grand'mère. Elles forment un groupe à droite des Caryophyllées.

— Une constellation, reprit Jean.

MARIE

Autrefois, te rappelles-tu, quand nous admirions les étoiles et que nous voulions les compter, nous disions : un archipel de sept; un archipel de trois et nous les reconnaissions à notre manière.

GRAND'MÈRE

Eh bien! dites aussi pour nos familles : l'archipel de trois, à l'est des caryophyllées; je vous en nommerai les îles ou étoiles, ou familles comme vous voudrez.

JEAN

Archipel oriental, trois îles principales.

GRAND'MÈRE

L'île du lin, l'île des oxalis et l'île des géraniums.

MARIE

Le *lin* de nos champs, d'un bleu si doux, et comme nuageux.

LE PÈRE

C'est le *lin* cultivé. Il y en a bien d'autres espèces, à fleurs bleues, ou blanches, ou même rouges.

LIN
Plante entière fleurie

JEAN

Il a l'air d'un petit œillet, pourquoi est-il hors des caryophyllées?

LE PÈRE

Il a en effet cinq pétales et cinq étamines, mais... les étamines sont soudées ensemble par leurs filets.

JEAN

Pourquoi pas dans les Mille-pertuis alors?

MARIE

Ah! je sais, ils n'ont que cinq étamines.

JEAN

Comme il faut tout compter pour arriver juste.

LE PÈRE

De plus l'ovaire du lin devient une petite coque, toute ronde, dans laquelle les graines ne sont pas attachées autour d'une petite colonne centrale comme dans les œillets.

DEUXIÈME PEUPLADE

1re SECTION

VI

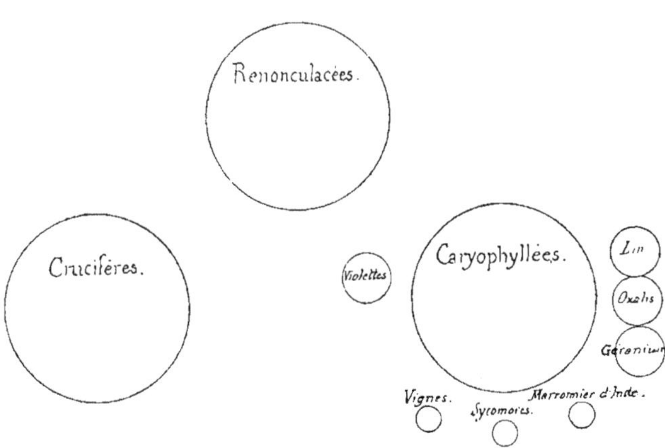

JOSÈPHE

Les graines du lin ont l'air de petites navettes brunes, vernies.

GRAND'MÈRE

Elles contiennent une huile, dont on fait un grand emploi pour différents usages.

JOSÈPHE

Et on m'a mis des cataplasmes faits avec leur farine, quand j'avais le doigt si dur et enflé.

LE PÈRE

Vous savez que les tiges du lin nous donnent des toiles, des batistes, et même les plus fines dentelles.

MARIE

Pour les dentelles, il y a des lins choisis, je pense?

LE PÈRE

Dans les mêmes lins, il y a des fibres de différentes finesses, on choisit les plus fines pour faire les fils les plus fins.

JEAN

Pourquoi met-on le lin en paquets dans les ruisseaux comme pour les faire pourrir, puis on les fait sécher ensuite au soleil ou dans le four?

LE PÈRE

C'est que la tige du lin est composée de fibres enfermées dans une espèce d'écorce, comme dans un étui, composé d'autres fibres plus grossières, collées entre elles par une substance gommeuse qui se dissout dans l'eau, au bout d'un certain temps.

GRAND'MÈRE

Le rouissage, ou ruisselage, si vous le voulez, décolle les fibres qui composent l'écorce, on fait sécher ensuite pour avoir plus de facilité à la briser, afin qu'elle tombe par débris.

JOSÈPHE

J'ai vu au village broyer du lin avec des machines comme des bancs et un couvercle dont les femmes frappent des coups très forts, pour faire tomber tous les petits morceaux de l'écorce.

MARIE

Elles tournent une poignée de lin, puis elles la retournent, et la retournent encore sur leur broyeuse, à la fin, elles en font une belle chevelure d'un beau gris, comme celle de grand'mère.

GRAND'MÈRE

Des ouvriers spéciaux, qu'on appelle des cardeurs, peigneront ces chevelures sur des brosses à dents d'acier, qu'on appelle des gardes. C'est alors qu'ils sépareront le cœur de la *filasse* pour les plus beaux fils, d'avec les fibres les plus grossières pour les grosses toiles.

LE PÈRE

Embarquons-nous pour la seconde île de l'archipel. Quand nous en serons au chanvre, nous parlerons des voiles de notre navire, pour lesquelles on n'emploie pas le fil de lin.

GRAND'MÈRE

Ne nous arrêtons pas à l'île des *oxalis*. Je ne vous y ferais remarquer que leurs feuilles composées de trois folioles rondes ne s'étalant qu'à la vive lumière du soleil.

JEAN

Vous m'avez dit, autrefois, grand'mère, que les *oxalis* fournissent le sel d'oseille, dont nous avons souvent besoin pour le bout de nos doigts barbouillés d'encre.

JOSÈPHE

Ce n'est pas une herbe, c'est une espèce de sel blanc.

LE PÈRE

C'est un sel qu'on extrait d'une espèce d'oxalis.

GRAND'MÈRE

Abordons à l'île des géraniums. Je veux bien que vous vous laissiez éblouir par les belles teintes des espèces étrangères; mais ne dédaignez pas les nôtres aux teintes plus douces. Si je ne vous les fais regarder qu'en passant, c'est que je veux plutôt vous en faire remarquer les petites capsules étroites et longues, pour un détail qui leur est particulier.

JOSÈPHE

Je sais, grand'mère, j'ai vu bien des fois qu'elle a cinq petites trappes qui s'ouvrent en se recoquillant par le bas, et alors la capsule a l'air d'un petit candélabre à cinq branches.

MARIE

Les *balsamines* de nos jardins ont des capsules en forme de fuseau, qui s'ouvrent de la même manière avec le bruit d'une détonation.

JEAN

Et les graines sont lancées au loin comme du plomb à moineaux, par un coup de fusil.

VIOLETTE
Plante entière fleurie.

LE PÈRE

Ces capsules sont remplies d'air que la chaleur fait dilater, c'est pourquoi elles éclatent au dehors avec force en lançant les graines comme des projectiles.

JOSÈPHE

Sortons de nos trois îles. Je voudrais savoir ce qu'il y a dans les autres.

GRAND'MÈRE

A l'ouest de nos Caryophyllées, nous ne trouverons qu'une seule île. Le parfum en parvient au rivage, mais rien d'éclatant ne frappe nos yeux, la famille qui l'habite a été chantée en prose et en vers comme l'emblème des vertus modestes.

JEAN

Les *violettes!* auxquelles je veux que ma femme ressemble.

JOSÈPHE

Attends que ton menton ait de la barbe comme les graines de cotonnier.

JEAN

Merci de ta barbe blanche.

GRAND'MÈRE

Dans les *violettes* et les *pensées*, les cinq étamines sont refermées sur l'ovaire et soudées ensemble par leurs têtes.

JOSÈPHE

Elles font une petite cage en dôme, dans laquelle il y a un petit oiseau avec une grosse tête sur un cou tortueux.

LE PÈRE

Style pittoresque décrit en *style* pittoresque.

GRAND'MÈRE

Dans les violettes, un des pétales se prolonge en dessous en un petit cornet ou éperon, qui n'existe pas dans les pensées.

MARIE

J'ai imaginé que ce nom de pensées leur est donné parce qu'elles ont l'air de visages penchés pour réfléchir.

LE PÈRE

Ou peut-être parce que la même fleur a des pétales de plusieurs couleurs ; violet pour le sérieux, jaune pour la gaieté ; n'est-ce pas ainsi souvent dans les pensées de notre esprit ?

JOSÈPHE

Et les îles du Sud ?

GRAND'MÈRE

Archipel méridional, encore de trois îles, comme celui de l'Est.

LE PÈRE

Des arbres enlacés de lianes, voilà ce que je découvre de loin.

GRAND'MÈRE

Un petit séjour dans l'île des *vignes* ; puis un regard en passant à celle des *sycomores* et à celle du *marronnier d'inde*.

MARIE

Et de quel côté la vigne peut-elle être voisine des œillets et encore des violettes ?

LE PÈRE

Cinq pétales, cinq étamines, un seul ovaire ; tout par nombre impair. Tige à grosses articulations comme celle des œillets.

GRAND'MÈRE

La fleur de la vigne a ceci de particulier que les pétales sont soudés ensemble jusqu'à leur sommet, en une petite calotte pointue. En sorte que lorsqu'elle vient à se détacher de sa base, elle se soulève tout d'une pièce; on pourrait dire que la fleur se décoiffe.

JOSÈPHE

Est-ce qu'il y a un petit bonnet pointu à chaque grain de raisin?

GRAND'MÈRE

Oui, chaque fleur a son petit bonnet vert, sous lequel l'ovaire grossit et devient cette grosse baie, succulente, qu'on appelle un grain de raisin.

JOSÈPHE

C'est Noé qui a été le premier à planter la vigne, mais où l'avait-il trouvée?

GRAND'MÈRE

Au-dessous de nos Caryophyllées, dans l'archipel méridional, nous trouvons encore la famille des *Érables* ou *Acer* dont vous connaissez une des espèces sous le nom de sycomore.

MARRONNIER D'INDE

Fleur. — Fruit. — Marron renfermé dans l'ovaire. — Feuille.

MARIE

Les sycomores et les platanes ont de belles feuilles élégamment découpées.

LE PÈRE

Le platane n'a pas sa place à côté des sycomores ; ses fleurs et ses fruits la lui assignent près des chênes et des châtaigniers.

GRAND'MÈRE

Troisième île de ce groupe : les marronniers d'Inde, qui ne sont pas des châtaigniers.

JEAN

Les marrons d'Inde ressemblent pourtant à de grosses châtaignes ; excepté qu'ils sont amers et que les châtaignes sont « savoureuses », comme dit Virgile.

GRAND'MÈRE

Commençons par le commencement, c'est-à-dire par la fleur. Dans le marronnier d'Inde, la corolle est un cornet à cinq dents inégales, l'ovaire est d'abord à trois loges, ayant chacune une graine unique, mais le plus souvent une seule des trois graines acquiert tout son développement, en refoulant les graines et les cloisons des deux loges voisines; en sorte que le fruit devient à une seule graine et à une seule loge.

JOSÈPHE

C'est comme les épillets d'avoine à trois grains, qui n'en ont qu'un à la fin.

LE PÈRE

En grossissant l'ovaire se couvre de grosses pointes molles, ou sortes de rugosités.

JEAN

Mais les châtaignes ont aussi une boîte hérissée de piquants et, souvent, une seule châtaigne dans cette boîte redoutable.

LE PÈRE

Mais dans les châtaignes, cette boîte n'est pas l'ovaire et il y a encore bien d'autres différences que nous expliquerons à l'automne, sous les arbres à châtaignes,

---

TRENTE-ET-UNIÈME CAUSERIE

LES NOMBRES PAIRS

— Que cherchez-vous depuis une demi-heure dans l'herbe du gazon? disait grand'mère par la fenêtre basse du petit salon?

JOSÈPHE

Nanette demande de la *Fumeterre* pour faire de la tisane à Pierre, et elle nous a dit d'en chercher dans le jardin.

GRAND'MÈRE

Oui, sur les carrés ou les plates-bandes ou dans les champs cultivés, mais pas dans le gazon. Elle aime les terres à riche fumure; c'est pourquoi on l'appelle Fumeterre, terre fumée.

JEAN

Le plus difficile pour la trouver, c'est que nous ne la connaissons pas.

MARIE

Nanette dit précisément que c'est une honte de chercher des fleurs avec grand'mère, et de ne pas connaître les plantes médicinales qu'elle recueille pour sa petite pharmacie.

GRAND'MÈRE

Je ne les connaissais pas à votre âge. Mais Nanette vous a

donné sans doute quelques renseignements pour vous aider à trouver la fleur qu'elle demande ?

JOSÈPHE

Oui, bien sûr ; de petites fleurs roses fermées comme un bouton, qui a une tête en haut et une tête en dessous ; et la tête d'en haut a une tache brune et deux petites oreilles roses entre les deux têtes.

MARIE

Les petites fleurs roses forment une grappe, et les feuilles sont très découpées, mais les découpures ne sont pas pointues.

JEAN

Voilà certainement la dame dont vous faites si bien le portrait.

LE PÈRE

Oui, c'est bien la *Fumeterre officinale* c'est-à-dire des officines, des pharmacies.

JEAN

Un grand pétale en haut, un plus petit pétale qui fait vis-à-vis au plus grand ; puis, en dedans de ces deux-là, deux petits pétales qui feraient la croix avec les deux autres, s'ils étaient tous quatre étalés, au lieu d'être fermés comme un petit étui.

GRAND'MÈRE

Dans la Fumeterre, c'est le règne du nombre deux. Deux paires de pétales, deux petites pièces roses pour le calice.

FUMETERRE OFFICINALE
Sommité fleurie. — Fleur fermée. — Fleur ouverte grossie. — Etamines

MARIE

Deux faisceaux d'étamines, mais trois étamines dans chaque faisceau.

JEAN

Souvenons-nous des crucifères, Marie. L'étamine qui fait le milieu dans chaque faisceau de la Fumeterre a une double tête et les deux étamines qui sont à ses côtés n'ont qu'une moitié de tête.

MARIE

Étamines dédoublées alors ; tu as bien raison, deux faisceaux de deux étamines chacun, qui ont l'air d'être de 3 étamines.

JOSÈPHE

Le beau *Corydalis rose* et blanc a l'air d'une grande fumeterre à deux doubles têtes qui se regardent.

LE PÈRE

Très bien trouvé, mais il a un fruit en silique et celui des fumeterres est une petite capsule ronde.

GRAND'MÈRE

Que dirons-nous du réséda dans la famille suivante ?

MARIE

Qu'il a une fleur sans beauté, aimée pour son parfum.

JEAN

Un calice vert dont cinq petites feuilles se dressent comme les doigts d'une main ouverte, derrière la fleur, et une sixième s'abaisse à ses pieds. Regardez si ce n'est pas exact.

DICTAME OU FRAXINELLE A FEUILLES DE FRÊNE
Sommité fleurie.

LE PÈRE

Une corolle verte comme le calice, avec 2 pièces plus grandes toutes découpées ou frangées et 4 plus basses. — Voilà ce qui m'embarrassait; c'est que la fleur est de la même couleur que le calice, dit Josèphe d'un petit air de docteur.

MARIE

Les étamines pendent toutes d'un même côté, comme si elles étaient fatiguées.

JOSÈPHE

Et les graines sont dans une boîte toute gonflée de vent.

GRAND'MÈRE

Je ne vous parlerai pas de la petite famille des *Rutacées*, si elle ne renfermait pas le *Dictame* ou *Fraxinelle* (petit frêne, à feuilles de frêne). Demandez à votre père s'il se rappelle quelque chose au sujet de cette plante, que nous avions autrefois dans un coin du jardin, près du petit pavillon.

LE PÈRE

Si je m'en souviens! Je n'avais pourtant que 7 ou 8 ans, peut-être.

JOSÈPHE

Dites, petit père, dites ce qui arriva quand vous étiez grand comme moi à présent. Avez-vous grandi depuis ce temps-là !

LE PÈRE

Un soir, c'était l'été et la journée avait été très brûlante. Votre grand'mère me demanda d'allumer une bougie pour l'accompagner au jardin, voir une herbe qui se trouvait au pied du pavillon.

Me voilà marchant devant elle, bien attentif à éclairer ses pas. Tout à coup elle me dit : la voilà. Et elle dirigea la bougie vers un point où je ne voyais rien d'extraordinaire ; aussitôt un nuage de feu enveloppa ma main, puis il s'évanouit au bout d'un instant et je restai tout étonné, demandant comment ce feu s'était allumé.

JEAN

C'était un feu de Bengale, que grand'mère avait caché pour vous surprendre ?

LE PÈRE

Presque cela, pas tout à fait.

GRAND'MÈRE

Il y a dans le feuillage de la Fraxinelle une huile très inflammable, qui se dégage en une sorte de vapeur lorsque l'air est très chaud et sec.

JEAN

Je comprends, la flamme de la bougie y avait mis le feu.

GRAND'MÈRE

Votre père comprit à peu près, et le voilà qui court chercher sa bonne pour lui donner même spectacle. Mais lorsqu'il revient et veut de nouveau approcher sa bougie, je m'amuse à dire d'un air de magicienne : Feu, je te défends de paraître.

JOSÈPHE

Et le feu ne vint pas !

MARIE

C'est que le nuage de vapeur était sans doute consumé, puisqu'il s'était éteint.

LE PÈRE

C'est cela même. Le lendemain de nouvelles vaporisations de l'huile inflammable s'étaient produites, nous pûmes répéter la même expérience.

JOSÈPHE

Oh ! je vous en prie, un pied de Fraxinelle que je voie ce beau nuage de feu au moins une fois.

GRAND'MÈRE

Un mot sur la petite famille des *Berbéris* qui nous ramènera six partout, quoiqu'elle ne soit pas dans la peuplade des monocotylédonées.

JOSÈPHE

Berbéris, est-ce que cela veut dire barbares.

LE PÈRE

Je ne le pense pas vraiment, bien que les Berbéris soient pourvus d'épines très féroces,

GRAND'MÈRE

Vous ne connaissez peut-être pas les *Mahonias*, aux feuilles piquantes avec de petites grappes de fleurs jaunes, qui fleurissent de bonne heure sur nos massifs.

JEAN

Je les ai appelés longtemps des houx, à cause précisément de leurs feuilles à aiguilles piquantes.

ÉPINE-VINETTE

Rameau fleuri. — A gauche en haut, fleur. — Au dessous fruits.

MARIE

Vous m'avez dit que l'*épine-vinette* est aussi un Berbéris, mais il ne ressemble pas au Mahonia.

GRAND'MÈRE

Remarquez que ses petites feuilles ovales, sans découpures ni dentelures, sont 3 par 3 au pied de 3 épines, qui sont des nervures de 3 feuilles. Ainsi vous avez là le nombre six.

— Et ses petites fleurs ont aussi 6 pétales et 6 étamines, poursuivit Jean, qui se rapprochait avec des branches fleuries du petit arbuste en question. Mais un seul ovaire, en forme d'un petit œuf couronné.

JOSÈPHE

Pourquoi l'appelle-t-on épine-vinette ?

JEAN

Tu n'as jamais entendu Nanette demander de la *Vinette* pour sa cuisine ? c'est de l'oseille, acide comme de mauvais petit vin, *vinette*.

JOSÈPHE

Eh bien, l'Épine vinette n'est pas de l'oseille, ni du vin.

LE PÈRE

Ses fruits sont acides comme l'oseille ou *vinette*, et l'arbuste a des épines.

MARIE

Mes cousines d'Aix font des confitures avec les petites baies de l'Épine-vinette.

GRAND'MÈRE

Voyez comme les six étamines au lieu d'être dressées au milieu de la fleur, sont appuyées en arrière, chacune à un des pétales dont elles suivent la courbure intérieure.

MARIE

Sont-elles rejetées ainsi par de petites glandes, comme les 2 étamines courtes des crucifères.

GRAND'MÈRE

Il y a un moyen de les faire dresser subitement. Regardez.

La grand'mère appuya légèrement la pointe d'une épingle sur le pied d'une des étamines, qui se mit debout aussitôt, comme une personne éveillée brusquement qui se lève en sursaut.

DEUXIÈME PEUPLADE

1er SECTION

VII

Renonculacées

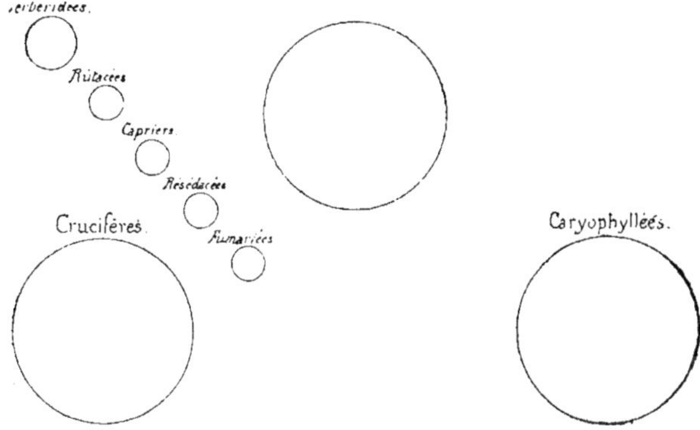

— Et moi aussi, dirent chacun des enfants.

Ils s'y essayèrent tous sur des fleurs différentes ; le succès fut complet. Voilà en chaque petit salon jaune, 6 étamines dressées.

— Comment cela se fait-il ? demanda Jean.

LE PÈRE

Marie a bien deviné, c'est une petite glande qui pressait sur le pied de l'étamine ; vous l'avez percée, avec votre épingle ; elle cesse de peser sur l'étamine, qui peut se dresser en liberté.

MARIE

Mais voilà beaucoup de fleurs plus ouvertes, dans lesquelles

les étamines sont debout sans que nous ayons piqué les petites glandes qui les gênaient.

JOSÈPHE

Des abeilles les ont peut-être percées pour en emporter le nectar.

LE PÈRE

L'air a suffi pour les dessécher.

GRAND'MÈRE

Ici la fin de notre tableau.

MARIE

C'est là la fin des dicotylédonées?

GRAND'MÈRE

De la première section des dicotylédonées.

JEAN

Pourquoi les autres ne sont-elles pas de cette section-là ?

LE PÈRE

Parce qu'elles en diffèrent par des caractères que votre grand' mère vous apprendra à distinguer la prochaine fois.

On eût voulu que la prochaine fois fût tout de suite.

Mais l'heure des devoirs et des leçons n'était jamais retardée. Livres, cahiers, plumes, porte-plumes, remplacèrent le tableau et les fleurs.

TRENTE-DEUXIÈME CAUSERIE

UN TITRE POUR LE PRÉCÉDENT TABLEAU

THALAMUS — TALAMIFLORES

Lorsque Jean vit ces mots écrits en grosses lettres sur le tableau noir, il remonta précipitamment l'escalier de sa chambre, et il revint en disant : *Thalamus*, lit, oreillet, tabouret, choisissez; le dictionnaire vous offre ces trois significations.

MARIE

Mais il faut savoir à quoi les appliquer.

GRAND'MÈRE

Plantez un rang d'épingles, en rond, sur le tabouret du piano, bien. Un second rang d'épingles en dedans du premier; un troisième, si vous voulez.

JOSÈPHE

Ce sont les pétales, les étamines, toutes les pièces de la fleur.

GRAND'MÈRE

Le tabouret sur lequel elles sont plantées s'appelle un thalamus.

MARIE

Alors le bout supérieur de la tige sur lequel la fleur est implantée est un thalamus ou tabouret?

LE PÈRE

Et dans toutes les familles de notre tableau, il faut remarquer que les différentes parties de la fleur, implantées sur ce thalamus ou tabouret, peuvent s'enlever séparément sans déchirement pour les autres parties.

GRAND'MÈRE

Comme vous pouvez enlever une à une les épingles plantées sur le tabouret.

DEUXIÈME PEUPLADE

1re SECTION

Thalamiflores

Récapitulation

3 ou 6
Berbéridées

Tilleuls
Cistes
Nénuphars
5 pétales
Étamines nombreuses et libres

Renonculacées
Plusieurs ovaires

Mauves
Millepertuis
Orangers
Un seul ovaire
Étamines en faisceaux
5 pétales

Pavots
Capriers
4 pétales
Nombres pairs

Rutacées
Résédas
Fumeterres

Violettes

Crucifères

Caryophyllées
Lin
Oxalis
Géranium
Étamines par 10
Nombres impairs

Marronnier d'Inde
Vignes
Sycomore

MARIE

Mais oui; on peut effeuiller les pétales un à un, et les étamines une à une sans qu'elles emportent un morceau de l'ovaire ou du calice? etc.

GRAND'MÈRE

C'est cela. Et il n'en est pas de même pour les familles qui nous restent à voir. Mais comment se fait-il que nous parlions de fleurs avant la promenade?

JEAN

C'est ce mot inconnu, qui m'a fait chercher dans mon dictionnaire.

LE PÈRE

De ce mot inconnu, on a fait celui de *Thalamiflores*, fleurs sur un thalamus, sur un tabouret.

GRAND'MÈRE

Nous l'écrirons tantôt pour le titre de notre tableau d'hier. Puis nous chercherons des fleurs pour les familles du tableau suivant.

JOSÈPHE

L'autre tableau s'appellera comment?

LE PÈRE

Il s'appellera le second tableau.

JOSÈPHE

Ce n'est pas joli de se moquer de moi, n'est-ce pas, grand'-mère?

GRAND'MÈRE

Ce n'est pas joli de faire une moue boudeuse, parce que ton papa veut bien plaisanter avec toi.

Josèphe pleura, Jean voulait la taquiner, mais Marie prétendit avoir besoin de sa sœur pour monter des livres dans leur chambre. Elle l'emmena, lui parlant tout bas.

Peu après, la petite fille descendit toute rassérénée; elle alla embrasser grand'mère et petit père, disant à leur oreille qu'elle se corrigerait pour devenir aussi bonne que Marie.

— Pas de sitôt! murmura le frère à peu près tout haut.

TRENTE-TROISIÈME CAUSERIE

UN TITRE POUR LE TABLEAU SUIVANT

CALICE, CALICIFLORES

Marie revenait, accompagnant son père, et portant une gerbe de branches fleuries :

— Mère, dit-elle, nous vous apportons un coin du jardin pour égayer votre réclusion, pendant que vous guérirez votre entorse.

— Je désennuyais grand'mère, dit Josèphe, sans quitter sa position agenouillée devant l'aïeule.

On avança corbeilles et jardinières pour y déposer les fleurs et Marie assurait que son père avait choisi toutes celles des familles qu'on n'avait pas encore inscrites sur les tableaux.

— Ce sera pour la causerie de tantôt, dit la grand'mère en les remerciant.

— Moi, je les connais toutes par leur nom, prétendit Josèphe.

— Est-ce que le nom est quelque chose, riposta Jean, s'interrompant dans la récitation d'un verbe grec.

La petite fille regarda Marie, et elle se tut.

Le tantôt réunit tout le monde autour des corbeilles, dans le petit salon.

Grand'mère demanda que chacun prît une fleur de genêt, pour en effeuiller les pièces du calice.

— Impossible, sans déchirement, dit Marie, après avoir essayé. Chaque feuille du calice emporte un petit morceau du thalamus avec pétale ou étamine.

GRAND'MÈRE

C'est ce que je voulais vous faire reconnaître.

Mais pourquoi tout cela tient-il au calice? Dans toutes les

fleurs de l'autre tableau, les pièces sont toutes libres les unes des autres.

LE PÈRE

C'est que, dans celle-ci, le tabouret floral remplit le fond du calice jusqu'à une certaine hauteur et y est soudé intérieurement, en sorte que calice et tabouret deviennent inséparables, comme s'ils étaient d'une seule pièce.

GRAND'MÈRE

Attendez, mon ami, j'ai de la gomme fondue dans ce petit porte-bouquet, nos enfants vont mieux comprendre ce qu'ils verront

JEAN

Ce porte-bouquet, c'est le calice, la gomme qui le remplit jusqu'au-dessous des dents, c'est le tabouret ou thalamus.

LE PÈRE

Et comme cette gomme durcie s'est collée en dedans du porte-bouquet, elle semble en faire partie.

GRAND'MÈRE

Ainsi le tabouret floral semble faire partie du calice, c'est pourquoi les autres parties de la fleur semblent implantées sur le calice.

LE PÈRE

D'où on a donné aux fleurs qui offrent ce caractère, le nom de *caliciflores*, « calices à fleurs ».

— Ah! voilà le nom du second tableau, proclama Jean, en regardant malicieusement Josèphe.

GENÊT
Rameau fleuri portant des fleurs et des gousses ou fruits

— Je ne me fâcherai pas, dit fièrement la petite; ce n'est plus hier.

— Eh bien! embrasse-moi, reprit Jean, j'ai eu tort de le rappeler, puisque tu es bien gentille. Embrasse-moi, je ne te taquinerai plus.

— Bien vrai, dit la petite fille, en jetant ses bras autour du cou de son frère?

— Jamais, affirma Jean, mais il se ravisa: A moins que tu ne me tourmentes, ou que je m'oublie, ajouta-t-il prudemment.

— Alors, dit Josèphe à demi-voix, le doigt tendu vers Marie, tu la regarderas et elle te fera un signe. N'as-tu pas vu qu'elle m'en a fait un tout à l'heure?

Marie devint rose comme les églantines de ses corbeilles et elle était vraiment charmante avec son petit air confus.

TRENTE-QUATRIÈME CAUSERIE

DES PAPILLONS DE TOUTES LES COULEURS

Les amis vinrent savoir des nouvelles de grand'mère et de l'entorse; on leur fit admirer les fleurs sauvages du petit salon mais il fallut en remettre l'étude à plus tard.

Après les visites, M. Max effeuillait distraitement quelques rameaux à sa portée; grand'mère les éloigna doucement de la main destructrice, et s'adressant aux enfants :

— Si je vous demandais, dit-elle, lesquelles de ces fleurs ressemblent le plus à des papillons, lesquelles me nommeriez-vous?

— Le *genêt*, dit Josèphe. Voyez, on le prendrait pour le papillon que je poursuivais tout à l'heure avec mon filet.

— Le *cytise* aussi, continua l'un des aînés.

— Et l'*acacia* tout autant, ajouta l'autre. Il y a des papillons blancs.

— Et encore : la *glycine violette*, les *lupins bleus*, les *pois roses* et bruns ; il y a des papillons de toutes les couleurs, s'amusa aussi à répondre le père.

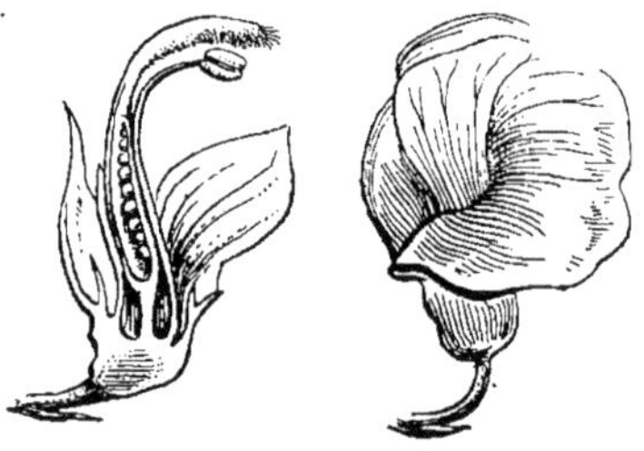

FLEUR DE POIS

A droite, fleur entière. — A gauche, coupe montrant pistil, ovaire, étamines, pétales et calice.

GRAND'MÈRE

Toutes ces fleurs qui ressemblent un peu à des papillons aux ailes demi-étendues sont appelées des *Papillonacées*.

LE PÈRE

On trouve que ces papillonacées ressemblent aussi *un peu* à un navire, avec son étendard à l'avant, deux voiles tendues sur les côtés.

JEAN

C'est très vrai, et la coque du navire est en carène.

— Papa allait bien le dire sans toi, commença Josèphe d'un ton peu aimable, mais elle s'arrêta; Marie lui avait peut-être fait un signe des yeux.

GRAND'MÈRE

L'étendard est d'un seul pétale, bien qu'il paraisse de deux pièces soudées ensemble.

MARIE

Et un pétale pour chacune des ailes, cela fait déjà trois pétales.

JEAN

Plus celui de la carène.

MARIE

Bien sûr il en faut cinq, puisqu'il y a cinq dents au calice.

JOSÈPHE

Ma carène s'est fendue en deux pièces, cela fait juste vos cinq pétales.

GRAND'MÈRE

C'est cela ; la carène est formée par deux pétales soudés ensemble.

JEAN

Je vois à fond de cale un petit bonhomme emmailloté jusqu'au cou, avec un panache sur la tête.

JOSÈPHE

Le panache a bien l'air d'étamines toutes recoquillées.

LE PÈRE

Le fourreau dans lequel votre petit bonhomme se trouve emmailloté, est formé par une sorte de membrane très mince qui relie entre eux les filets des étamines.

GRAND'MÈRE

Fendez ce fourreau dans le sens de sa longueur.

MARIE

Il enveloppe une gousse de pois !

GRAND'MÈRE

Il enveloppe un ovaire allongé, aplati, qui deviendra, en effet, une gousse comme celle des pois.

POIS

Gousse de pois ouverte. — Pois (coupé) montrant comment il est attaché à la gousse par son cordonnet. — Pois entier.

JEAN

Voilà à son sommet un petit style terminé en bec.

GRAND'MÈRE

Ce que vous appelez une gousse ou une cosse, porte aussi le nom de légume. C'est une boîte allongée plate s'ouvrant dans le sens de sa longueur et portant deux rangs de graines attachées le long de ses bords.

JOSÈPHE

Pas sur les bords, grand'mère ; quand l'on ouvre la boîte, on voit les graines attachées le long de sa charnière.

LE PÈRE

C'est qu'on n'ouvre pas la boîte par ses bords, on l'ouvre précisément par la charnière.

GRAND'MÈRE

Si j'attache un rang de petites perles en dedans des bords de la couverture de ton calepin....

JEAN

Je comprends, vous collez ensuite ces deux bords l'un sur l'autre, voilà une boîte pour enfermer les perles.

MARIE

Alors, quand nous ouvrons des gousses de pois, c'est par le dos du calepin.

LE PÈRE

Oui, la boîte ou gousse est formée par une feuille refermée bord à bord avec des graines attachées le long de chaque bord.

GRAND'MÈRE

Lorsque vous *effilez* des gousses de pois, le long filament que vous en enlevez est la nervure du dos de la feuille; alors la boîte se trouve fendue par le dos, et ses bords restent soudés l'un à l'autre, garnis de leurs graines ou pois.

MARIE

Quand la gousse est ainsi demi ouverte, on croit voir un seul rang de graines, mais si on l'ouvre tout à fait, chaque moitié emporte son rang avec elle.

LENTILLE

1. Sommité fructifiée. — 2. Gousse fermée. — 3. Gousse ouverte. — 4. Lentille.

JOSÈPHE

Chaque graine d'un côté se loge entre deux graines de l'autre.

JEAN

C'est un arrangement très bien imaginé; elles ont mieux leurs aises pour grossir, que si les deux rangs étaient l'un sur l'autre.

LE PÈRE

Les papillonacées ne sont pas seules à avoir des gousses ou légumes. D'autres plantes étrangères ont aussi la même organisation pour leur fruit, bien que leurs fleurs ne soient pas en papillons.

GRAND'MÈRE

C'est pourquoi la grande famille des légumineuses comprend deux divisions, les papillonacées et les non-papillonacées.

MARIE

En connaissons-nous de la seconde division ?

GRAND'MÈRE

Les *mimeuses* ou *acacies*, au feuillage léger comme des plumes à larges barbes.

JOSÈPHE

Mais les choux, les carottes, les oignons, pourquoi les appelle-t-on des légumes?

GRAND'MÈRE

Sans doute parce qu'ils sont alimentaires, comme les légumes de certaines légumineuses.

MARIE

Comme les pois, haricots, lentilles, fèves.

JOSÈPHE

Les lentilles de Jacob qu'il vendit à son frère. Je trouve qu'il aurait bien pu les donner.

JEAN

D'autant plus que tu ne les aimes pas.

JOSÈPHE

Je te donne bien les bonbons que j'aime beaucoup.

FÈVE
Plante entière fructifiée

GRAND'MÈRE

Offre vite à ton frère ceux qu'on m'a apportés du baptême de sa petite cousine.

Aussitôt : qui fut dit, fut fait; comme dans les contes de fées. Et la paix fut signée encore une fois.

TRENTE-CINQUIÈME CAUSERIE

QUELQUES DÉTAILS

— Fermez les yeux, et dites-moi si vous dormez, demanda le père.

— Pour dormir, ce n'est pas tout d'avoir les yeux fermés, fut-il répondu.

— Que faut-il donc ? ajouta grand'mère.

— C'est plus difficile à dire que le nom des fleurs, objectèrent les enfants.

— Le sommeil, expliqua le père, est causé par la suspension momentanée des fonctions du système nerveux. Il se produit chez les plantes, comme chez les animaux.

JOSÈPHE

J'ai bien vu les petites pâquerettes se fermer le soir, je disais qu'elles mettent leur bonnet de nuit. Il y a aussi des fleurs qui baissent la tête le soir, comme ma bonne, lorsqu'elle s'endort en tricotant, auprès du feu.

LE PÈRE

Dans certaines plantes, tout le feuillage s'affaisse le soir, et la cime des jeunes rameaux fléchit comme nos membres pendant le sommeil.

TRÈFLE
Sommité fleurie.

GRAND'MÈRE

Vous avez vu cela sur le trèfle de nos champs.

MARIE

Les deux folioles qui sont ordinairement étendues comme les ailes d'un oiseau pendant son vol, se referment face à face; et la foliole du sommet se replie par la moitié, comme un livre fermé.

LE PÈRE

Les feuilles de toutes les légumineuses sont toutes composées ainsi de folioles plus ou moins nombreuses, disposées par paires, comme des ailes, et le plus souvent, avec une foliole terminale.

POIS FOURRAGE
Sommité fleurie.

SAINFOIN
Sommité fleurie.

VESCE
Sommité portant des fruits

JEAN

Il y en a aussi qui ont une vrille au lieu de cette foliole terminale.

GRAND'MÈRE

Ce sont les espèces à tiges très grêles, n'ayant pas la force de se soutenir sans s'appuyer à des voisines plus robustes, auxquelles elles s'attachent par cette vrille enroulée.

LE PÈRE

Cette vrille, c'est le développement de la nervure principale d'une feuille incomplète.

MARIE

La *sensitive*, au feuillage si impressionnable, n'est-elle pas une légumineuse ?

DEUXIÈME PEUPLADE

2e SECTION

(*Caliciflores*)

I

Papilionacées

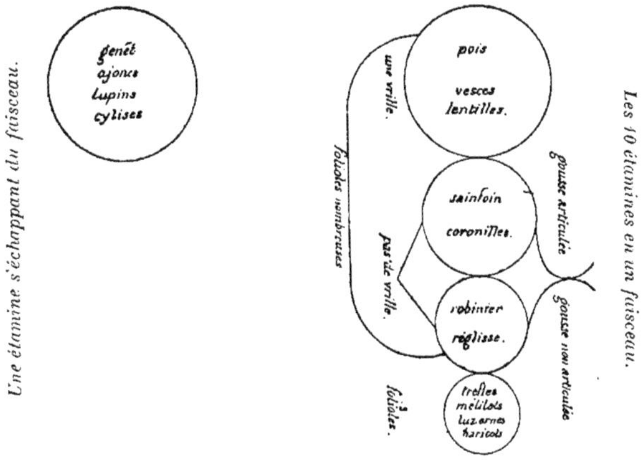

Une étamine s'échappant du faisceau.

genêt
ajoncs
lupins
cytises

Les 10 étamines en un faisceau.

folioles nombreuses
une vrille.
pois
vesces
lentilles.
pas de vrille.
sainfoin
coronilles.
gousse articulée
robinier
réglisse.
gousse non articulée
3 folioles.
trèfles
mélilots
luzernes
haricots

GRAND'MÈRE

C'est un *mimosa*. Vous l'avez vue replier doucement ses folioles, si on la prive de la lumière, même en passant.

JEAN

Comment distingue-t-on les différentes espèces de légumineuses les unes des autres ?

JOSÈPHE

D'abord la première division a des fleurs de genêt ou de pois, ou d'autres papillons de toutes les couleurs.

LE PÈRE

Ne parlons que de celles-là, puisqu'il n'y en a pas d'autres dans notre pays. J'ai bien envie de vous en faire un tableau.

— Voilà le tableau noir et de la craie, dit Jean. Vous pouvez bien effacer tous mes problèmes, ils sont copiés.

LE PÈRE

D'abord le *genêt*, avec ses dix étamines dans le même fourreau. Et à côté de lui, l'*ajonc* de nos landes bretonnes, les *cytises* des Alpes, les *lupins* de diverses couleurs.

— Écrivez, pria grand'mère, ils se souviendront bien mieux.

— Et les pois ? questionna Josèphe.

— Les pois n'ont que neuf étamines rattachées ensemble, répondit le père. La dixième s'échappe du fourreau. Mettons les pois vis-à-vis des genêts, à l'autre bord du tableau. Puis il écrivit encore avec les pois ; *gesses*, *vesces*, *lentilles*.

— Est-ce tout ? demanda Jean ?

— Non pas, dit le père. Près des pois, nous placerons, en un second groupe de ce côté : *sainfoin*, *coronilles*.

Puis en un troisième groupe : *réglisse, robiniers* ou *faux acacias*.

Et enfin, en un quatrième groupe, toujours du même côté : *trèfles, mélilots, luzernes, lotiers, haricots*.

— Mais pourquoi quatre groupes différents, puisqu'ils ont tous

AJONC
Rameau fleuri, fleur séparée

GESSE
Sommité portant des fleurs et des gousses.

une étamine libre ? demandèrent les aînés.

LE PÈRE

C'est que dans le premier, à gauche, pois, vesces, lentilles, toutes les feuilles ont une vrille. Les trois autres groupes ont des feuilles sans vrille.

MARIE

Et pourquoi ces trois autres groupes n'en font-ils pas un seul?

GRAND'MÈRE

Parce que dans celui des trèfles, luzernes, haricots, etc., les feuilles n'ont que trois folioles, et dans les deux autres, les feuilles ont plus ou moins de folioles, au delà de trois.

— Je prendrai la hardiesse de questionner encore, dit Jean humblement : Pourquoi ces deux groupes, entre le premier et le quatrième n'en font-ils pas un seul ?

LE PÈRE

Parce que le groupe du sainfoin a une gousse articulée, composée comme de grains de chapelet.

— Et son voisin, robinier (ou faux acacia) réglisse, astragale, a des gousses sans grains de chapelet, acheva grand'mère.

— C'est facile à comprendre, mais un peu compliqué, dirent les enfants.

GRAND'MÈRE

Entre les papillonacées étrangères, il faut que vous connaissiez de nom : la *casse* et le *sené* de nos pharmacies; l'*arbre à la gomme*, d'où découle une gomme analogue à celle que vous recueillez sur certains cerisiers ou pêchers; l'*indigotier*, dont les jeunes pousses et les feuilles exsudent cette fécule bleue, que nous nommons l'*indigo;* l'arbre au *bois de campêche* dont le bois donne à nos teintureries une bonne couleur violet-brun ; le *palissandre*, le *bois de santal* et le *bois de rose* que nous employons en marqueterie pour nos meubles de luxe.

LUZERNE
Sommité fleurie

LE PÈRE

Le bois de toutes les papillonacées est très dur, celui de l'acacia est précieux pour le charronnage et celui du bois de fer mérite son nom.

GRAND'MÈRE

Après la famille des graminées, celle des légumineuses est peut-être la plus précieuse pour l'homme et les animaux.

JEAN

C'est vrai, de quoi vivraient les troupeaux si vous n'aviez pas les champs de trèfles et les luzernières? Plus de lait, plus de côtelettes, ni de biftecks.

JOSÈPHE

Plus de petits pois sucrés, ni de fèves au lard.

Marie souriait. J'allais dire: il nous restera le beurre et le fromage ! Mais non, ce serait le pain tout sec avec quelques herbes cuites à l'eau ou à l'huile.

TRENTE-SIXIÈME CAUSERIE

SAVEZ-VOUS ÉCUSSONNER ?

Enfin, grand'mère put sortir.

Appuyée au bras de son fils, et l'autre main sur l'épaule de Josèphe, elle allait à petits pas, entre les rosiers fleuris sur les plates-bandes. Devant elle, Jean et Marie, marchant à reculons, se taquinaient de gestes et de paroles, riant parce qu'ils avaient besoin de rire.

La joie était dans l'air, dans la lumière, dans les fleurs ; c'est peut-être pourquoi ceux qui n'étaient pas des enfants se sentaient tristes.

Grand'mère voulut arracher son fils à ses pensées en arrière.

— Max, dit-elle, voilà un églantier dont l'écusson est manqué. Vous montrerez à vos enfants à écussonner, n'est-ce pas ?

— Tout ce que vous voudrez, répondit le père, en ayant l'air de ne pas entendre ce qu'il disait.

— Comment fait-on pour écussonner ? interrogea Josèphe.

— As-tu vu faire des boutures dans la terre ? demanda Jean.

— Oui, j'en fais souvent, mais elles ne poussent jamais de racines, c'est pourquoi elles meurent.

— Eh bien ! enseigna Jean, quand on écussonne, on plante une bouture dans une branche de rosier, et elle y vit sans pousser de racines.

— Père, dit piteusement la petite fille, voilà Jean qui recommence à se moquer de moi.

LE PÈRE

Mais non, mignonne. Veux-tu voir comment cela se fait ?

Il abaissa un des rameaux de l'églantier.

Grand'mère présenta un petit couteau. Les enfants devinrent attentifs.

— Mais j'oubliais l'écusson, dit-il. Prenez une branche de ces belles roses cramoisies sur ce rosier là-bas ; il doit bien y avoir un œil à l'aisselle d'une des feuilles.

Il s'en trouva un en effet. M. Max découpa dans l'écorce qui le portait, une petite pièce en sorte d'écusson, et il coupa la plus grande moitié de la feuille qui le surmontait.

— C'est là votre bouture ! dit Josèphe.

— Où veux-tu que je la plante ? demanda son père.

— Ici, répondit grand'mère, en abaissant de nouveau une des branches de l'églantier.

— Que Jean mette le petit écusson entre ses lèvres, recommanda le père, afin qu'il ne se dessèche pas à l'air.

Alors, il fendit délicatement l'écorce de la branche sauvage dans le sens de la longueur, puis il fit aux deux extrémités de la petite incision, deux petites entailles demi-circulaires, dans le sens de sa rondeur.

— Pourquoi ces deux petites incisions en travers? demanda Marie.

— Pour que je puisse soulever l'écorce sans déchirure des deux côtés de la boutonnière, et y introduire l'écusson.

Il introduisit, en effet, le bout de son petit écussonnoir entre l'écorce et le bois, de chaque côté de la fente longitudinale, pour soulever un peu les bords de l'écorce, puis il permit à Jean d'y faire entrer l'écusson qui lui avait été confié.

Mais il le plaçait à reculons, l'œil du côté du pied de la branche. Marie l'arrêta.

— Sur toutes les branches, l'œil est du côté de la cime, fit-elle observer.

On achevait de rectifier l'erreur, lorsque Josèphe présenta quelques bouts de laine, dont elle espérait bien être chargée de bander la plaie; mais on lui fit comprendre qu'elle pourrait serrer trop ou trop peu, ce qui nuirait au succès de l'opération.

GREFFE EN ÉCUSSON

1. Greffe ou écusson montrant l'œil. — 2. Sujet greffé. L'écusson a été introduit entre son écorce et son bois; il est fixé par une ligature.

Elle se consola en obtenant de couper quelques-unes des autres branches de l'églantier, au-dessus de l'écusson.

— Pourquoi les couper? disait Marie. Elles donneraient des roses.

— Oui, expliqua le père; mais elles prendraient la sève qui est nécessaire à notre branche écussonnée pour nourrir son nouveau bourgeon.

MARIE

Comme c'est merveilleux! Les roses de ce nouveau bourgeon seront cramoisies et très larges, pendant que celles des autres branches resteront de délicates églantines.

JEAN

Ce sera pourtant la même sève qui montera dans les anciennes et dans les nouvelles roses.

LE PÈRE

La même sève montera dans toutes les branches, mais elle redescendra différente dans les branches sauvages et dans la branche écussonnée.

GRAND'MÈRE

C'est trop savant. Ils ne savent pas que les différentes parties de la plante ne sont produites que par la sève descendante.

Lorsque la sève monte, elle a le rôle d'approvisionner les réservoirs ; en descendant, elle distribue la part de chaque étage.

JEAN

Où redescend-elle ? Retourne-t-elle dans la terre ?

LE PÈRE

Elle s'évapore en partie, pendant la route qu'elle fait pour redescendre. Mais décidément, c'est trop avancé pour nous.

GRAND'MÈRE

Revenons tout simplement aux roses de notre églantier.

Jean en avait cueilli quelques-unes ; il s'amusait à les placer dans les cheveux de ses sœurs ; celles de Josèphe aux rubans de ses nates tombantes.

Marie ramena les nattes sur le front de la petite fille, qui se trouva ainsi gracieusement couronnée. Peut-être le devina-t-elle dans les yeux des autres ; elle secoua si doucement la tête, que rien ne se dérangea dans sa coiffure.

TRENTE-SEPTIÈME CAUSERIE

QUELQUES ROSACÉES HONNEUR DES JARDINS

— Cinq pétales et des étamines nombreuses, disait Jean, effeuillant dans les cheveux de Marie une des églantines qu'il y avait posées.

— Et plusieurs styles en un petit bouquet au centre des étamines,

FLEUR D'ÉGLANTIER

Corolle — Calice — Étamines

ajoutait Marie, effeuillant celles de Josèphe, mais je ne vois pas les ovaires.

Ils se cachent sûrement au fond de cette petite toupie verte, qui doit être le calice, avec une couronne de cinq petites feuilles singulièrement découpées, au lieu de dents.

— Voilà les ovaires, dit Josèphe triomphante, présentant aux aînés un calice-toupie qu'elle venait de fendre de haut en bas.

— Ils sont plantés à toutes les hauteurs, sur les murailles

intérieures de ce calice, qui reste ouvert par le haut, remarqua Jean.

MARIE

Ils devraient être sur un petit tabouret floral soudé en dedans du calice, et le calice est creux.

JEAN

Je vois bien un petit bourrelet, comme un anneau, en dedans du sommet de la toupie, il porte les pétales et les étamines, c'est un tabouret percé.

MARIE

Voilà qui est trouvé : le bourrelet thalamus se prolonge en dedans de la toupie, comme le tube d'un entonnoir dans le cou d'une bouteille.

JEAN

C'est cela : thalamus concave, au lieu d'être convexe, (bombé), expliqua-t-il pour Josèphe. Est-ce bien trouvé, père ?

Absolument exact.

GRAND'MÈRE

Vous voyez ce dé à coudre au bout de mon doigt, il représente très bien un tabouret bombé sur lequel on peut supposer autant d'ovaires qu'il y a sur le dé de petits creux pour la tête des aiguilles.

MARIE

Et mon dé à moi ; le petit dôme en bas, l'ouverture en haut, c'est le thalamus concave de la rose, bien qu'il y manque les petits creux des ovaires, qui devraient être en dedans, au lieu d'être sur le dessus.

JOSÈPHE

Quand la toupie verte est devenue rouge, elle a de petits noyaux, qui sont peut-être les ovaires dans leurs petits trous.

JEAN

Mes sœurs ont voulu bien des fois me faire goûter ces belles poires de corail, comme elles les appellent, mais elles sont remplies de petits poils rudes comme du crin haché.

LE PÈRE

Ces petits poils rudes croissent sur la face des ovaires qui se trouve tournée vers le centre ouvert du calice.

JEAN

Seulement sur une des joues de chaque ovaire ?

LE PÈRE

Sur celle qui est exposée à l'humidité et à la poussière par l'ouverture centrale. L'autre joue qui est nichée dans le tabouret charnu, n'a pas besoin de cette barbe hérissée.

MARIE

Dans le temps où nous parlions des baies de l'asperge, nous

avions cité celles de l'églantier, mais je me souviens que grand'mère les appela des fausses baies.

GRAND'MÈRE

Parce qu'elles restent ouvertes au sommet et que leurs graines ne sont pas éparses cà et là dans la chair ou pulpe.

LE PÈRE

Vous ne trouverez pas le même fruit dans toutes les *Rosacées*. Leurs fleurs sont bien sur le même type, mais les fruits sont si variés, qu'ils ne semblent pas appartenir à une même famille.

GRAND'MÈRE

Vous pouvez en juger par les fraises, les pommes, les cerises.

— Tout cela des Rosacées ? dirent les trois jeunes voix.

LE PÈRE

Dans toutes les Rosacées, il n'y a pas une seule espèce malfaisante.

JOSÈPHE

C'est la famille belle et bonne.

LE PÈRE

Le principe qui y domine, c'est le tannin. Il se trouve même dans les pétales des roses.

GRAND'MÈRE

C'est ce qui tache tes mouchoirs lorsque tu les emploies pour bassiner tes yeux avec de l'eau de rose.

MARIE

Cependant elle paraît si pure.

GRAND'MÈRE

Les pétales des roses contiennent aussi une huile essentielle que vous avez quelquefois recueillie.

JOSÈPHE

Je n'ai jamais fait qu'essayer, grand'mère, sans en recueillir une goutte.

LE PÈRE

Comment ! les roses macérées dans un bocal d'eau n'ont pas laissé échapper quelques goutelettes venant surnager à la surface.

JOSÈPHE

Je les avais fait bouillir sur mon petit fourneau, qui chauffe très bien.

JEAN

Contente-toi du soleil une autre fois.

Josèphe s'empressait déjà de ramasser dans un pan de son sarrau toutes les roses demi-défleuries, lorsque son père recommanda de les choisir à peine ouvertes, avant que l'huile parfumée se fût évaporée à l'air.

TRENTE-HUITIÈME CAUSERIE

QUELQUES ROSACÉES DES BOIS

— Ne trouvez-vous pas que la fleur des *framboisiers* ressemble à de petites roses, disait Marie, tout en cueillant les premières framboises pour le dessert.

— Elles ressemblent plutôt à la fleur des *ronces* décida la petite sœur.

— Mais le fruit ne devient pas une baie comme dans l'églantier.

— Une « fausse baie » s'il te plaît, corrigea Josèphe avec un grand aplomb.

On sourit et grand'mère ajouta :

— Votre père vous a prévenus que dans les rosacées, les différentes divisions ont des fruits différents.

MARIE

Les framboises se décoiffent de dessus une petite tête pointue, toute blanche, qui reste attachée à la branche.

JOSÈPHE

C'est comme les mûres des haies.

MARIE

Et comme les mûres des mûriers de nos vers à soie.

GRAND'MÈRE

Les mûriers ne sont pas du tout dans les rosacées.

JOSÈPHE

Pourquoi donc les framboises des ronces s'appellent-elles des mûres ?

MARIE

Parce qu'elles ressemblent aux mûres du mûrier noir.

RONCE
Sommité fleurie et fructifiée

JOSÈPHE

Les fraises sont faites aussi comme les framboises, et de la même couleur.

GRAND'MÈRE

Pas tout à fait. Mais attendons le dessert, nous les étudierons en les goûtant.

MARIE

Voilà des ronces fleuries, mais il n'y a pas encore de mûres ; d'ailleurs il nous faudrait Jean ; nos robes s'accrochent à tous les aiguillons des branches et des feuilles.

GRAND'MÈRE

Ces aiguillons crochus sont leurs armes défensives. Sous les arceaux de leurs branches sarmenteuses, les ronces protègent la jeune végétation de nos terrains incultes.

MARIE

C'est vrai, il y en a sur la place des arbres abattus dans le bois; et beaucoup de petits arbres lèvent sans danger sous leur réseau piquant.

JOSÈPHE

Il y en a aussi sur les talus de terre et de décombres, pour m'empêcher d'y cueillir des mauves.

MARIE

Mais comment une ronce croit-elle tout à coup, en un lieu où sa protection devient nécessaire?

GRAND'MÈRE

C'est qu'il s'y trouvait des graines, apportées le plus souvent par des oiseaux.

FRAISIER
Plante fleurie. — Sommité fleurie et fructifiée. — Fraise.

Mais les corbeilles étaient remplies et les appels de Jean annonçaient le déjeuner.

On n'attendit pas le dessert pour comparer les framboises et les fraises qu'on apportait fraîches cueillies.

Jean n'y avait pas pensé, déclara-t-il, mais il trouva entre les deux fruits peu de ressemblance.

— Pour les framboises, dit le père, vous avez laissé sur leurs branches les calices et le petit tabouret pointu, auquel elles étaient attachées, tandis que la fraise conserve l'un et l'autre.

JEAN

Les framboises ont l'air d'être composées de petites baies rondes collées ensemble en un petit chapeau.

GRAND'MÈRE

C'est une baie composée d'autant de petites baies qu'il y avait d'ovaires sur le tabouret floral.

MARIE

Le tabouret est-il donc devenu ce petit porte-chapeau qui était coiffé de la framboise?

GRAND'MÈRE

Vous voyez qu'il n'était pas concave comme celui de la rose.

LE PÈRE

Il n'est pas concave non plus dans la fraise.

JOSÈPHE

Ma fraise ne se décoiffe pas comme les framboises, et elle n'est pas composée de petites baies.

GRAND'MÈRE

Dans la fraise, c'est le tabouret floral lui-même qui est devenu charnu. Tous les petits ovaires sont restés enchâssés dans leurs petits trous à sa surface et ils portent encore leurs petits styles courts et grêles.

MARIE

Le tabouret floral est bien là le dé de grand'mère, avec ses petits trous sur le dessus et non pas en dedans.

JEAN

Mais le calice, avec son double rang de petites feuilles vertes se détache du plateau floral, et il doit y rester collé dans les caliciflores?

LE PÈRE

Il y est collé dans la fleur du fraisier et ne se détache que dans le fruit à maturité.

MARIE

Sans cette adhérence du calice, les fraisiers seraient presque des renoncules, il me semble.

GRAND'MÈRE

Certaines cousines des fraisiers vous paraîtront des boutons d'or parce qu'elles en ont la couleur et le nombre de pétales, avec beaucoup d'ovaires au milieu d'étamines nombreuses. Je vais en chercher tantôt pendant que vous terminerez leçons et devoirs.

Grand'mère chercha longtemps ; enfin elle mélangea sur la petite table des boutons d'or vrais et *faux*, dont elle avait eu soin de supprimer les feuilles.

— Ce n'est pas la peine de compter, dit Jean, grand'mère a dit que par le nombre, les renoncules et les rosacées fraisiers se ressemblent.

— S'il y avait des feuilles, remarqua Josèphe, je sais bien que celles des fraisiers ont deux ailes en bas, et une foliole toute seule en haut.

— Je crois connaître un moyen de ne pas nous tromper, dit Marie.

Elle prit une des fleurs, et la tournant la tête en bas : celle-ci a un calice libre, qui s'effeuille pièce à pièce, c'est un *bouton d'or*, renoncule.

— C'est vrai, approuva Jean.

Prenant une des autres fleurs, il reconnut que le calice ne pouvait s'en détacher que par déchirement, il la proclama une rosacée, sœur du fraisier.

— Très bien ! très bien, fut-il dit par grand'mère.

— Est-ce que c'est un fraisier à fleurs jaunes, demanda Josèphe?

— Non, parce qu'elle ne donnera pas de fraises, répondit le père. Ce sont des *potentilles*, ce qui veut dire puissantes, parce qu'elles sont très riches en tannin et qu'on les a regardées longtemps comme très puissantes contre certaines maladies.

GRAND'MÈRE

Elles n'ont pas de fraises, parce que le petit tabouret floral ne s'accroît pas comme celui des fraisiers et ne devient pas charnu.

LE PÈRE

Les *spirées* forment un quatrième groupe des rosacées. Vous les connaissez au printemps avec leurs petites grappes dressées, ou leurs ombelles de petites fleurs blanches ou roses.

JEAN

De petits arbustes dans les massifs?

MARIE

Et la *reine des prés*, au bord des ruisseaux en été.

GRAND'MÈRE

Leurs ovaires deviennent de petites gousses comme celles de certaines mimeuses.

JEAN

Alors, je commencerais les rosacées par les spirées pour les relier aux légumineuses.

— Très juste, dit le père, mais ils ne sont que du menu peuple dans la nation, dont la rose est la reine.

TRENTE-NEUVIÈME CAUSERIE

ROSACÉES OU AMYGDALÉES

RICHESSES DE NOS VERGERS ET DE NOS TABLES

Les fleurs des poiriers et des pommiers s'effeuillaient en une neige rosée; leur ovaire en toupie, avec une couronne à cinq dents, grossissait entre les feuilles à peine développées.

— Ces petites poires ressemblent bien au calice des roses, remarqua Josèphe.

— Ouvrons en une, répondit le père, pour voir en quoi elles n'y ressemblent pas du tout.

Jean se chargea de l'opération. Il n'y avait qu'un seul ovaire au fond de la toupie.

LE PÈRE

La toupie deviendra une grosse poire dans laquelle cet ovaire se trouvera enfermé.

GRAND'MÈRE

Qui de vous le reconnaîtra alors au milieu de la pulpe qui l'entoure.

MARIE

Ce doit être cette petite boîte à cinq loges dans laquelle sont enfermés les pépins.

POMMIER
Rameau portant une pomme. — Fleurs. — Pomme. Coupe montrant les pépins.

— C'est cela, approuva le père; ovaires cartilagineux à cinq compartiments, avec un ou deux pépins dans chaque loge.

GRAND'MÈRE

Il est devenu cartilagineux pour résister à la pression de la chair ou pulpe au milieu de laquelle les pépins eussent été écrasés dans leur jeunesse.

JOSÈPHE

Je devine bien que la petite rosette qui est sur les poires et sur les pommes est faite par les petites dents du calice. Il n'est pas resté ouvert en haut, comme celui de la rose.

LE PÈRE

Il reste très large ouvert dans le fruit du néflier, dont les cinq dents font une couronne au lieu de faire une rosette.

PRUNIER
Rameau portant un fruit. — Fleur.

GRAND'MÈRE

Et les graines y deviennent osseuses, comme dans l'*aubépine*, le *sorbier*, l'*alizier*.

LE PÈRE

A côté des *pommacées*, nous cultivons les *cerisiers*, *pruniers*, *abricotiers*, *pêchers*, *amandiers*, qui sont appelés *amygdalées*, parce que leur fruit renferme...

— Une amande, interrompit Jean, *amygdala* veut dire amande.

— Les grands vont tout dire, laissez-moi deviner quelque chose, réclama Josèphe.

— Devine, ma mignonne, encouragea grand'mère.

JOSÈPHE

Eh! bien, toutes leurs fleurs sont des roses sans toupie. Regardez si je me trompe, continua-t-elle, présentant à son père quelques fleurs tombées sous les cerisiers.

MARIE

L'ovaire est debout, sans abri, sur le tabouret floral.

JEAN

Comment arrive-t-il donc à être si bien enfermé dans les pêches et les abricots?

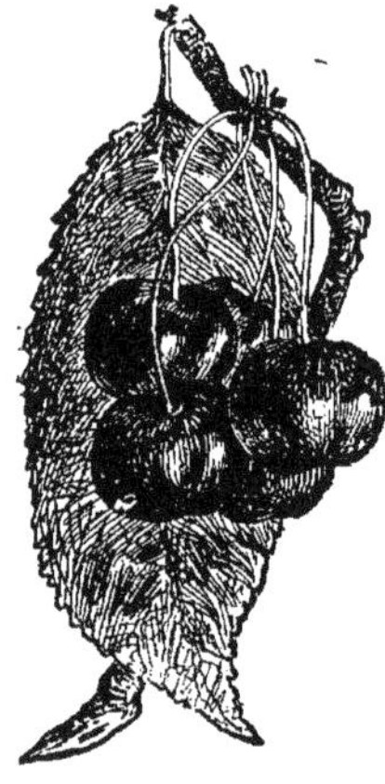

CERISIER
Rameau portant des fruits.

LE PÈRE

Où crois-tu le trouver, dans une pêche?

JOSÈPHE

C'est le gros noyau de bois, et la graine, c'est l'amande amère qui est dans la boîte du noyau.

GRAND'MÈRE

L'amande est bien la graine; mais le noyau est une loge au milieu de l'ovaire; et l'ovaire, c'est la chair même de la pêche, de la prune, de la cerise.

JEAN

Et dans les amandes, l'ovaire c'est sans doute le brou vert, bien qu'il ne soit ni charnu ni succulent?

LE PÈRE

Le groupe des amygdalées est riche en acide prussique, violent poison ou simple calmant, selon les doses.

MARIE

Grand'mère m'a raconté que son vieux docteur avait voulu en essayer autrefois, et qu'il était tombé comme foudroyé, mais il n'était pas mort.

GRAND'MÈRE

Un peu plus, et il l'était.

LE PÈRE

Marie ne tombe pas foudroyée lorsque sa grand'mère lui porte le soir, pour calmer sa toux, une tasse de lait chaud, dans lequel on a fait infuser une feuille de laurier-cerise.

MARIE

Est-ce que le laurier est une amygdalée?

GRAND'MÈRE

Entendons-nous. Pas le vrai laurier, *laurier d'Apollon*, aux feuilles pointues, d'un vert très foncé, aux petites fleurs jaunes, à étamines sur certains pieds, à ovaire sur d'autres pieds.

LE PÈRE

Ces pieds à ovaire portent comme fruits de petites baies noires. Ce sont leurs branches chargées de baies (bacca) qu'on cherchait pour la couronne des triomphateurs à Rome. Et c'est de là que nous avons fait le mot bacca-lauréat pour le triomphe des combats classiques.

— Bacca-lauréat, baies de lauriers! se répéta Jean. Rude combat! j'aimerais mieux celui du pugilat, continua-t-il avec un geste explicatif, devant lequel recula instinctivement Josèphe.

ABRICOTIER
Rameau portant des fruits. — Coupe de la fleur.

GRAND'MÈRE

Mais le laurier aux feuilles plus larges et obtuses, d'un vert plus jaune, avec de petites fleurs rosacées et une grosse baie noire à un noyau, c'est bien un vrai cerisier.

JEAN

Alors pourquoi l'appeler un laurier?

LE PÈRE

C'est un nom appliqué faussement à plusieurs arbres ou arbustes dont les feuilles sont dures et persistantes comme celles du laurier. Ainsi l'*azarero* ou *laurier de Portugal* est encore un cerisier, et non pas un laurier.

GRAND'MÈRE

Les faux noms donnent de fausses idées.

C'est à cause de son faux nom d'*épine noire* que vous ne placeriez pas le *prunellier* dans les pruniers. Votre ami, Bernardin de Saint-Pierre, disait qu'avec ses rameaux noirs et encore sans feuilles, le prunellier en fleurs semble couvert de neige, en flocons oubliés par l'hiver.

JOSÈPHE

Et ce n'est pas une épine?

LE PÈRE

Ne te souviens-tu pas de ses petites prunes bleues, que tu veux goûter trop tôt tous les ans et qui sont âpres jusqu'à ce que la gelée les ait fait mûrir.

GRAND'MÈRE

Qui récapitulera toutes nos rosacées?

— Pas moi, dit Jean. Pourtant, si Marie veut m'aider?

Josèphe pliait en écoutant, un carré de papier dont elle voulait faire un éventail.

— Prête-le moi, demanda Marie.

Au lieu de l'attacher par le pied pour en maintenir les plis, elle les attacha au milieu de leur longueur en sorte qu'il forma deux éventails, ayant l'un la tête en haut, l'autre la tête en bas.

DEUXIÈME PEUPLADE

2e SECTION

(*Caliciflores*)

II

Rosacées

Plusieurs ovaires

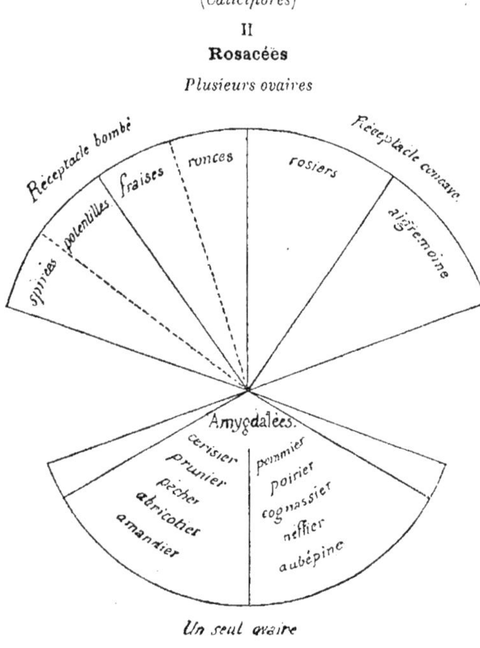

Un seul ovaire

— Je ne saisis pas, dit Jean.

— Attends un peu, répondit sa sœur.

Elle écrivit au haut de l'éventail supérieur :

Plusieurs ovaires.

Et sur l'éventail inférieur :

Un seul ovaire.

— J'y suis presque, dit Jean.

— Attends un peu, continua Marie.

Sur le pli du milieu, dans l'éventail supérieur, elle écrivit : « La rose ».

— J'y suis tout à fait, s'écria Jean, laisse-moi achever. Sa sœur céda le crayon et il écrivit sur un second pli, framboise; sur un troisième, fraise; sur un quatrième, potentille; sur un cinquième, spirées.

— Oh! si tu voulais, supplia Josèphe, en passant sa tête sous le bras de son frère!

Il la repoussait d'abord, mais elle demandait si gentiment; il permit ce qu'elle voulait. Alors, elle n'osa plus. J'écris trop gros, dit-elle humblement.

— Dicte-moi, encouragea son frère.

— Là, dit-elle, indiquant l'éventail inférieur, j'écrirais tout le long d'un pli :

cerises,
prunes,
abricots,
pêches,
amandes ;

Et sur le pli voisin : poires,
pommes,
coings,
nèfles.

Jean lui donna sur ses deux joues toutes rouges, de petits coups d'éventail, comme signe d'approbation. Elle se réfugia dans les genoux de sa grand'mère.

DEUXIÈME PEUPLADE

2e SECTION

(*Caliciflores*)

IV

Quelques voisins des rosacées

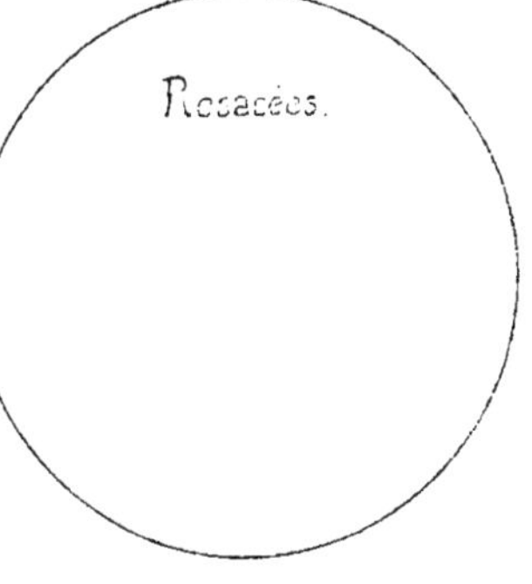

Cactus
Ficoïdes
Crassules
Sedums
Hortensia
Viornes

— J'ai lu, dit Jean, que les pommes et les poires nous furent apportées par les Grecs qui vinrent s'établir à Marseille, dans le sixième siècle avant J.-C.

LE PÈRE

Les Romains apportèrent la cerise du Pont, la pêche de la Perse et l'abricot de l'Arménie.

JEAN

Ainsi ces beaux fruits furent des conquêtes de leurs guerres asiatiques.

LE PÈRE

Ils en perfectionnèrent les espèces par les soins de la culture. Les beaux fruits de nos vergers ne sont point des produits spontanés : aussi ne se reproduisent-ils point de graines.

GRAND'MÈRE

Semez le noyau de la plus belle pêche, il vous lèvera un vigoureux pêcher, mais vous n'y cueillerez que de petites pêches, souvent amères.

JEAN

C'est pour cela qu'on les greffe, comme on écussonne les rosiers.

LE PÈRE

Ainsi les terres classiques de la Grèce et de l'Italie, auxquelles nous devons nos plus beaux modèles dans la littérature et les arts, nous ont donné aussi nos fruits les plus précieux.

JEAN

Père, voudrez-vous me faire greffer un poirier du verger ?

— Et moi ? Et moi ? demandèrent deux autres voix ensemble.

QUARANTIÈME CAUSERIE

QUELQUES ARBUSTES VOISINS DES ROSACÉES

A quelques jours de là, c'était la saison des *groseilles*, Marie en disposa une corbeille pour le dessert. Grand'mère y ajouta comme ornement quelques branches de divers arbustes qu'elle venait de couper avec Josèphe dans le petit bois : *Houx, nerprun, fusain*, tous à petites fleurs verdâtres, devant donner de petites baies rouges ou brunes, ou rose tendre. (Celle du fusain ou bonnet carré). Les groseillers et ces autres arbustes, disait grand'-mère, ont un ovaire unique au fond d'un calice en godet, c'est pourquoi ils se rapprochent des amygdalées.

GROSEILLER
Feuilles. — Fleur. — Fruits.

Ils sont presque tous plus ou moins épineux, continua le père, aussi Linné les appelait-il » la milice armée du royaume de Flore. »

GRAND'MÈRE

C'est pourquoi ils sont souvent placés à l'avant-garde autour des forêts.

MARIE

Les *fusains* viennent dans nos haies, je me rappelle leurs baies roses, en forme de *bonnet carré*, avec 4 gros noyaux jaune-orangé; lorsqu'elles sont entr'ouvertes on dirait une fleur.

JEAN

Nos bâtons de fusain à dessiner ne sont-ils pas des rameaux de ce petit arbuste?

LE PÈRE

Oui, le plus souvent. Comme il a le bois plus serré, sans être très dur, il charbonne convenablement pour être taillé de manière à faire crayon.

JEAN

On le met charbonner dans le feu tout bonnement ?

GRAND'MÈRE

On l'enferme dans des boîtes de fer-blanc pour le faire charbonner dans le four.

MARIE

Pourquoi ne peut-on jamais les tailler avec la pointe au milieu comme les autres crayons ?

LE PÈRE

Parce que le milieu n'est que de la moelle sans consistance, sans dureté. Pour avoir une pointe, il faut la tailler dans le bois, sur le côté du bâton de fusain.

GRAND'MÈRE

Non loin de nos humbles arbustes, se place le *grenadier* aux belles fleurs d'un si beau rouge, dans un gros calice coriace.

JOSÈPHE

Je le connais, chez tante, ses grenades ont l'air de pommes de bois.

MARIE

Lorsqu'elles sont ouvertes elles ont l'air d'une boîte où on a étendu des rangées de grosses perles grenat.

DEUXIÈME PEUPLADE

2e SECTION

(*Calorifiores*)

III

Quelques voisins des voisins

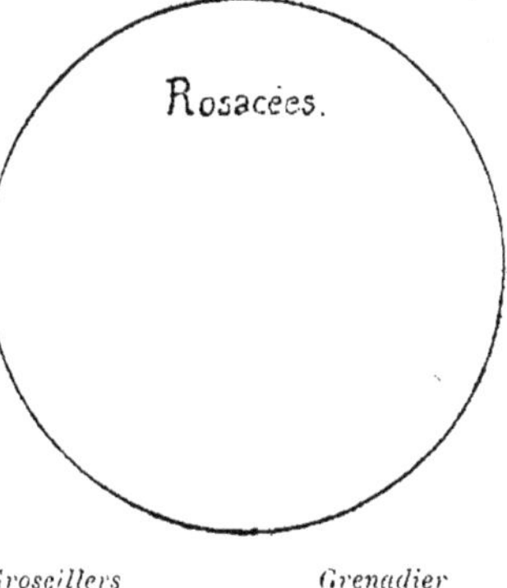

Groseillers
Houx
Fusains
Nerpruns

Grenadier
Myrtes

GRAND'MÈRE

Le *myrte* se relie aussi à ces petites familles, mais il a des étamines nombreuses.

LE PÈRE

C'est dans les *myrtacées* que se place l'*Eucalyptus*, aux feuilles allongées, étroites, d'un vert cendré, avec une fleur se développant dans une petite boîte qui ressemble à un fruit en coque.

GRAND'MÈRE

Ils croissent avec une rapidité prodigieuse. Ceux que nous avions plantés en Bretagne poussèrent de deux mètres la première année, mais l'hiver fut froid et ils gelèrent.

LE PÈRE

On les utilise en Algérie, en Italie pour assainir l'air humide de quelques contrées marécageuses.

GRAND'MÈRE

On a cru que les émanations de l'Eucalyptus sont fébrifuges, n'est-ce point plutôt, qu'absorbant beaucoup de l'humidité de l'air pour sa végétation abondante, il rend ainsi l'atmosphère plus salubre!

MARIE

Comme les grands végétaux des premiers âges du monde!

— Grand'mère, s'écria Josèphe, voilà bien encore l'armée qui pique les doigts avec des épines.

CACTUS
dit Figuier de Barbarie ou Raquette.

Elle revenait avec une fleur de cactus, dont les aiguilles de la tige étaient entrées, imperceptibles et nombreuses, dans ses doigts.

— Il a le droit de se défendre, dit le père un peu sévèrement. J'avais interdit de couper ces cactus, tu devais ne pas y toucher.

— Pardon, petit père, tous mes doigts brûlent comme dans le feu; je ne recommencerai pas.

On lava la main dans de l'eau tiède, on enleva les fines aiguilles une à une, elles semblaient repousser comme les têtes de la bête à sept têtes.

Il ne fut pas question ce jour-là d'étudier la fleur du cactus.

QUARANTE-UNIÈME CAUSERIE

QUELQUES VOISINS DES VOISINS

Partons pour l'Amérique, disait joyeusement grand'mère, descendant en tenue de promenade.

— Et préparons-nous à grimper sur les rochers au soleil, ajouta son fils.

C'était un jeudi, on partait pour une course lointaine chez un vieil ami, grand amateur de cactus.

— J'ai lu, en effet, dans un Robinson, dit Jean, que les cactus vivent dans les régions chaudes de l'Amérique, sur des rochers, où ils s'étendent au soleil comme des reptiles aux formes bizarres.

— Reptiles coiffés magnifiquement de riches toques variées, répliqua le père.

JOSÈPHE

C'est vrai, petit père, il y a vraiment des cactus qui ont l'air de serpents.

JEAN

De serpents hérissés de poils rudes.

MARIE

Il y a des cactus qui ont la peau très lisse. Je pense qu'on en fait deux divisions ; les hérissés et les doux.

LE PÈRE

On considère plutôt la structure de leurs tiges.

JEAN

Il n'y a que cela à voir, puisqu'ils n'ont ni rameaux ni feuilles.

LE PÈRE

Les poils sont regardés comme les nervures de feuilles avortées. Et les petits mamelons sur lesquels ils croissent sont la base de rameaux, aussi avortés.

GRAND'MÈRE

La substance qui n'est pas employée à la production de ces rameaux et de ces feuilles, s'utilise dans la tige en des développements bizarres.

Les ébats de la route avaient souvent interrompu ces explications anticipées. On les continua devant les cactus, dans la serre du vieil ami absent.

CACTUS CIERGE
Sommité fleurie

— Voyez, dit le père, ces tiges cannelées, sans étranglements dans leur longueur, ce sont des *cierges*.

— Et les autres ? demanda Marie.

— Les autres, à étranglements qui les divisent en tronçons, ce sont des *raquettes*.

MARIE

Ces *ficoïdes*, aux mille marguerites rouges ou blanches, ce ne sont ni des cierges, ni des raquettes, je suppose ?

Leurs petites feuilles épaisses ressemblent à des tronçons de tiges.

GRAND'MÈRE

Les ficoïdes ne sont pas tout à fait des castus, on en fait les *Mézambrianthémums*.

JOSÈPHE

Cela veut peut-être dire les marguerites du soleil, elles ne s'ouvrent que lorsqu'il les regarde.

Le père sourit et affirma que les Mézambrianthémums ne sont pas du tout des marguerites.

MARIE

Elles ont pourtant un cœur jaune et des rayons d'une autre couleur.

GRAND'MÈRE

Nous verrons quelque jour la différence entre ces deux fleurs que vous confondez.

LE PÈRE

On place les cactus et les ficoïdes dans le voisinage des groseillers à cause de l'ovaire au fond du calice, et devenant une baie, bien que, dans les ficoïdes, cette baie soit aplatie en un disque à son sommet.

MARIE

Ces petits *sédums* aux feuilles épaisses, cylindriques, sont-ils aussi des ficoïdes ?

GRAND'MÈRE

Ils sont de la famille des *Crassulées*, dans lesquelles les étamines ne sont qu'au nombre de 5 ou 10 ; comme celui des ovaires et celui des pétales.

JOSÈPHE

Le même nombre, partout, c'est ce qui est le plus facile à comprendre.

JEAN

Et le fruit des sédums ?

GRAND'MÈRE

Dans toutes les Crassulées, les ovaires deviennent de petites capsules allongées, dressées, comme celles des ancolies de nos renonculacées.

MARIE

Les *crassules*, c'est ce qu'on appelle souvent des plantes grasses ?

LE PÈRE

Leurs feuilles épaisses et spongieuses doivent emmagasiner des sucs pour la vie de la plante, parce que cette famille habite des terrains arides, des trous de rochers sans terre, et même le faîte des murs.

JOSÈPHE

J'ai vu une jolie fleur en petites grappes roses, qui fleurissait encore, lorsqu'on la suspendait au plafond, la tête en bas, au lieu de la planter dans de la terre.

JEAN

Il faut bien qu'elle vive alors des provisions de ses feuilles.

GRAND'MÈRE

C'est le *sédum reprise*, ou *orpin reprise*.

MARIE

Les petits artichauts bleus qui entourent les mosaïques des plates-bandes sont-ils aussi des sédums ?

JOSÈPHE

Et les artichauts qui pondent sur le mur du four!

JEAN

Pour cette fois, Josèphe, tu me permettras de rire; où as-tu imaginé des fleurs qui pondent ?

— Non pas la fleur, expliqua gravement Josèphe. C'est le petit artichaut en feuilles qui a l'air d'une poule au milieu de ses petits qu'elle a pondus.

LE PÈRE

Ce sont de petits rejets souterrains, qui produisent de nouvelles petites *joubarbes* autour de la mère joubarbe, que tu appelles un artichaut.

GRAND'MÈRE

Vous prendrez peut-être pour des crassules les *mignardises*, aux rosettes de feuilles dentées en scie, avec des grappes de petites fleurs roses nuancées de points rouges.

— Oui, sûrement, répondit Marie.

— Attendez à les revoir, continua grand'mère. Elles ont l'ovaire sous la corolle et une capsule unique.

LE PÈRE

Comme toutes les *saxifragées*, autre famille des lieux arides et pierreux.

JEAN

Aussi leur non signifie : Pierre brisée.

JOUBARBE
Plante entière fleurie.

GRAND'MÈRE

Devineriez-vous que nos beaux *hortensias*, aux larges boules de petites fleurs roses ou bleues, sont presque des saxifrages.

MARIE

J'en ai bien des fois regardé les fleurs, sans pouvoir rien y comprendre.

LE PÈRE

Le calice, rose ou bleu, en est la partie la plus apparente ; vous le prenez pour la corolle.

GRAND'MÈRE

La corolle reste longtemps fermée en une toute petite boule au milieu du calice ouvert.

JEAN

Les hortensias sont l'opposé des cactus pour le choix de leur habitation ; il y en a de magnifiques derrière la maison, où le soleil ne donne jamais.

MARIE

Les *boules de neiges* de nos jardins ressemblent aux fleurs de l'hortensia, sauf la couleur.

LE PÈRE

Sauf bien d'autres choses.

GRAND'MÈRE

Ce sont des *viornes*. Celles de nos bois et de nos haies au lieu d'avoir des fleurs réunies en boules, ont des ombelles planes, dont les fleurs de la circonférence sont larges comme celles de la viorne boule-de-neige; mais celles du centre de l'ombelle sont toutes petites, comme celles de nos *lauriers-thym.*

JEAN

Les lauriers-thym, qui fleurissent l'hiver, sont aussi des viornes ?

MARIE

Les viornes blanches ont de jolies baies rouges, qui deviennent comme transparentes ; la viorne-thym a des baies bleu-cendré.

LE PÈRE

Dans la viorne blanche, (*viorne alba*, *viorne aubier*) les fleurs de la circonférence n'ont pas de baies, parce que leurs pétales plus amples ont employé pour leur développement la substance qui devait produire les étamines et les ovaires. Vous retrouverez ce même fait en d'autres fleurs.

GRAND'MÈRE

Par leurs fruits, les viornes se rapprochent des groseilliers ; par leurs fleurs en ombelles, elles se relient à une grande famille que nous verrons prochainement.

QUARANTE-DEUXIÈME CAUSERIE

LES FLEURS EN OMBELLES

— Je suis fort embarrassée pour vous présenter la nombreuse famille des *ombellifères*, disait grand'mère cueillant sur les plates-bandes, des fleurs de *persil*, *cerfeuil*, *céleri*, *panais*, *carotte.*

— Pourquoi embarrassée ? demanda Josèphe.

— Parce que, d'après ces honnêtes plantes, qui en font partie, vous pourriez supposer que toute la famille est très estimable, tandis qu'elle renferme aussi un grand nombre de scélérats.

La *ciguë* de Socrate, quelques *œnanthes*, le *thapsia* au suc brûlant.

OMBELLE DE CAROTTE
A droite fleur isolée grossie.

MARIE

On dit qu'une perfide petite ciguë vient souvent se mêler au persil.

GRAND'MÈRE

C'est vrai, il faut savoir la reconnaître. Mais voyons d'abord nos fleurs *de carottes*, afin de faire connaissance avec les caractères de la famille.

Ombellifère signifie porte-ombelle, fleur en ombelle, comme crucifères signifie porte-croix, fleur en croix.

JOSÈPHE

Je comprends bien la croix des choux, mais je ne vois pas d'ombelle dans la carotte.

JEAN

Figure-toi les baleines nues de la vieille ombrelle que Marie recouvrait l'autre jour pour la pauvre infirme de la lande rousse.

JOSÈPHE

Les baleines de la vieille ombrelle ne sont pas des fleurs !

GRAND'MÈRE

Si la tête de chaque baleine portait un petit bouquet de plusieurs petites fleurs, ce ne serait pas mal cette ombelle que forment les petites fleurs de carottes.

JOSÈPHE

Il n'y a que grand'mère qui sait me faire comprendre. Je n'aime pas les explications de Jean ; il y met trop de latin.

LE PÈRE

Es-tu sûre d'avoir compris ce que c'est qu'une ombelle ?

Josèphe ouvrit son ombrelle et la planta en terre par le bout le plus court. « Supposez, dit-elle, que le manche est cassé et qu'il y a une fleur au bout de chaque baleine. »

— Fausse ombelle, corrigea le père.

— Pourquoi *fausse* ? questionna Marie.

— Oh ! Marie, répondit Jean, toi qui observes si bien !

— J'y suis, reprit Marie, après avoir dépecé quelques fleurs de l'ombelle de carottes. Au bout de chaque branche de l'ombelle, il y a une autre petite ombelle de plusieurs fleurs, qui ont l'air de n'en faire qu'une. C'est pourquoi grand'mère disait, un bouquet au bout de chaque branche de l'ombelle.

JEAN

Ces petites ombelles, nos livres les appellent des *ombellules*, petites ombelles. Est-ce encore du latin, petite sœur ?

— Je comprends bien tout de même, répondit Josèphe.

GRAND'MÈRE

Au pied de l'ombelle, voyez-vous une collerette de petites feuilles, finement découpées ? Il y en a aussi quelques-unes au pied de l'ombellule.

LE PÈRE

Les feuilles de toutes les ombellifères sont irrégulièrement et souvent très finement découpées.

GRAND'MÈRE

Les fleurs sont le plus souvent de couleur blanche, quelquefois d'un jaune verdâtre.

JEAN

Cinq pétales, cinq étamines et deux ovaires.

LE PÈRE

Un seul ovaire, qui est sous la corolle, mais il est à deux branches qui s'élèvent en s'écartant l'une de l'autre, au milieu des étamines.

GRAND'MÈRE

L'ovaire est à deux loges, qui finissent par être complètement remplies de la graine et deviennent comme deux petites coques pleines.

LE PÈRE

Les fruits des ombellifères offrent entre eux certaines différences qui aident à diviser la famille en plusieurs groupes.

GRAND'MÈRE

On classe dans une même division toutes les espèces dont le

fruit est à dix côtes ou cannelures (cinq pour chaque coque.) Et dans une seconde division, les espèces dont le fruit est à dix-huit cannelures (neuf pour chaque coque).

LE PÈRE

On distingue aussi les fruits à coques hérissées où à coques lisses. Enfin on cherche si les faces par lesquelles les deux coques sont accolées l'une à l'autre, sont lisses ou cannelées, planes ou bombées.

GRAND'MÈRE

Tout ceci pour les ombellifères vraies. Quant aux fausses ombellifères, elles sont peu nombreuses. Vous reconnaîtrez sur les grèves sablonneuses l'*Eryngium*, dit chardon roulant, je ne sais pourquoi, si ce n'est qu'il a peut-être un peu le port d'un chardon aux fleurs bleuâtres avec des collerettes d'un gris argenté. Vous trouverez dans le bois la *Sanicle*, à petites fleurs basses et verdâtres, et dans quelques vieux jardins l'*Astrance* dont la colerette blanche, autour de nombreuses petites fleurs, vous semblera des pétales autour d'un bouquet d'étamines étalées.

LE PÈRE

J'ai conservé un tableau qui vous aidera à retenir tout ceci.

GRANDE CIGUË

Sommité fleurie. — A droite fleur grossie.

JEAN

Famille monotone, incolore, sans charme, si ce n'est pour la cuisinière.

MARIE

Feuillage très élégant, aux découpures variées, ombelles agréables.

LE PÈRE

Quelques scélérats, ayant même visage que les honnêtes gens de leur famille.

Quelques espèces mauvaises ont mauvais aspect. Le feuillage de l'*Œnanthe* aux grosses racines empoisonnantes, est couleur vert-de-gris ; et la *grande ciguë* a la tige tachetée de sang, comme les vêtements d'un meurtrier.

JOSÈPHE

Et la petite ciguë du persil ?

LE PÈRE

Les feuilles sont d'un vert terne et la demi-collerette de chaque ombellule ressemble à la longue barbe d'un brigand.

On rit malgré la voix terrible avec laquelle ces paroles étaient prononcées.

DEUXIÈME PEUPLADE

2e SECTION

Caliciflores

V

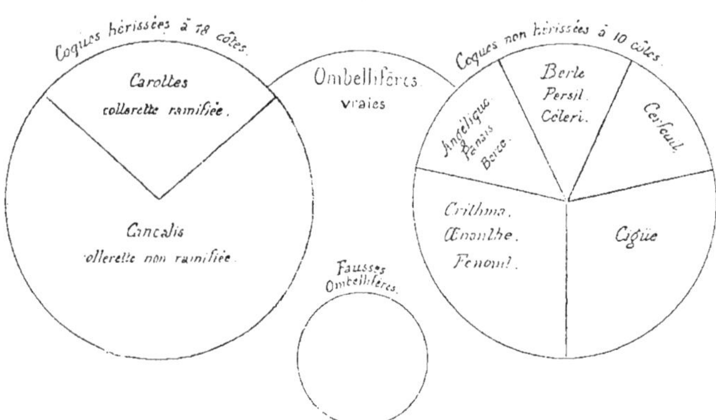

Mais on se promit bien de chercher partout ces traîtres qui venaient d'être signalés à l'inquiétude générale.

QUARANTE-TROISIÈME CAUSERIE

LES COMPOSÉES

Grand'mère avait demandé aux aînés quelques chardons et quelques fleurs de chicorée, pendant que Josèphe cueillait des pâquerettes sur la pelouse.

Lorsque la petite fille en eut à pleines mains, elle s'assit sur le gazon et se mit à enfiler, comme des perles, les têtes de pâquerettes dont elle se fit collier, bracelets et couronne. Elle allait compléter par de larges anneaux pour les oreilles, lorsque Jean et Marie revinrent pourvus des fleurs qu'on devait étudier.

Grand'mère, assise avec son fils sur un banc voisin, regardait avec affection ces chers enfants sans mère. « Elle les voit, se dit-elle presque bas. »

— Elle en jouit, répondit son fils.

Puis il ajouta tout haut, des bluets seraient plus jolis à étudier que des chardons, je vais voir si j'en trouverai quelques-uns dans mes blés.

Marie s'était agenouillée près de Josèphe ; elle effeuillait des *pâquerettes* avec les paroles consacrées : « Il m'aime un peu, beaucoup, passionnément, pas du tout. »

— Ce n'est pas compter, dit Josèphe.

JEAN

Moi, j'ai compté sur quatre pâquerettes et les quatre n'ont pas le même nombre de pétales.

— Combien doivent-elles en avoir, grand'mère ? demanda Marie.

— Un seul, répondit grand'mère.

— Grand'mère, grand'mère, c'est parce que papa s'en va que vous ne nous écoutez plus, reprit Jean. Les pâquerettes ne sont pas monopétales.

— Mais si, mon fils, les pâquerettes sont monopétales. Ce que vous appelez leur fleur est composé de nombreux fleurons ou fleurettes, si vous voulez, chacun d'une seule pièce.

MARIE

Ainsi toutes ces petites languettes blanches sont des fleurs et non pas des pétales ?

GRAND'MÈRE

Et le petit cœur jaune que vous croyez formé par des étamines courtes et serrées, est aussi composé de petites fleurs ou fleurons, ayant chacun un ovaire à deux styles, avec cinq étamines.

PAQUERETTE
Plante entière fleurie. — Fleur isolée grossie.

JOSÈPHE

Comme les ombellifères.

GRAND'MÈRE

La différence, c'est que les petits fleurons de vos pâquerettes ne sont pas sur un petit pied ou pétiole, comme les ombellifères ; ils sont implantés sur un petit plateau commun, entouré d'une collerette comme celle des Ombellifères.

— Avec cette différence, essaya Jean, que la collerette des pâquerettes est toute soudée autour du petit plateau comme le calice est soudé au plateau de la fraise

— Mauvaise comparaison, corrigea grand'mère. Dans le calice du fraisier, il y a un petit thalamus portant les pétales, les ovaires et les étamines d'une seule fleur; et dans la pâquerette, le plateau porte beaucoup de fleurs dont chacune a son calice particulier, et son tabouret particulier qui porte ses pétales avec les étamines et l'ovaire.

JEAN

Ainsi distinguons : dans les *Composées*, calice commun et plateau commun ; calice particulier et plateau particulier.

GRAND'MÈRE

Je vous dirais bien que le calice commun s'appelle *involucre* et le plateau commun se nomme *réceptacle.*

JEAN

Involucre signifie qui entoure *en rond,* et réceptacle veut dire *qui reçoit, qui porte.*

JOSÈPHE

Je comprends bien, Jean, cette fois. Le réceptacle porte les fleurs de la pâquerette comme un plateau qui porte les verres de sirop ou d'eau sucrée, et il est entouré d'un involucre qui tourne tout autour, comme, comme...

MARIE

Comme un grand rond de papier qui envelopperait le dessous du plateau jusqu'à ses bords.

JOSÈPHE

Et que ce rond de papier serait découpé tout autour.

GRAND'MÈRE

Très bien compris ; excepté que l'involucre de la pâquerette est composé de nombreuses petites feuilles soudées ensemble pour entourer le réceptacle, au lieu d'être d'un seul morceau, comme votre rond de papier autour du plateau.

MARIE

Mais les fleurs de la pâquerette sont de deux sortes : les jaunes du milieu, et les blanches du tour.

GRAND'MÈRE

Ce n'est pas par la couleur qu'elles sont le plus différentes.

JOSÈPHE

C'est que les blanches sont bien plus grandes que les jaunes?

GRAND'MÈRE

Ce n'est pas encore cela ; c'est que les jaunes sont comme de petits tubes et que, dans les blanches, le petit tube se fend un peu au-dessus de sa base pour s'allonger en une languette plane.

JEAN

Cette fleur de *chicorée* est composée aussi de fleurons, je suppose? Mais elles sont toutes en languettes.

— Très bien, approuva grand'mère. A cause de cela, c'est une deuxième division des *Composées*.

— Et ce *chardon*, demanda Marie; je crois au contraire qu'il n'a que des fleurons en tubes?

— C'est cela, répondit grand'mère. Aussi, est-il d'une troisième division de Composées.

Les *pâquerettes* : Première Division.

Les *chicorées :* Deuxième Division.

Les *chardons :* Troisième Division.

C'est comme trois familles.

CHICORÉE SAUVAGE
Sommité fleurie.

CHRYSANTHÈME
Sommité fleurie.

Les *Radiées,* c'est-à-dire à rayons.

Les *Chicoracées*, à fleur de chicorée.

Et les *Carduacées*, à fleur de chardon.

JEAN

Carduus — chardon.

GRAND'MÈRE

Les *Radiées* ont deux espèces de fleurs; celles du centre en tubes; celles du tour, en rayons.

MARIE

Les *Chicoracées* sont faites avec des fleurs comme celles du tour des pâquerettes.

JEAN

Et les *Carduacées* sont faites avec des fleurs comme celles du cœur de la pâquerette, excepté que celles des chardons sont plus longues.

Josèphe avait aperçu son père qui revenait ; elle alla à sa rencontre et revint en courant avec un paquet de *bluets* qu'elle venait de lui enlever.

— Sans doute une quatrième division? hasarda-t-elle. Il y a de grands cornets tout autour et de petits cornets dans le milieu.

— Ce sont toujours des tubes non déjetés en languettes, dit le père.

— L'involucre a l'air de bois taillé, observa Marie.

CHARDON
Sommité fleurie.

ARTICHAUT
Réceptacle charnu de la fleur

— Il est à bien des rangs de petites feuilles, remarqua Jean, mais elles ne sont pas piquantes comme celles des chardons.

— Votre grand'mère vous a-t-elle nommé une carduacée dont le gros plateau-réceptacle est charnu et comestible.

GRAND'MÈRE

J'aurais dit alimentaire; ils ne savent pas ce que signifie comestible.

JEAN

Cela signifie qui se mange. Mais ce sont les ânes qui mangent les chardons.

JOSÈPHE

Et les petits chardonnerets, qui les égrainent si bien.

LE PÈRE

Et nous tous qui aimons les artichauts.

— Les artichauts, des chardons ? s'étonnèrent-ils en chœur.

Puis Marie ajouta bientôt :

— Oh ! Je me rappelle les vieux artichauts du jardin, avec un milieu tout rempli d'une fleur d'un joli bleu.

JEAN

De beaucoup de fleurs, puisque c'est une Composée.

GRAND'MÈRE

Ce que vous appelez le *foin* dans l'artichaut qu'on vous sert à table, ce sont toutes les fleurs, encore en boutons.

LE PÈRE

Elles sont entremêlées de nombreuses paillettes ou très petites feuilles étroites, qui naissent aussi sur le fond ou réceptacle de l'artichaut.

JEAN

Les grosses feuilles des artichauts doivent être les folioles de l'involucre ?

GRAND'MÈRE

Lorsque vous les arrachez, chacune emporte à sa base une portion du réceptacle charnu.

MARIE

Mais nous n'avons pas vu fleurette à fleurette aucune des trois divisions des Composées.

— Ni leurs graines, acheva grand'mère. Cherchez pour demain : *salsifis*, *pissenlits*, *seneçons*, *marguerites*, *pyrêtres*, *dalhias*, etc.

— Vous ne manquez pas de Composées, ajouta le père; elles font à elles seules le dixième de toutes les plantes de la terre.

GRAND'MÈRE

On en connaît neuf mille espèces, dont pas une n'est malfaisante : plusieurs sont toniques et employées en médecine. Toutes ont un suc amer.

MARIE

Il me semble que leur feuillage est toujours découpé.

GRAND'MÈRE

Comme les ombellifères, avec lesquelles nous leur avons trouvé déjà beaucoup d'autres rapports.

QUARANTE-QUATRIÈME CAUSERIE

ENCORE LES COMPOSÉES

— Puisque les *bluets* sont des *Composées*, commença Marie, chaque grand cornet bleu devrait avoir étamines et ovaire ?

— Bien entendu, répondit Jean.

— Cependant, répliqua le père, ils sont tous vides. La corolle s'attribue plus que sa part dans la substance destinée à tout le fleuron. Il n'en reste pas pour le développement des parties intérieures.

MARIE

Alors pas de graines dans les douze ou quinze grands cornets des bluets?

GRAND'MÈRE

Les quarante petits cornets qui forment le centre de la fleur s'ouvrent un peu plus tard que ceux de la circonférence, dont l'abri leur est très favorable.

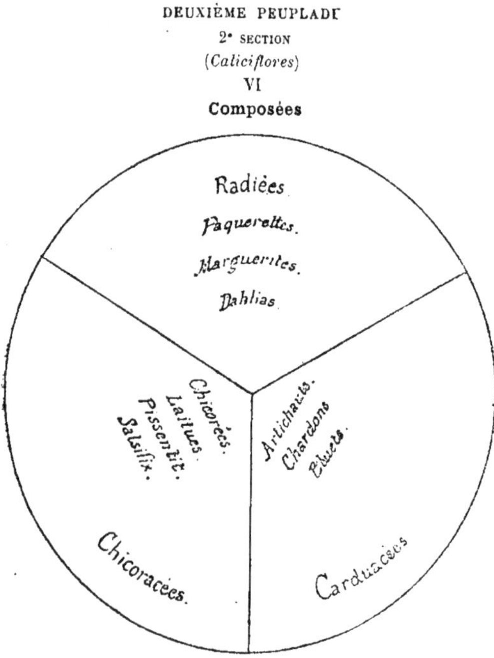

LE PÈRE

Ceux-là sont complets; mais il vous faudra chercher un peu pour en découvrir toutes les parties.

MARIE

Il me semble que les étamines font un petit fourreau, comme celui des Légumineuses.

JEAN

Je vois l'ovaire avec son style à deux branches, enfermé dans le petit fourreau.

JOSÈPHE

Non, il dépasse le petit fourreau et il a deux petites têtes, comme deux perles blanches, qui ont l'air de deux étamines.

GRAND'MÈRE

Vous avez raison tous deux, bien que l'un contredise l'autre. L'ovaire est d'abord moins haut que le fourreau, dans lequel il se trouve enveloppé : puis il grandit et dépasse le sommet du fourreau.

MARIE

Le petit calice de chaque fleuron est couronné de petits poils fins et brillants comme des fils de soie.

LE PÈRE

L'ovaire est d'abord au fond du calice comme un œuf dans un coquetier; mais le petit coquetier grandit en hauteur et arrive à dépasser l'œuf, puis à l'enfermer comme dans une petite boîte.

JEAN

Alors, les petits poils blancs qui couronnaient le calice forment une petite houppe au sommet de la petite boîte qui enferme le petit ovaire.

MARIE

Ainsi la graine est enfermée dans l'ovaire et l'ovaire est enfermé dans le calice qui devient une petite boîte.

GRAND'MÈRE

Et tout cela semble une graine nue, couronnée d'une petite houppe de poils courts.

LE PÈRE

Dans certaines Composées, les petits poils qui surmontent le calice refermé sur l'ovaire, deviennent jusqu'à dix fois plus longs que le petit fruit, comme dans certains *laiterons*, par exemple.

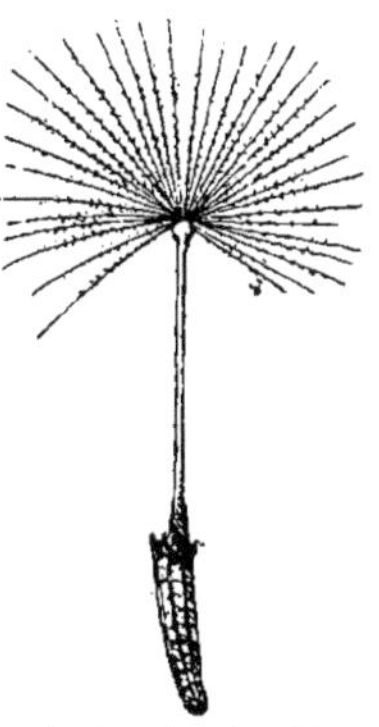
Graine de pissenlit avec son aigrette

JOSÈPHE

Le *seneçon* de mes serins a aussi de petits poils blancs qui les agacent quand ils veulent manger les graines.

LE PÈRE

C'est peut-être un peu pour les préserver contre la gourmandise des oiseaux, qu'elles ont été ainsi pourvues de ces jolies houppes ou aigrettes.

MARIE

C'est aussi un moyen pour que les semences soient transportées au loin par le souffle de l'air.

— Je vais vous le faire voir, ajouta Josèphe, cueillant sur la pelouses plusieurs têtes de *pissenlit* en boules légères, formées par de petites aigrettes à rayons étalés.

Elle les présenta à son père, en soufflant dessus pour les disperser.

MARIE

On dirait les volants que nous lançons avec nos raquettes.

GRAND'MÈRE

Les aigrettes des *salsifis* sont bien plus hautes, plus larges, plus jolies. Les poils ramifiés s'y entrelacent finement, comme les soies des toiles d'araignées.

JEAN

Nos graines de pâquerettes sont sans aigrettes.

LE PÈRE

Beaucoup de Composées en sont dépourvues, je souhaiterais qu'elles le fussent toutes, surtout dans les chardons qui avoisinent mes cultures, ils se resèmeraient moins abondamment.

MARIE

Les *dalhias doubles* ont l'air de Chicoracées, avec toutes les fleurs en languettes. Mais les *dalhias simples* ont l'air de Radiées avec de petits tubes jaunes dans le milieu de la fleur.

REINE MARGUERITE
Sommité fleurie.

SALSIFIS
Sommité fleurie.

GRAND'MÈRE

C'est que dans les dahlias doubles, les *marguerites doubles*, les *pâquerettes doubles*, les fleurons en tubes, du milieu de la fleur, se sont fendus et développés en languettes comme ceux de la circonférence.

JEAN

Nous dessinerons pour les Composées un grand rond comme pour 9000 espèces, et nous le diviserons en trois triangles, dont l'un sera pour les *Radiées :* pâquerettes et dahlias ; le 2e pour les *Chicoracées:* chicorée, pissenlit; le 3e pour les *Carduacées :* chardons, bluets, artichauts.

GRAND'MÈRE

Ce ne sera pas compliqué, mais aussi ce sera bien incomplet. Plus tard nous diviserons chaque triangle en plusieurs triangles.

QUARANTE-CINQUIÈME CAUSERIE

PETITES VOISINES DE DROITE ET DE GAUCHE

L'animation était grande dans la vieille habitation. Deux familles de cousins et de cousines avaient accepté une invitation retardée longtemps par un deuil prolongé.

On ne dansait pas le soir, on essayait à peine quelques études sur le vieux piano, mais on causait le long des allées fleuries, on parlait d'études, de voyages faits ou projetés; on avait l'air de discuter, bien qu'on s'entendît sur tous les points.

Le grand cousin de douze ans apportait des laiterons aux lapins de Josèphe, lorsqu'elle les surveillait prenant leurs ébats sur le gazon devant la grille.

Jean roulait dans sa voiture de-bébé, la grosse Marguerite qui ne voulait plus accepter que lui pour ses promenades autour de la pelouse.

D'autres fois les *grands* et les *grandes* se montraient leurs albums, leurs livres, leurs tricots.

Les tableaux de botanique eurent leur tour, avec l'herbier.

Les aînées des cousines, avaient suivi quelques cours plus savants que nos jeunes habitants du Val, mais elles connaissaient moins *les plantes de tous les jours*, comme disait grand'-mère.

SCABIEUSE
Sommité fleurie.

Il fut convenu qu'on n'interrompait pas les causeries habituelles; car les fleurs vivent peu, il faut les admirer en leur saison.

Un jour donc, nos chasseurs de plantes se remirent en campagne, butinant çà et là, sans discernement. Le soir, sous le berceau du jardin, grand'mère fit son choix et distribua une à une quelques fleurs à chaque fillette, ayant soin que celles d'une même famille fussent réunies en la même main.

— Vous répondrez à l'appel, dit grand'mère, voyons, la politesse veut que je commence par l'aînée.

Et la blonde Yvonne présenta une belle *scabieuse*, d'un lilas rosé, avec de grandes feuilles à profondes découpures.

— Un bluet rose, dit maître Jean.

— Il est charmant, ajouta Yvonne.

— Nos petites Marie décideront si c'est bien un bluet, dit grand'mère.

Marie et Marie, sa cousine, se consultaient tout bas, effeuillant les petits fleurons en cornet, qui composent la tête de la scabieuse.

— Plusieurs fleurons sur un même plateau-réceptacle, se disaient-elles, oui, mais le calice ne s'est pas collé sur l'ovaire. Dans le bas, il est flottant comme une bourse, puis il se resserre en un long cou de bouteille, dans lequel passe le style.

CHARDON CARÈRE
Sommité fleurie. — Fleur isolée.

— Je vois sa petite tête comme une perle blanche au-dessus du goulot de sa bouteille, approuva l'autre Marie.

— Qu'est-ce donc, reprit Yvonne, que ces cinq petites soies vertes au sommet du petit flacon?

— Cinq styles, décida Jean.

— Non, non, protesta cousine Marie, ce sont plutôt cinq fines nervures des petites dents qui devraient couronner le calice.

— Mais, rappela grand'mère, la petite bouteille était enfermée dans un petit sac qu'il nous a fallu déchirer pour l'en faire sortir.

— Ah, dit Jean, j'ai pensé que ce petit sac, fermé en haut par un toit de dents repliées, ce doit être une collerette qui s'est redressée pour se refermer par-dessus la tête du fruit.

— Très bien compris, approuva grand'mère.

— Tout cela est loin des bluets à graines nues, conclurent les cousines.

— Tout cela caractérise les scabieuses et la famille des *Dipsacées*, répondit grand'mère.

— Pourquoi pas des scabiosées, demanda Josèphe, qui pourtant n'avait guère écouté.

— Parce que les Dipsacus, qui sont cousins des scabieuses, ont donné leur nom à la famille.

— *Dipsacus* veut dire « avoir soif », expliqua Jean, se faisant approuver par cousin Maurice.

— Il est très bien nommé, dit Marie, les petits oiseaux viennent se désaltérer dans les coupes échelonnées le long de sa tige. J'ai vu même des libellules y boire comme les *petits oiseaux*.

GRAND'MÈRE

Peut-être cherchaient-elles plutôt quelqu'insecte attaché aux parois de la coupe. Ces belles libellules, aux ailes de gaze d'argent, aux allures si élégantes qu'elles sont nommées des *demoiselles*, sont des brigands aériens, voraces comme des oiseaux de proie.

JEAN

Mais que nous dit Marie des coupes suspendues le long de la tige du dipsacus?

— Je n'ai pas dit suspendues, s'excusa Marie.

GRAND'MÈRE

Elles sont formées chacune par deux feuilles qui se font vis-à-vis et qui sont soudées bord à bord dans une petite portion de leur longueur.

— Je comprends, c'est admirable, dirent ceux qui avaient écouté.

— « A nos petits oiseaux, il donne le *breuvage* », ajouta une des grandes.

— « La mouche au bord du vase puise les blanches gouttes de mon lait », récita Josèphe.

On l'applaudit et ses voisines l'embrassèrent, tandis qu'elle secouait sa petite tête pour ne pas leur présenter ses cheveux au lieu de son front.

— De plus, fit observer grand'mère, cette eau des pluies et des rosées que réserve ainsi le dipsacus, lui est profitable comme aux petits oiseaux. Elle le rafraichit en s'infiltrant dans ses tissus jusqu'à ses racines, qui trouvent peu d'humidité sur les terrains pierreux où il croît le plus souvent.

— Ses petites fleurs bleues sont réunies en une grosse tête en forme d'œuf, ajouta M. Max qui se rapprochait, accompagnant le père d'Yvonne; et entre les fleurs, il y a de petites feuilles étroites, garnies d'épines crochues, comme celles qui couvrent les nervures des feuilles principales et toute la tige.

— Il est armé en guerre comme les chardons, remarqua Jean.

— C'est qu'il croît sur les terrains abandonnés, dit Marie.

— On l'appelle vulgairement le *chardon bonnetier*, *chardon aux foulons*, ajouta l'oncle, parce que les fabricants d'étoffes foulées, en emploient les têtes pour carder et peigner les draps après le foulage.

— Qui a encore des scabieuses ? interrogea grand'mère.

— Moi, répondit Jeanne, la petite sœur d'Yvonne.

— Erreur, ma fille, répondit son père, c'est la *jasione des montagnes*, qui couvre les terres et les talus sablonneux.

— Pourquoi n'est-ce pas une scabieuse ? demanda la fillette.

— Parce qu'elle n'est pas faite comme les scabieuses, répondit grand'mère, quoiqu'elle ait aussi de petits fleurons bleus réunis en tête. — Elle ressemble plutôt à cette grosse *campanule* aux grosses fleurs en quenouille, que tu tiens aussi dans ta main.

— A nous, cousin Jean, de dire aux jeunes filles que campanule veut dire cloche, hasarda Maurice.

— La fleur de Jeanne est bien en grosse cloche, approuva Jean, et le style en est le battant.

CAMPANULE RAIPONCE
Sommité fleurie.

— Remarquez, dit grand'mère que, malgré la corolle monopétale des campanules, les étamines y sont en baguettes dressées, au lieu d'être soudées aux parois extérieures de la corolle.

— Il y en a cinq, compta Marie.

— Alors, cinq partout, assura Josèphe, c'est ce qu'il y a de plus facile, ma petite Jeanne, continua-t-elle. Vois-tu ; cinq dents à la corolle, cinq plis du haut en bas de la cloche, cinq petites dents au calice.

Mais la cousine voulut aussi placer son mot dans la leçon de sa plus jeune.

— Pourtant, répliqua-t-elle, je ne vois que trois branches au style.

— Alors, trois loges à l'ovaire, ajouta Jean.

— En d'autres espèces, tout cela est au nombre cinq, dit le père.

— Mais, petite Jeanne, tu as encore une autre campanule, demanda grand'mère.

— Je crois que oui, répondit la petite fille, présentant une branche de petites clochettes d'un bleu rosé, montées en hochet, disait-elle.

— C'est la *campanule raiponce*, fut-il décidé.

— Que de fleurs à nommer encore, dit grand'mère. Prenez-en soin d'ici demain, afin que nous puissions les étudier à leur tour.

— Je croyais que *mon* tour serait ce soir, dit timidement Marie d'*au loin*, comme l'appelait la petite *pastoure*, pour la distinguer de mademoiselle Marie, *notre demoiselle*.

— Pourquoi ton tour? demanda M. Max.

— Parce que ma petite branche de *bruyère* a des fleurs en clochettes, comme les campanules, répondit Marie d'*au loin*.

— Pas du tout, décida Jean, les campanules, ou cloches, clochettes, sonnettes, sont ouvertes largement; et la bruyère est à demi fermée en grelot.

— Ce qu'il y a de curieux dans les bruyères, enseigna M. Max, c'est que leur fleur ne naît pas monopétale. Dans le bouton, les quatre pétales sont séparés; ils ne se soudent que peu à peu, à mesure qu'ils se développent.

— Il y a même dans la famille une espèce où ils restent toujours séparés, ajouta grand'mère, c'est la *coluna*, aux petites fleurs d'un rose gris, avec un calice de mêmes teintes que la corolle et la dépassant en hauteur, tandis qu'un petit calicule vert, le chausse à sa base.

BRUYÈRE
Sommité fleurie et fleurs.

— Bien sûr les étamines ne se soudent pas plus à la paroi de la corolle dans les bruyères que dans les campanules? demanda Jean.

— Mais il n'y en a que quatre, fit remarquer Jeanne.

— Il faut bien, répondit Josèphe, puisqu'il n'y a que quatre pétales.

— Tu es très forte, dit son oncle.

— Je ne sais que cela, reprit humblement Josèphe; six partout, cinq partout, quatre partout, trois partout.

— Il faut en voir plus long dans les bruyères, interrompit Jean; leurs graines sont en petit mamelon, au centre de la petite capsule, comme dans les œillets.

— Très bien observé, encouragea son père.

— Voyez commencèrent ensemble les deux Marie, après délibération à demi-voix.

DEUXIÈME PEUPLADE
2e SECTION
(*Caliciflores*)
VII
Encore des voisines
Composées

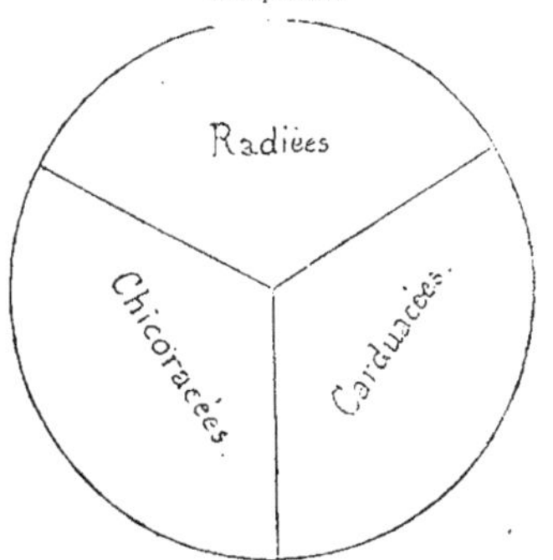

Scabieuses
Bruyères
Rhododendrons
Azalées
Arbousier
Myrtille

Mais *notre demoiselle* osa seule continuer plus loin.

— Ce qui fait paraître les petites feuilles si étroites, dit-elle, c'est qu'elles sont roulées de façon que leurs bords se rejoignent par dessous.

— Je ne sais pourquoi les botanistes placent les *Rhododendrons* à côté des bruyères, dit l'oncle.

— C'est la splendeur à côté de l'*humbleté,* comme disait notre Marie, répondit grand'mère.

— Les *azalées* sont des espèces de Rhododendrons? demanda Marie.

— A peu près, concéda son père.

— Les *arbousiers,* avec leurs grelots verdâtres, ressemblent aux bruyères, dit Yvonne.

— Mais leurs fruits ressemblent à des fraises, assura Jean.

— Seulement par la couleur et la forme, répondit grand'mère, ils sont simplement des baies à surface rugueuse.

— Le *myrtille des bois* a aussi une fleur en grelot jaunâtre, dit encore Marie.

— Et une petite baie bleuâtre ou *airelle,* ajouta Maurice à son tour.

— Le myrtille n'est pas loin de l'arbousier, qui n'est pas loin des bruyères; qui ne sont pas loin des *Rosages* ou Rhododendrons, qui ne sont pas loin des campanules; qui ne sont pas loin des scabieuses; qui ne sont pas loin des bluets et chardons; qui ne sont pas loin des ombellifères.

— Mais tout cela nous mène trop loin, termina grand'mère.

QUARANTE-SIXIÈME CAUSERIE

DES VOISINES ÉLOIGNÉES

Ce jour-là, grand'mère dirigea la promenade du côté du petit bois.

— Regardez en haut, dit-elle, la plante que je cherche aujourd'hui est en haut.

Chacun de nommer tous les arbres aux hautes branches, fleuries ou non.

— Pas cela, répéta-elle plus de quatre fois. Allons, il faut vous aider; la plante que je demande est parasite.

— Le *lierre,* devinèrent plusieurs enfants.

— Le lierre n'est pas parasite, dit M. Max.

— Cependant il prend racine sur les arbres, répliquèrent les grands et les grandes.

— Voyez, dit Josèphe arrachant quelques tronçons des longues tiges de lierre qui s'étaient attachées à l'écorce d'un vieux chêne.

— Ce sont des racines d'appui, des *mains*, qui se cramponnent avec leurs *ongles* pour aider le lierre à se soutenir, expliqua le père, mais ce ne sont pas des suçoirs pour boire le sang des arbres.

— La sève, corrigea Josèphe.

— Alors, pourquoi n'a-t-on pas voulu laisser Marie planter des lierres au pied de tous les chênes dans l'avenue? demanda Jean.

— Parce que les arbres ont besoin de respirer par leur écorce et les lierres les en empêchent, en les couvrant d'un vêtement qui devient peu à peu trop impénétrable. De plus, ils étreignent l'arbre de façon à en arrêter le développement.

— Cherchez, dit grand'mère, un vrai parasite qui vit du sang de l'arbre sur lequel il croît.

— *De la sève*, répéta Josèphe avec persévérance, flattée peut-être d'avoir fait sourire la première fois.

Personne ne devinait.

— Allons, dit l'oncle : une plante sacrée chez nos ancêtres les Gaulois.

— Le *gui!* « Au gui l'an neuf », s'écrièrent les cousines, pendant que Jean, sur un geste de son père, grimpait à l'un des chênes du petit bois, pour y cueillir un des petits *buissons* qu'on lui indiquait sur certaines branches.

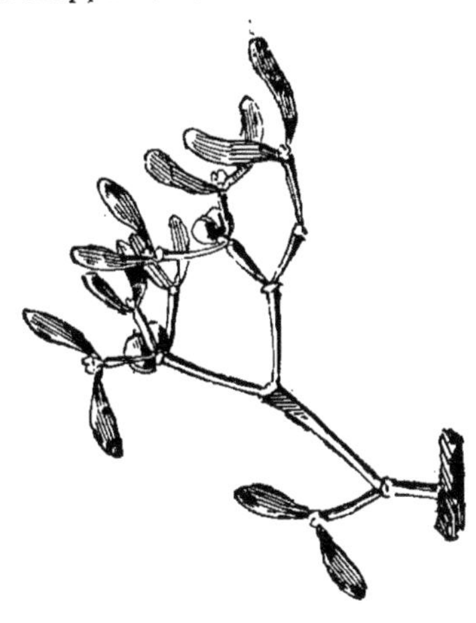

GUI
Rameau portant des baies.

— Le Druide a oublié sa serpe d'or, dit solennellement Josèphe, qui avait étudié sur de grandes images la fête sacrée des prêtres de Teut.

Pour le coup, on l'applaudit tellement que son petit aplomb en fut déconcerté.

— Je pense, dit Jean, lorsqu'il sauta lestement à terre, se balançant à l'une des basses branches, que les Gaulois devaient croire au gui une origine merveilleuse, parce que personne ne va le planter dans ses régions aériennes.

— Ce sont les oiseaux qui en transportent les graines, expliqua son père.

— Mais comment peuvent-elles rester sur ces branches rondes, et balancées par les vents ? demanda Marie.

— Tu oublies, lui dit tout bas son oncle, qu'elle est enveloppée dans *un petit pâté* naturel qui l'attache à l'écorce.

Marie ne voulut pas comprendre et repoussa Jean d'un geste indigné, lorsqu'il essaya de lui dire à l'oreille des mots plus techniques.

— En outre, expliqua son père, les graines du gui sont enveloppées d'une sorte de mucilage visqueux, qui les colle là où elles se trouvent déposées.

— Mais, demandèrent les cousines Marie, comment les petites racines du germe peuvent-elles s'enfoncer dans le bois?

— Ses petites racines, répondit grand'mère, poussent d'abord en l'air, au sortir de la graine, comme si elles allaient devenir de petites tiges. Elles vivent ainsi, tant qu'elles trouvent leur nourriture dans les cotylédons de la graine.

— Mais, questionna Jean, la graine ne reste pas toujours ainsi les jambes en l'air?

— Lorsque les petites racines ont épuisé les cotylédons, continua grand'mère, elles sont devenues assez vigoureuses pour vivre d'une autre nourriture ; alors elles se recourbent pour amener leur extrémité à venir toucher l'écorce sur laquelle est posée la graine. Elles y pénètrent peu à peu, et s'y établissent en parasites.

— En même temps, ajouta M. Max, de petites tiges aplaties se développent en sens inverse, telles que vous les voyez aux mains de Jean.

— Je ne vois que des feuilles, hasarda Yvonne.

— Tu ne vois que des tiges, enseigna son oncle ; les parasites n'ont pas besoin de feuilles, puisqu'ils trouvent une nourriture toute préparée dans la plante sur laquelle ils croissent. Mais vous ne comprendrez cela que plus tard.

— La petite racine avait percé un trou sur la branche du chêne, fit remarquer Jean, la présentant à sa cousine.

— C'est plutôt, expliqua grand'mère, que la branche s'est accrue par des couches extérieures successives, qui se sont produites autour de la petite racine, en l'emboîtant peu à peu.

— De quelle famille est le gui ? demanda l'une des Marie.

— Disons seulement qu'il est voisin des *caprifoliacées*, répondit grand'mère.

— A notre tour, Maurice, reprit Jean, caprifoliacées, *chèvre et feuille*.

— Chèvre-feuille, acheva Maurice.

— C'est cela, approuvèrent l'oncle et le père.

— Le gui est voisin de nos *chèvre-feuilles* et de nos *sureaux*, continua grand'mère. Il en a les fruits en baies.

— Le gui n'a pas les bouquets parfumés de nos chèvre-feuilles ni leurs tiges enroulées aux branches des buissons, objecta Marie.

— Je connais des chèvre-feuilles qui ne s'entortillent pas et qui ont de petits œufs blancs, dit Josèphe, mais on m'a dit qu'ils sont du poison.

— C'est une erreur, répondit son père; tous les chèvre-feuilles sont inoffensifs. Vous connaissez aussi, continua-t-il, le sureau avec ses larges ombelles de petites fleurs d'un blanc souffré.

— Et ses tiges remplies de moelle, ajouta cousin Maurice. J'en ai fait bien souvent des pompes d'arrosage... pour lancer de l'eau à mes sœurs.

— N'apprends pas cela à Jean, dit Josèphe en grand mystère.

— Comme si je ne le savais pas avant lui, répliqua Jean. Mais nous sommes trop grands maintenant pour ces sottises, continua-t-il en se redressant devant ses cousines.

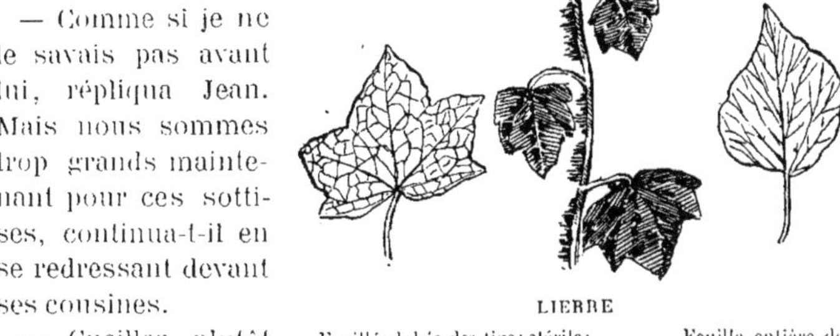

LIERRE

Feuillée lobée des tiges stériles

Feuille entière des tiges fleuries.

— Cueillez plutôt des fleurs de sureau, au printemps prochain, dit Marie; grand'mère en fait toujours provision pour ses malades.

— Elles sont très sudorifiques, ajouta grand'mère, et très utiles en infusions pour les travailleurs que des refroidissements ont saisis.

— Aussi, remarqua Marie, il y a des sureaux dans tous les villages et près des habitations rurales. Ils viennent nous offrir leurs services.

— Le *lierre* n'est pas loin de cette famille, reprit grand'-mère. Il a aussi un calice se refermant sur l'ovaire, pour former un fruit en baie.

— Avez-vous vu un *aralias* en fleurs? poursuivit-elle. Vous aurez deviné qu'ils sont les frères de nos lierres.

— Leurs larges feuilles, comme vernies, à cinq divisions, et montées sur un long pied (pétiole, souffla Jean) sont bien comme celles du lierre, remarqua Marie.

Josèphe et sa petite cousine étaient restées en arrière, à la découverte de plantes inconnues.

Elles revinrent se tenant par la main, tout enguirlandées de longues tiges grimpantes, avec leurs feuilles à découpures comme celles de la vigne; et leurs baies vertes, rouges ou noires, selon le degré de maturité.

— Une vigne sauvage, proclamaient-elles de loin en accourant.

— C'est la *brione*, décida grand'mère.

— En voilà d'autres pieds tout enlacés dans les buissons, dit Élisabeth, qui voulait aussi des couronnes, comme les petites.

Jean se précipita pour lui en conquérir; mais ce n'était pas chose si facile; la plante avait enroulé ses vrilles autour de tous les rameaux pour soutenir ses sarments grêles.

— Elles n'ont pas de baies, dit la gentille cousine, pour qui c'était une déception.

— Comme les asperges, remarqua Jean. Des pieds à baies et des pieds sans baies.

— Deux espèces? questionna Babet.

— Non, lui expliqua Jean. Même espèce en deux volumes.

— Vois-tu, continua Marie, celles de Josèphe avaient des fleurs à ovaire sans étamines; les tiennes avaient des étamines, mais pas d'ovaire et alors pas de baies.

Babet n'écoutait plus, elle demandait aux petites des pampres à baies, leur proposant des siens en échange.

— Devinez, proposa M. Max, à quelle famille de nos potagers appartient la brione, avec ses petites baies, grosses comme celles des groseilles?

— Connaissons-nous donc d'autres plantes de cette famille? demanda Yvonne la blonde.

— Tu en connais les fruits, répondit-on.

— Et tu en manges! ajouta son père avec une voix féroce, qui la fit tressaillir, comme au temps où on lui contait dans le Chaperon rouge, la terrible finale: « Pour mieux te manger, ma petite fille ».

— Des poires, des pommes? devina-t-on.

— Fi donc, c'est tout petit, répondait son oncle.

— De gros choux pommés, s'avisa Élisabeth. Et tout le monde de rire, pendant qu'elle riait avec tout le monde sans savoir pourquoi.

— Des melons, s'avisa Marie, « *notre demoiselle* ».

— Et les citrouilles aussi, ajouta l'autre Marie.

— Les citrouilles que Garot eut voulu aux branches des chênes, « s'il eût été appelé au conseil de celui que prêchait son curé », débita Jean pour sa cousine.

— Précisément, affirma grand'mère.

— J'aurais pris les fleurs de melon pour des campanules, dit l'une des Marie.

— Moi aussi, confirma l'autre.

— Du moins, elles n'ont pas le fruit des campanulées, remarqua Jean.

— Les melons, les citrouilles, pastèques, concombres, et toutes les cucurbitacées, enseigna grand'mère, ont les étamines

MELON

Fleur mâle. Feuilles et fruit. Fleur femelle.

et l'ovaire en des fleurs séparées, mais sur le même pied, au lieu de les avoir sur des pieds différents, comme la brione.

On se retourna pour revoir le fait sur les guirlandes sauvages dont les fillettes s'étaient parées.

Mais elles avaient tout effeuillé le long des sentiers. On eut dit qu'elles avaient voulu marquer leur chemin dans le bois, comme le petit Poucet, qui semait des cailloux derrière lui sur la route, dans la forêt.

QUARANTE-SEPTIÈME CAUSERIE

DEUX FAMILLES EN CROIX QUI NE SONT PAS DES CRUCIFÈRES

— Encore une longue promenade partout, demandèrent les enfants. Nos cousines n'ont pas tout vu.

— Et elles vont partir, ajouta Jean, lorsqu'on fut réuni sur le vieux perron.

— Nous reviendrons, répondait l'oncle. Mais lorsque vous

nous aurez rendu notre visite, ajouta-t-il, en appuyant sur ces mots.

— C'est bien promis? implorèrent les cousins et cousines d'au loin, entourant grand'mère et leur oncle.

Grand'mère attendait la promesse de son fils. Elle fut donnée avec effort, puis signée par des serrements de mains.

On trépigna, on cria : « Vive petit père! vive notre oncle! » On se serra, on s'éparpilla, on se rapprocha, on se calma.

Les voilà partis le long des champs de blés mûrs, le long des haies buissonneuses, de ruisseaux paisibles lavant des cailloux polis, ou pliant les herbes dans leur cours.

On voulait tout revoir, et on ne regardait rien, tant on causait follement ou gravement, suivant les groupes ; mais de tout autre chose que des fleurs et des blés.

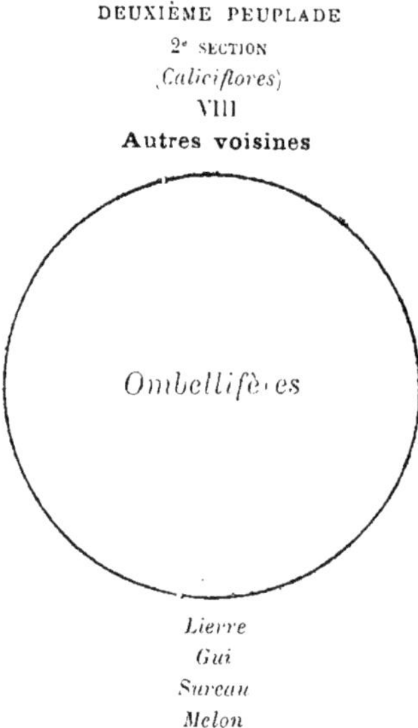

Cependant la grosse Marguerite trottait entre les grandes, ou se laissait porter à cheval sur le cou de « cousin Jean », qui la tenait par les deux pieds dans ses mains, et galopait de temps en temps, comme un vrai coursier. Maurice feignait alors de les poursuivre. Quelle joie de lui échapper!

— Mais nous délaissons grand'mère, dirent les grandes. Et papa est devant avec mon oncle.

— Mère, voulez-vous le cheval de Marguerite? proposa Jean, ce qui fit rire à grand bruit la petite cavalière.

— Je vais plutôt m'asseoir ici pendant que vous continuerez la promenade, répondit grand'mère. Il faudra me rapporter des grappes blanches que j'ai désignées à Marie.

Marguerite descendit de sa monture en se laissant glisser doucement sur les genoux de « grand'mère », comme elle l'appelait par imitation de Josèphe et de « cousin Ijan. »

Et la jeune bande s'envola au loin, à la recherche des fleurs recommandées.

— En voici une, dit Jean, apercevant dans les buissons des grappes légères de petites fleurs blanches réunies sur des tiges grêles, qui s'appuyaient aux menus rameaux et aux herbes plus fermes en leur port.

Plusieurs mains s'élevèrent pour s'en emparer, mais la plante résista, se laissa briser par tronçons ; elle semblait attachée avec des crampons aux ramilles qu'elle touchait. Elle grippa ensuite aux mains, aux vêtements, on ne pouvait s'en défendre.

— C'est le vilain *grateron*, dit Josèphe. Lorsque Jean s'amuse à en mettre dans mes cheveux, je pleure pour me laisser peigner.

— Ce n'est arrivé qu'une fois, petite sœur, s'excusa Jean, et je ne savais pas que le grateron fût si crochu.

On examina la haute plante pièce à pièce. La tige est à quatre faces, garnie, d'espace en espace, de petites feuilles, réunies par six ou dix, en couronnes ou en verticilles.

La tige, les feuilles et même le petit fruit de deux coques, tout est hérissé d'aspérités crochues qui grippent solidement.

— Quatre pétales, hasarda Elisabeth, c'est comme les *thlaspis*.

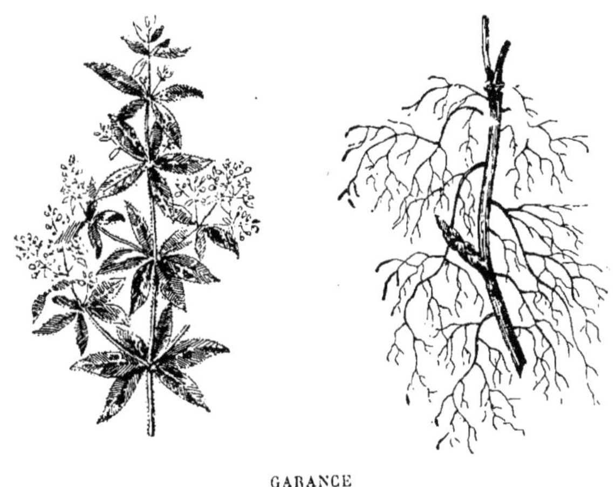

GARANCE

Sommité fleurie. Racines.

— Et comme les choux, dit Jean ironiquement, sans prendre garde qu'il répondait à sa cousine et non pas à ses sœurs.

— Corolle monopétale et caliciflore, remarqua Marie, c'est bien loin des crucifères.

— Drôle de fruit, fit observer Jean ; on dirait deux coques réunies comme celles des carottes, n'est-ce pas, cousine ?

— J'ai entendu dans nos cours, essaya timidement Yvonne, que le *café* est de la famille du grateron, et il a en effet deux coques accolées ensemble.

— Les grains de café ont l'air de deux moitiés de haricots, décida Élisabeth.

— Ce ne sont pas deux graines, dirent ensemble les deux Marie.

— Comment le savez-vous ? questionna Jean.

— Parce que chaque grain de café a un germe, répondit sa sœur.

— S'il était la moitié d'une graine, comme les cotylédons du haricot, continua l'autre Marie, il n'y aurait qu'un germe pour deux graines de café.

— Voilà encore d'autres graterons, dirent Élisabeth et Josèphe devant de belles grappes de *molugine.*

— Ceux-là ne s'accrochent pas du tout, remarqua Jean. Ce sont des sœurs plus douces que leur frère, continua-t-il en s'inclinant devant Marie.

— Voilà d'autres sœurs encore plus douces, trouva Josèphe en cueillant la *croisette velue,* aux petites fleurs jaunes en anneaux espacés sur la tige.

DEUXIÈME PEUPLADE

2e SECTION

(*Caliciflores*)

IX

2 familles en croix qui ne sont pas des crucifères

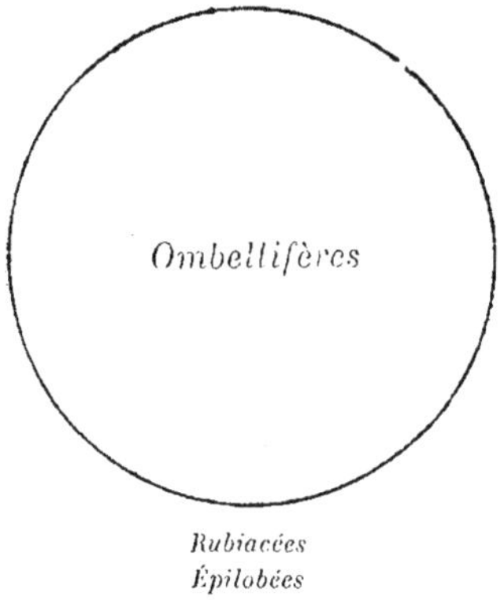

Ombellifères

Rubiacées

Épilobées

— Toutes ces sœurs-là se ressemblent bien, dit à son tour Élisabeth.

— Devinez pourquoi elles s'appellent toutes des *Rubiacées?* demanda une voix derrière la haie.

— Rubus veut dire rouge, répondit Jean. Y a-t-il donc des graterons rouges? demanda-t-il.

— Non, le violet, le jaune, le blanc, sont les seules couleurs adoptées dans cette famille, répondit son père, mais elles donnent toutes une teinture rouge.

— La garance en particulier, dit l'oncle; aussi on en fait de grandes cultures dans le Midi.

— Les racines seules s'emploient pour la teinture; les tiges sont données aux bestiaux, acheva Maurice.

— Et les vaches qui en sont nourries, ont les os teints en rouge, poursuivit son père.

On revenait vers grand'mère, qui s'avançait, cueillant çà et là, des épis de fleurs plus ou moins roses ou rosées, plus ou moins petites, sur des tiges plus ou moins hautes. Marguerite la précédait, portant en bâton pastoral, une longue quenouille de « laurier *Saint-Antoine* » (*épilobe*) aux fleurs violacées plutôt que roses, aux fortes tiges feuillées, ressemblant à des baguettes de saule.

— Voilà une autre famille, dit Jean lorsqu'il aborda sa grand'-

mère, l'uniforme est rose-rose, rose-rosé ; rose-blanc, rose-bleuacé.

— Et même jaune-jaune, en la personne de l'*œnothère* qui nous est venu d'Amérique, ajouta son oncle.

— Encore quatre pétales, dit Josèphe.

— Et huit étamines, compta Elisabeth. Puis, un petit marteau à quatre branches, qui est plus long que les étamines, continua-t-elle.

— C'est le pistil, devina Jean.

— Je vois d'autres espèces où le pistil à une petite tête ronde, observa Marie.

— Le fruit est une longue silique, comme celle des Crucifères, ajouta grand'mère.

—Voyez, remarqua l'une des Marie, comme elles sont garnies à l'intérieur de fils blancs cotonneux.

— Parce que les graines du cotonnier, ajouta l'autre Marie.

— Comme les fleurs sont en épis, et les capsules à deux lobes, expliqua le père, toutes ces espèces sont appelées des *épilobes*.

— C'est la famille des *Epilobées* ? demanda Jean.

— Ou des *Onagrariées*, répondit le père, à cause des onagres.

— Deux familles pour notre dernière promenade, dit Josèphe.

— Et pour nos dernières caliciflores, ajouta grand'mère, vous voyez comment celle des épilobes se rattache aux crucifères par leur silique ; tandis que celle des Rubiacées se rapproche des Ombellifères par le fruit en deux coques accolées ensemble.

On allait rentrer, lorsqu'un vieillard « portant bâton et mendiant », entrant dans la cour, excita la défiance du vieux Médor, accouru à la rencontre de ses maîtres.

Les enfants apaisèrent le gardien du logis. Grand'mère rassurait le vieillard qui tremblait. Calmez-vous, lui disait-on, mais il tremblait de fièvre plus que de peur. Il venait demander une consultation et des remèdes pour se guérir.

Chacun l'aida à entrer, à s'asseoir, à se chauffer. Jean avait offert son épaule pour l'appuyer jusqu'au banc placé sous la haute cheminée ; Marguerite voulait se charger du bâton ; Marie préparait un peu de vin chaud.

— Bon Jacques, dit grand'mère, vous avez eu tort de sortir le soir avec cette grosse fièvre. Je serais allée vous voir et vous porter vos pilules. Mais mon fils vous reconduira en voiture.

— Quelles pilules lui donnerez-vous, tante ? demanda Yvonne. Je voudrais savoir guérir aussi les vieillards malades de « *notre chez nous* ».

— Du sulfate de quinine, répondit grand'mère.

— Ou l'extrait de l'écorce de l'arbre au quinquina, ajouta le père, tout en pesant et pétrissant la poudre qu'il allait mettre en pilules.

— Je l'oubliais dans les rubiacées, dit grand'mère. L'arbre au quinquina croît dans le Nouveau-Monde, où nos missionnaires ont expérimenté ses vertus médicinales.

Le break fut bientôt près, Jean accompagna son père qui remmenait le vieillard, bien enveloppé de bonnes couvertures.

Maurice s'était égaré à la chasse aux scarabées.

Et les jeunes filles montèrent achever tristement les grandes caisses pour le départ du lendemain.

RÉCAPITULATION

Le soir, personne ne savait plus rien. On parla de la promenade; on voulait se rappeler les noms des fleurs, et plus d'une fillette les défigurait.

DEUXIÈME PEUPLADE

2e SECTION

(*Caliciflores*)

X

Récapitulation

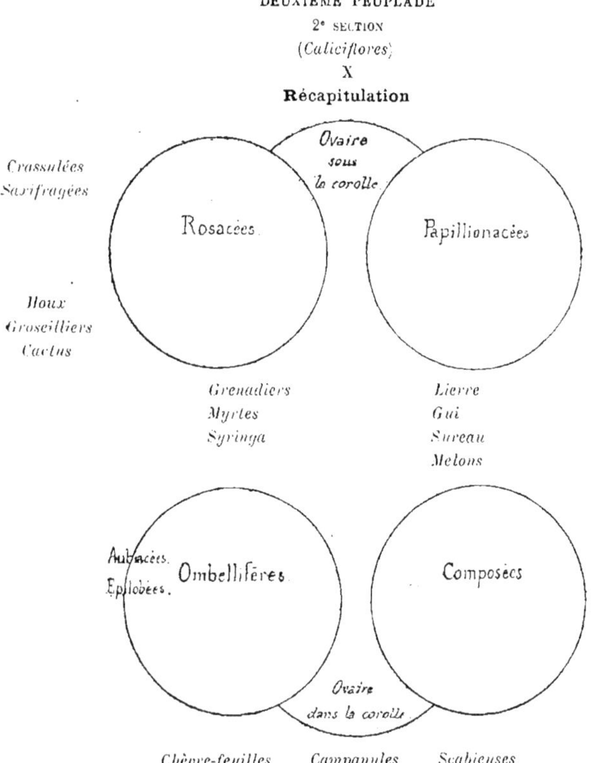

Puis on brouillait les voisins, les voisines ; on était égaré dans les causeries de détail.

— Un tableau ! dit Jean.

Armé de la craie scolaire, il traça quatre larges cercles aux quatre coins du tableau noir, blanchi par les chiffres de ses problèmes.

Alors chacun de nommer ce que lui rappelaient ses souvenirs. On discutait sur la place que devait occuper telle voisine, on donnait ses raisons,on effaçait,on s'entendait ; surtout on s'amusait.

QUARANTE-HUITIÈME CAUSERIE

2e PEUPLADE. — 3e SECTION. — 1re FAMILLE

DEUX LÈVRES OUVERTES ET QUATRE GRAINES NUES

Le lendemain et les jours suivants on ne parlait que des gentilles cousines. Cependant, malgré les regrets de leur départ, on se réjouissait pour leur mère qui allait les revoir, pour l'aïeule si infirme que sa belle-fille n'avait pu la quitter.

L'oncle parti avait aussi sa part dans les souvenirs, mais il faut avouer qu'elle n'était pas la plus grande ; il y avait quatre cousines, je crois ; et d'oncle il n'y en avait qu'un seul, calculez la proportion des regrets ?

Pendant plusieurs jours, on oublia les fleurs ; une lecture attrayante remplaçait mieux la société perdue.

Cependant, Jean aurait voulu voir les dernières familles avant la fin des vacances. L'année suivante il aurait trop de travail pour être de toutes les causeries.

— Grand'mère, dit-il un jour vaillamment, où en sommes-nous de nos familles ? Vous avez dit que les caliciflores sont terminées.

— Esquissées, ébauchées, répondit le père.

— Lesquelles esquisserons-nous aujourd'hui ? demanda Marie.

— C'est le tour des *coroliflores*, dit grand'mère, calice libre. comme dans les thalamiflores, mais étamines soudées à la paroi intérieure de la corolle.

JEAN

Donc les coroliflores sont monopétales ?

GRAND'MÈRE

Précisément.

— Un petit colis, cria le facteur sous la fenêtre.

Jean ne prit pas le chemin de la porte pour enlever une petite boîte à l'adresse de ses sœurs.

De nos cousines, proclama-t-il tout en la déficelant pour rendre service à Marie.

— Pourquoi pas de votre oncle? fit observer le père en souriant.

— Parce que ce doit être l'écriture d'Yvonne, répondit Jean.

— Cela sent « la chair fraîche », dit Josèphe remuant ses narines à l'imitation de l'ogre du Petit-Poucet, et croyant flairer des bonbons.

— « La chair fraîche » à odeur de camphre, répliqua Jean.

— Odeur de menthe, ou de lavande, romarin, mélisse, toutes ces plantes à odeur chaude, comme disait mon oncle, reprit sa sœur. Cousine Marie avait promis de nous en envoyer.

LE PÈRE

Elles sont abondantes chez eux, tandis que nous avons seulement quelques menthes.

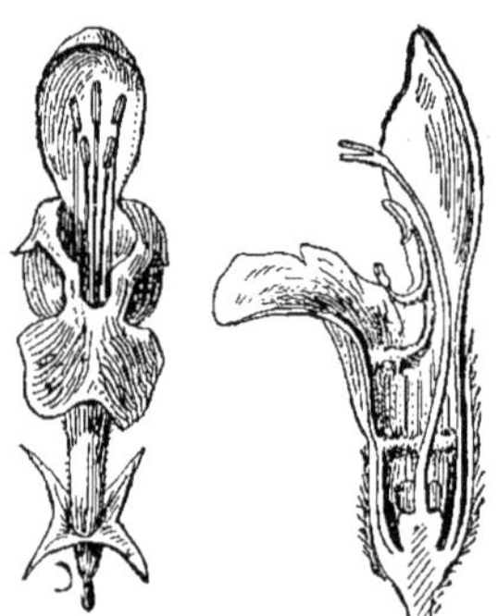

FLEUR DE LABIÉE
Fleur entière. — Coupe

Les fleurs étaient toutes fraîches, étiquetées par espèces. On se promit de les dessécher avec grand soin pour l'herbier.

— Je les attendais pour commencer les *Labiées*, dit grand'mère.

— Voilà le *thym* que Nanon met dans ses ragoûts, fit Josèphe un peu désappointée.

— Le thym parfumé que recherchent les abeilles et que chantait Virgile, prononça Jean avec emphase.

— « Jeannot lapin faisait à l'aurore sa cour, entre le thym et la rosée, » dit Marie à son tour.

GRAND'MÈRE

Ajoute, ma petite Josèphe : « L'agneau broute le serpolet », ce sera encore en l'honneur du thym, dont le *serpolet* est une des jolies espèces.

LE PÈRE

Toutes les Labiées sont bien sur le même type. Voyez : corolle à deux lèvres ouvertes, dont la supérieure à deux lobes ou dentelures, et l'inférieure à trois lobes ; calice à cinq dents, persistant après la chute de la corolle ; quatre étamines ; un seul ovaire surmonté d'un style ; quatre graines nues au fond du calice qui reste ouvert.

GRAND'MÈRE

Quatre graines nues, expliquez-leur que c'est une manière de parler.

— C'est vrai, dit le père. Voyez en cette fleur peu avancée

encore; vous trouverez un ovaire à quatre loges, avec une graine en chaque loge.

MARIE

C'est donc que l'ovaire se déchire et tombe, puisque les graines restent nues ensuite.

LE PÈRE

Il se déchire en croix par les cloisons de ses quatre loges et chaque loge devient une petite boîte pour sa graine, qui arrive à la remplir pleinement, de manière à ce qu'on ne puisse plus l'en faire sortir.

MARIE

Alors la graine nue, c'est une graine dans une boîte pleine ?

JEAN

Mais je remarque que les étamines du thym et celles des *lamiers* ne sont pas placées de la même manière dans la corolle.

GRAND'MÈRE

On tient compte de ces détails minutieux, pour diviser en plusieurs groupes la grande famille des Labiées.

MARIE

Mes cousines m'avaient promis un tableau avec huit divisions, selon ce qu'elles en connaissent.

— C'est ce papier qui était au fond de la caisse, s'empressa de dire Jean.

DEUXIÈME PEUPLADE

3e SECTION

(*Coroliflores*)

I

Labiées

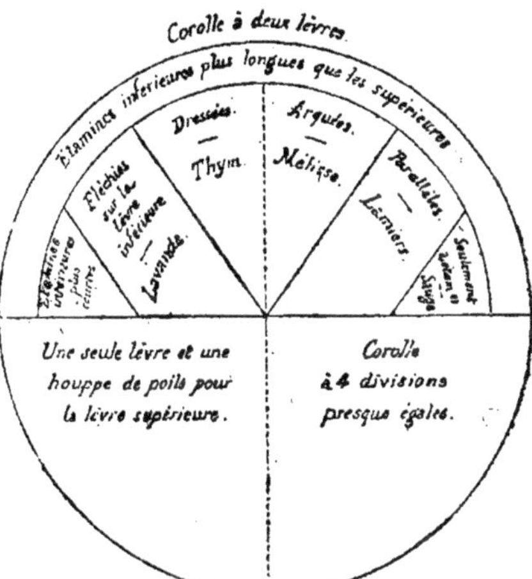

En effet, un grand rond de papier, à huit compartiments représentant toutes les Labiées fut trouvé sous les fleurs et vint aider à suivre les explications de grand'-mère.

JOSÈPHE

Je les reconnaîtrai par leur figure; elles ne se ressemblent pas toutes. Ainsi voilà un *ajuga* qui n'a qu'une moustache, au lieu de la lèvre d'en haut.

JEAN

Et les *menthes* ont plutôt un petit cornet à cinq dents que deux lèvres. Voilà toujours deux divisions faciles à distinguer.

GRAND'MÈRE

Les *sauges* et les *romarins* ont deux étamines avortées; les cinq autres divisions...

JOSÈPHE

Oh! grand'mère, dites plutôt leur histoire au lieu de fouiller dans leur gorge.

Leur histoire! leur aspect, tu veux dire peut-être. Et bien! les Labiées ont généralement une tige carrée, avec de petites feuilles dentelées sur leurs bords et dispersées quatre par quatre en croix sur la tige.

— C'est vrai, confirma Jean, après vérifications sur plusieurs espèces.

Deuxièmement les Labiées sont généralement amères, toniques. Beaucoup contiennent en leurs tiges et leurs feuilles un principe analogue au camphre; d'autres, un principe aromatique sucré, que les abeilles mettent à profit pour la fabrication de leur miel.

JEAN

« Sur le mont Hymette, croît la mélisse où butinent les abeilles », disait encore Virgile.

LE PÈRE

Mélisse signifie abeille.

GRAND'MÈRE

Les sauges et les romarins des environs de Narbonne donnent au miel un arome qui le fait nommer miel rosat, bien qu'il soit tout blanc, c'est-à-dire miel à la rose.

MARIE

Romarin signifie rose des rivages marins; parfum de la mer, disait Maurice.

JEAN

Hysope veut dire amertume. Pourquoi David disait-il : « Purifiez-moi avec l'hysope et je serai pur. »

LE PÈRE

C'est que les Juifs employaient l'hysope dans leurs aspersions purificatrices, précisément à cause de son amertume, qui symbolise celle du repentir.

JEAN

En effet, lorsqu'on a goûté quelque chose de très amer, la bouche en conserve longtemps le goût. Et de même, les fautes graves laissent un souvenir amer.

JOSÈPHE

Est-ce que frère a fait jamais de gros péchés? cependant il ne me taquine presque plus.

— Tu es une bonne fille, je t'aime beaucoup, dit Jean avec une caresse.

La petite fille se redressa toute fière. Elle avait une si grande considération pour son frère et parrain.

— Encore quelques mots sur les *lamiers*, *galéopsis*, etc., demanda Marie, consultant le tableau.

— L'année prochaine, répondit grand'mère.

QUARANTE-NEUVIÈME CAUSERIE

ENCORE QUATRE GRAINES AU FOND DU CALICE

— Voici une Labiée qu'il faut prendre avec des gants, disait Jean à ses sœurs, leur présentant une haute plante, à feuilles tachetées de blanc, et rudes comme des brosses, avec une cime garnie de petits cornets bleus légèrement teintés de rose.

— Est-ce bien une Labiée, répliqua Marie? La tige n'est point carrée, les feuilles ne sont point quatre par quatre, en croix sur la tige.

JEAN

Du moins la corolle est aussi bien à deux lèvres que celles des menthes.

MARIE

Et il y a bien quatre graines nues au fond du calice.

Mais, se ravisa-t-elle, il y a cinq étamines, c'est une de trop.

— Mais non, objecta Josèphe, c'est ce qu'il faut, puisque la corolle est à cinq dents.

MARIE

C'est une de trop pour les Labiées. Puis les fleurs ne sont pas plus par couronnes ou par paires que les feuilles.

— Voyez, ajouta Jean, comme les jeunes cimes de fleurs sont enroulées sur elles-mêmes en queue de scorpion, nous n'avons pas vu cela dans les Labiées.

— Grand'mère décidera, dit prudemment Josèphe. Mais le père passait au retour de ses champs.

— Père, est-ce bien une vraie Labiée ? demanda la petite fille, prenant avec précaution, par deux de ses feuilles, la tige fleurie, qu'elle portait, selon son frère, comme un lapin qu'on tient par les oreilles.

— Vous n'avez pas de coup d'œil, répondit le père. La *vipérine* est une Labiée!

— Marie disait bien que non, répliqua Josèphe.

— Nous en raisonnions, reprit Marie. Ce qui nous embarrasse, c'est qu'elle a aussi quatre graines nues au fond du calice.

LE PÈRE

C'est sa plus grande ressemblance avec les Labiées.

Mais Josèphe trouva que cette plante à cornets n'a pas du tout la *figure* des autres fleurs de sa propre parenté.

— Nommez-en quelques-unes, demanda Jean.

LE PÈRE

Le *borrago* ou *bourrache*, dont votre grand'mère est occupée à faire du thé, en ce moment, pour le père Jacques, dans sa hutte du bois.

— Elle y est sans nous ! s'étonnèrent les trois enfants.

— Vos devoirs n'étaient pas finis, expliqua le père. Je l'ai accompagnée, et nous irons à sa rencontre.

— Chemin faisant nous chercherons des *bourraches bleues*, dit Josèphe ; je les connais dans les plates-bandes où grand'mère cultive sa pharmacie.

BOURRACHE
Sommité fleurie.

— Nous n'en trouverons pas en cette saison, répondit le père. Nos *borraginées* sont plus printanières.

JOSÈPHE

La bourrache a les feuilles rudes comme la vipérine. Mais ses fleurs sont des étoiles bleues à cinq branches pointues.

MARIE

Au milieu de l'étoile bleue, les étamines noires font un petit dôme à pointes, qui est très-joli.

— C'est bien cela, approuva le père.

— Voici une vipérine à feuilles douces, disait de loin maître Jean, revenant sur ses pas, après avoir devancé ses sœurs pour aller au-devant de grand'mère.

— Pas mal trouvé, répondit le père ; c'est la *pulmonaire* qui est bien, en effet, une borraginée.

MARIE

La corolle est plutôt en cloche qu'en cornet irrégulier, comme celui de la vipérine.

LE PÈRE

Voici encore la *grande consoude*, aux cloches verdâtres, aux larges feuilles demi-rudes, et demi-rondes.

Reste à vous parler des *bugloses*, *cynogloses* et *myosotis*.

JEAN

Bugloses, langues de bœuf, cynogloses, langues de chien, myosotis, oreilles de souris.

— Est-ce vrai, papa? demanda Josèphe.

LE PÈRE

Les bugloses ont des feuilles rudes, râpeuses, comme la langue des bœufs.

Celles des cynogloses sont douces comme la langue des chiens.

Celles des myosotis sont courtement velues, comme les oreilles des souris.

JEAN

Josèphe ne sait pas que la langue des bœufs est rudement râpeuse, afin qu'elle puisse accrocher et entortiller les herbes des pâturages pour les avaler à grandes bouchées.

JOSÈPHE

Je sais bien qu'ils se dépêchent de les avaler sans les mâcher, puisqu'ils les font revenir ensuite dans leur bouche pour recommencer leur vrai repas.

MARIE

Lorsqu'ils ruminent, à demi couchés dans les pâturages, ou sur leur litière, à l'étable, ils ont l'air de méditer comme les philosophes des temps anciens.

JEAN

On peut dire qu'ils tournent leur langue dans leur bouche plus de sept fois avant de parler, ceux-là.

JOSÈPHE

Je n'aime pas que mes chers myosotis s'appellent oreilles de souris.

MARIE

On les appelle quelquefois les yeux de la Vierge.

JEAN

Les yeux de la Vierge ce sont les petites *véroniques* toutes bleues du printemps. Et le myosotis, c'est le miroir de Vénus.

LE PÈRE

Le miroir de Vénus c'est une petite campanule en étoile, violacée, qui vient dans les moissons, sur les terrains calcaires.

L'inconvénient de ces noms de fantaisie, continua-t-il, c'est qu'ils changent selon les localités.

MARIE

Ils sont plus faciles à comprendre que les vrais noms savants.

JEAN

N'est-ce pas, grand'mère, les fleurs ont quelquefois de jolis sobriquets?

— A propos de quelle fleur demandez-vous cela? dit grand'-mère, qui le rejoignait sur la lisière du bois.

— Pour les yeux de la Vierge, se hâta de répondre Josèphe,

s'emparant de la main de sa grand'mère et se rangeant à ses côtés.

GRAND'MÈRE

Et vous disiez qu'on l'appelle aussi : « Ne m'oubliez pas ! »

— Nous l'oubliions, répondirent les deux aînés.

— Et pourtant mes cousines en ont dessiné sur nos carnets à cause de cela, ajouta Josèphe.

GRAND'MÈRE

C'est la fleur des jeunes souvenirs, sans doute à cause de son bleu si doux, rappelant celui d'un ciel pur.

MYOSOTIS
Sommité fleurie. — A droite, fleur isolée, grossie.

LE PÈRE

C'est le « Forget me not » des Anglais.

GRAND'MÈRE

On raconte dans les vallées de la Suisse, qu'une jeune montagnarde gravissant les sentiers élevés qui conduisaient au chalet de ses chèvres, tenait à la main une fleur de myosotis cueillie par son fiancé.

— Oh! mon Dieu, interrompit Marie, sûrement un malheur !

— Un ours ou une avalanche ! dit Jean feignant l'effroi.

GRAND'MÈRE

L'avalanche l'entraîna dans le torrent, et tenant la fleur, elle répétait en roulant vers l'abîme :

« Souviens-toi de moi ! » « Ne m'oubliez pas ! »

LE PÈRE

Et l'abîme murmure encore : « Souviens-toi de moi ». Ou « Forget me not », selon la langue de ceux qui entendent sa voix.

GRAND'MÈRE

Dans les Borraginées, avez-vous pensé aux *Héliotropes*, parfumés ou non parfumés ?

MARIE

Je me rappelle que leurs cimes sont à plusieurs branches comme des ombelles, mais chaque petite branche porte des fleurs dans toute sa longueur.

LE PÈRE

Avant la floraison, chaque petite branche est roulée en crosse, la tête en dessous.

GRANG'MÈRE

Avez-vous dit que cette disposition ou inflorescence est particulière aux Borraginées?

MARIE

Oui, grand'mère, et dit aussi qu'elles ont les graines nues au fond du calice, comme les Labiées.

GRAND'MÈRE

Ajoutons que leur corolle, à cinq divisions, se termine en un petit tube, dont la gorge est souvent fermée par de petites glandes nectarifères, ou par de petites écailles, ou par de petites touffes de quelques poils; ces caractères de détail aident à les distinguer de la famille suivante.

JEAN

C'est alors que la famille suivante n'a pas de graines nues au fond du calice, en sorte qu'il n'est pas nécessaire d'un petit toit de glandes, ou d'écailles ou de poils au-dessus de leurs têtes.

LE PÈRE

La suite nous l'apprendra, mais tu l'as deviné.

CINQUANTIÈME CAUSERIE

FLEURS EN GUEULE. — PERSONNÉES

Les plans de grand'mère furent changés; la famille suivante ne fut pas celle dont elle avait eu intention de parler.

C'est que Josèphe s'amusait dans le jardin avec des fleurs de muflier, les pressant une à une entre ses doigts pour les voir s'ouvrir comme une bouche pincée par les deux côtés.

MUFLIER

Fleur entière. — Calice et pistil. — Corolle ouverte montrant les étamines.

On apercevait alors quatre étamines, dont deux plus longues entre deux plus courtes, collées au palais de la mâchoire supérieure; tandis que le style était allongé comme une langue, à l'intérieur de la mâchoire de dessous.

— Ce sont des *gueules de lion*, dit Jean.

— Ou des *mufliers*, continua Marie.

GRAND'MÈRE

Le premier nom vient de la forme de la fleur; le second, de la forme de la capsule.

JOSÈPHE

La capsule est percée de trois petits trous pour laisser tomber les graines. On dirait une tabatière pour secouer du tabac sur le pouce, comme celle du bonhomme François.

JEAN

Elles sont toutes de travers, avec un bout recourbé comme le menton de Polichinelle.

MARIE

Mais non, c'est plutôt un mufle de veau, avec deux yeux...

JEAN

Polichinelle, te dis-je : deux petits trous pour les yeux, le style pour un nez grotesque, et un troisième petit trou pour la bouche.

JOSÈPHE

Le petit calice ressemble à une petite calotte à cinq découpures, posée sur le crâne de cette drôle de tête.

JEAN

Mais quel désordre de nombre : cinq dents au calice et à la corolle, quatre étamines, trois trous à la capsule.

GRAND'MÈRE

Il devrait y avoir cinq étamines, mais la cinquième est avortée, à la base intérieure de la lèvre de dessous.

— Voilà de jolies petites gueules roses sur un très petit pied à feuilles menues, dit Marie, présentant une plante qu'elle venait de prendre sur un carré en friche.

— C'est le *muflier des champs*, dit grand'mère.

— En voilà d'autres, dit Josèphe à son tour, apportant de jolies fleurs jaunes, à corolle en gueule, disposées en épis. Mais ceux-là ont une petite queue pointue qui descend sous la fleur.

— Un éperon, corrigea Jean.

— Et la capsule n'a que deux trous pour laisser tomber la graine, observa Marie.

— Aussi, ce ne sont pas des mufliers, enseigna grand'mère, ce sont leurs cousines germaines, les *linaires*.

MARIE

A petites feuilles étroites, comme celles du lin.

GRAND'MÈRE

Les petites feuilles étroites sont un des signes de presque toute la famille, cependant quelques linaires en ont de rondes avec des dentelures arrondies.

C'est vrai, celles des vieux murs, avec leurs petites fleurs en capuchons lilas, aussi nombreuses que les feuilles.

— Mais, questionna Jean, comment s'appelle cette famille qui a deux lèvres, comme les Labiées, et une vraie gueule?

Famille des *Personées*.

— J'y suis, s'exclama Jean, *persona,* masque, que portaient les acteurs sur la scène, chez les anciens.

— D'où nous avons fait personne, devina Marie. J'écrirai cela à mes cousines.

GRAND'MÈRE

Tous les groupes de cette famille se distinguent entre eux par certaines particularités, comme nous venons de l'observer pour les linaires.

— Nommez-en quelques fleurs de notre connaissance, dirent les enfants.

GRAND'MÈRE

Les jolies *pédiculaires* roses, au long calice dentelé comme les feuilles; les *rhinanthes* à fleur jaune avec un gros calice gonflé en vessie; les *mélampyres* aux petites fleurs roses, avec des feuilles membres, rares et petites; les *odontifes* roses et les *euphraises*, d'un lilas clair avec une tache jaune sur la lèvre inférieure.

RHINANTHE
Plante entière fleurie. — Fleur séparée.

— Pas si vite, grand'mère, pas si vite, répétèrent les enfants; nous ne connaissons pas bien tous ces noms-là.

— Odontife, commença Jean, est-ce que ce sont des herbes pour guérir le mal de dents, comme l'élixir odontalgique?

GRAND'MÈRE

Josèphe va croire encore que tu parles latin, quoique ce soit du grec. Mais ce nom d'odontife, qui veut bien dire dent, vient de ce qu'il y a une espèce de dent au pied de la tête des étamines.

MARIE

Je me souviens d'avoir pris un pied d'odontife pour une bruyère.

— Pauvre Marie, tu n'étais guère habile dans ce temps-là, dit Josèphe d'un air compatissant.

— Et l'Euphraise, demanda Jean, n'est-ce pas encore du grec?

GRAND'MÈRE

D'un mot qui signifie *joie*, parce qu'on attribue à l'Euphraise la propriété de rendre la vue, ce qui cause une grande joie.

JEAN

Les *pédiculaires* sont pour les maux de pieds ?

— A cause des pédicures qui soignent les pieds, expliqua Josèphe. Et Jean l'encouragea par un « très bien » qui fit sourire Marie.

— Pourquoi Marie a-t-elle ri de nous, voulut savoir Josèphe.

MARIE

Parce qu'un jour papa a ri de moi pour avoir dit ce que vous venez d'imaginer à votre tour.

JEAN

Qu'est-ce que papa t'expliqua là-dessus ?

MARIE

Il m'expliqua que pédiculaire ne veut pas dire pieds, mais il signifie le nom de petits insectes malpropres, et très désagréables.

— Dis bien vite des puces, souffla Josèphe à sa sœur.

— C'est bien pire, expliqua Marie.

— Alors se sont des poux, prononça bravement son frère, haussant les épaules sur les hésitations de Marie. Et les pédiculaires les font périr, sans doute ?

MARIE

Tu n'y es pas, les pédiculaires en donnent.

— Merci, fit Jean, qui veut en prendre ?

GRAND'MÈRE

Elles en donnent aux chevaux qui s'en nourrissent, parce que ces plantes ne viennent que sur des terrains marécageux, où ne croissent que des herbes de mauvaise qualité, rendant les chevaux malades.

JEAN

La vermine vit aussi de nos misères. Comment cela se fait-il ?

MARIE

Que de choses à expliquer partout.

JOSÈPHE

Et les autres noms, grand'mère, est-ce qu'ils ont aussi leur histoire?

GRAND'MÈRE

Mélampyre signifie sang rouge.

— Ce sont de vilaines bêtes qui sucent le sang, dit imprudemment Josèphe.

— Tu confonds avec vampires, corrigea son frère, non sans un léger haussement d'épaules.

Les graines de certains mélampyres, lorsqu'il s'en trouve de mélangées au blé, donnent à la farine une légère teinte rougeâtre, d'où vient leur nom.

MARIE

Et les rhinanthes, dont le nom fait penser à rhinocéros.

GRAND'MÈRE

Rhinanthe signifie museau, ou gueule allongée.

JEAN

Mufliers et linaires, rhinanthes et mélampyres, pédiculaires, odontites et euphraises, voilà donc toutes les Personées.

GRAND'MÈRE

On y ajoute quelquefois d'autres plantes dont la fleur n'a pas l'aspect d'un masque ou persona. J'aime mieux les laisser pour une autre famille ?

Mais je crois voir au pied de ce genêt, sous l'abri de la grosse pierre suspendue, une *orobanche* que je veux vous faire remarquer.

— Une vraie personée, décida Jean lorsqu'ils furent près de la fleur.

DEUXIÈME PEUPLADE

3e SECTION

(*Corolliflores*)

III

Personées

Odontites
Euphraises
Mufliers
Linaires
Pédicularées
Onynanthes
Mélampyres
Quatre étamines égales deux par deux
Orobanchées

— Elle a perdu toutes ses feuilles, dit Josèphe, elle est toute fanée.

— Les parasites n'ont pas besoin de feuilles, répéta grand'mère, rappelant les explications faites pour le gui.

— Mais, grand'mère, elle n'est pas sur le bois du genêt, comme le gui sur les arbres. Voyez donc, elle a le pied dans la terre, dit Marie.

GRAND'MÈRE

Elle est implantée sur la racine du genêt, et elle vit de sa sève.

JEAN

Elle peut bien vivre aussi de la terre.

GRAND'MÈRE

Mais elle est sans racines.

JEAN

Je me rappelle que papa m'a fait voir, une fois dans le bois, des touffes de fleurs violettes toutes basses, qu'il me disait aussi des parasites sur les racines de certains arbres.

— C'est la *clandestine*, compléta grand'mère. Elle se cache sous les feuilles tombées au pied des arbres et vit paresseusement des sucs que leurs puissantes racines vont chercher au loin.

— Où êtes-vous ? appela de loin la voix du père.

— Au milieu des masques, répondit Jean.

M. Max arrivait par le chemin creux, il monta le talus et toutes les mains se tendirent pour l'aider dans cette facile escalade.

— Mais je n'ose vous présenter une fleur que j'apportais pour la classer avec vos masques ; je viens d'entendre que grand'mère ne l'y admettra pas, à moins que son omission soit un oubli.

C'était une haute plante à tige carrée, à feuilles ovales, pointues, dentées en scie sur leurs bords, comme celles des orties et, le long du haut de cette grosse tige, il y avait de petites fleurs d'un brun noir.

— Elle est laide, décida Josèphe. Et quelle odeur ! ajouta-t-elle en se pinçant les narines.

— C'est la *scrofulaire noire*, dit Marie, la seule fleur de ma connaissance qui ne soit pas jolie ou agréable,

GRAND'MÈRE

Elle donne son nom à la famille suivante, que parfois on regarde plutôt comme une division des personées, mais son tour viendra demain.

CINQUANTE-UNIÈME CAUSERIE

COMME ELLES SE RESSEMBLENT PEU

JEAN

Je me suis demandé, depuis tantôt, pourquoi notre vilaine plante est nommée la scrofulaire.

GRAND'MÈRE

Ce n'est pas qu'elle donne les scrofules, comme la pédiculaire donne les petits insectes que Marie ne veut pas nommer ; c'est, au contraire, qu'on lui attribuait autrefois la propriété de guérir les scrofules.

JEAN

Elle en a peut-être été atteinte, c'est pourquoi on lui a amputé la lèvre supérieure ; elle n'a pas l'air d'être en gueule.

MARIE

Ses quatre étamines sont abaissées sur la lèvre inférieure.

JOSÈPHE

Il n'y a pas de lèvres du tout, c'est un petit morceau de pétale noir dans un petit grelot vert.

GRAND'MÈRE

Toute la famille n'est pas si disgraciée. Voyez ces belles *digitales* que votre père nous apporte, elle sont aussi dans les scrofulariées.

LE PÈRE

Mais défiez-vous de leur vertu; leur suc est calmant jusqu'à endormir pour toujours.

MARIE

On donnait à ma tante du sirop de digitale.

GRAND'MÈRE

A petite doses, la digitaline apaise les battements de cœur.

Josèphe s'amusait à loger chacun de ses doigts dans des fleurs qu'elle détachait de leur haute tige.

— Voilà pourquoi, dit son frère, elle est appelée digitale, de *digitus,* doigt.

MARIE

Ce sont de vrais doigts de gants; aussi on les nomme parfois « gants-bergers ».

JOSÈPHE

C'est que les bergers s'en font des gants, comme moi, sans doute,

MARIE

Avant que les fleurs soient bien ouvertes, elles ont l'air d'une gueule fermée.

LE PÈRE

Elles ont bien les caractères des Personées, moins la corolle en gueule.

DIGITALE
Sommité fleurie. — Feuille.

GRAND'MÈRE

Toute cette famille est très mêlée, on y fait entrer, ne sachant où les mettre, les chères petites véroniques à la corolle bleue.

MARIE

En quoi donc ressemblent-elles aux scrofulaires ou même aux superbes digitales ?

LE PÈRE

Il est plus facile de dire en quoi elles ne leur ressemblent pas.

GRAND'MÈRE

Les véroniques n'ont que deux étamines; leur corolle est en petite coupe, à divisions un peu irrégulières, la capsule est plate, et non percée de trous.

MARIE

Je voudrais bien les mettre hors de cette compagnie des scrofulariées hautaines et désagréables.

LE PÈRE

On en fait la division des *véronicacées*, dont les espèces sont nombreuses.

GRAND'MÈRE

Quelques-unes ont la corolle en petit cornet, rappelant celle des menthes.

MARIE

Celle que grand'mère cherche sous les chênes pour en faire une tisane quand nous toussons beaucoup.

VÉRONIQUE OFFICINALE
Plante entière fleurie. — A droite, fleur grossie.

GRAND'MÈRE

Et celles qui deviennent de petits arbustes sur nos plates-bandes.

LE PÈRE

Un détail assez curieux, c'est que dans les espèces vivaces, comme les véroniques arbustes, et la véronique officinale, les fleurs sont réunies en épis tandis qu'elles sont isolées dans les espèces annuelles.

— Un autre détail, ajouta grand'mère, vous rappelez-vous la véronique à feuilles de lierre, dont les branches se couchent sur les guérets ?

— Oui, oui, répondirent les enfants, les fleurs sont plus petites et plus pâles que l'espèce petit chêne, « œil de l'Enfant-Jésus. »

GRAND'MÈRE

Dans la véronique à feuilles de lierre, chaque bouton reste abrité sous une feuille- puis il se dresse pour s'épanouir au soleil. Mais lorsque la capsule commence à se former, elle s'abaisse pour revenir s'abriter sous la même feuille, et elle y mûrit.

On arrivait près d'un petit pavillon enguirlandé de plantes grimpantes ; de nombreuses corolles de *bignonia* étaient détachées de leur tige et gisaient intactes sur le sol, Josèphe les recueillait une à une, lorsqu'elle s'avisa de réfléchir sur leurs quatre étamines et sur l'ovaire au long style, qui était resté au bout de la petite tige sur la branche.

— Grand'mère, dit-elle, les arbres peuvent-ils être avec les digitales ?

— Très bien trouvé, fut-il répondu, les bignonias sont des scrofulariées.

— Et les *polonias*, avec leurs doigts de gants tout bleus, dit grand'mère.

— Et les *catalpas*, aux bouquets de fleurs lilas, ajouta le père.

— Vous voyez bien, reprit Marie, que mes petites véroniques ne peuvent être admises en ces compagnies de haut parage.

La question ne fut pas tranchée.

— J'ai encore à vous présenter, dit grand'mère, une grande plante, qu'on place tantôt avec les scrofulariées, tantôt avec une famille de malfaiteurs, qui habite tout proche; c'est la *malène*, ou *verbascum*, vulgairement *bouillon blanc*, aux grandes quenouilles de fleurs soufrées, avec des feuilles blanchâtres, épaisses, cotonneuses qui ont l'air d'être taillées dans du feutre.

LE PÈRE

Elle a cinq étamines pourtant, mais on ne peut pas faire autant de familles qu'il y a de différence dans les fleurs.

JEAN

Tout cela est vraiment bien mêlé, je prierai papa de faire tout seul le tableau de nos deux causeries.

LE PÈRE

Personées hier.

Scrofulariées aujourd'hui.

Solanées demain.

Nos molènes ou verbascum toucheront d'un côté les *Scrofulariées* d'aujourd'hui, et de l'autre côté les *Solanées* de demain à cause de leurs cinq étamines.

— Et mes petites véroniques qui n'en ont que deux, se tiendront humblement à l'écart, si vous le permettez, ajouta Marie.

CINQUANTE-DEUXIÈME CAUSERIE

LES GRANDES EMPOISONNEUSES DU RÈGNE VÉGÉTAL

Avez-vous lu de terribles histoires, dans lesquelles une affreuse femme emporte un enfant au fond d'une caverne, où croît une plante sombre, aux fruits comme une grosse cerise noire. Elle en présente à l'enfant, qui accepte. Puis il s'endort d'un pesant sommeil; l'affreuse femme l'emporte au loin. Il se réveille lourdement. Elle lui raconte qu'elle est sa mère, que des brigands voulaient l'enlever; elle l'a sauvé en l'emportant dans ces déserts sauvages.

L'enfant a perdu la mémoire, il croit tout. Et pendant ce temps-là, sa vraie mère le cherche en pleurant. Et lui pleure aussi, sans soupçonner pourtant tout son malheur.

TABAC
Plante entière fleurie.

JEAN

Cette grosse cerise noire, au fond d'une caverne, c'est l'étude d'aujourd'hui, je suppose.

JOSÈPHE

Pourquoi avait-elle volé ce pauvre petit enfant la vilaine femme ?

LE PÈRE

Pour que grand'mère vous fasse connaître la *Mandragore* « ornement des cavernes, » dont cette cerise est le fruit.

JOSÈPHE

Sa mère a-t-elle retrouvé le petit enfant ?

GRAND'MÈRE

J'ai peut-être rêvé cette histoire, après avoir pris aussi quelques gouttes de ce suc ou de celui de la *belladone*, qui donnent des troubles au cerveau ; des espèces d'hallucinations : à moins qu'ils n'empoisonnent tout à fait.

LE PÈRE

Les Anciens nommaient la belladone *Atropa.*

MARIE

A cause de la Parque qui coupe le fil de la vie.

JEAN

Mais où vivent-elles ces terribles Mandragores et atropas ?

LE PÈRE

Dans les pays plus chauds que le nôtre.

GRAND'MÈRE

Elles ont un peu partout des sœurs plus ou moins empoisonneuses.

LE PÈRE

La *Jusquiame* au feuillage velu et fauve, avec ses fleurs d'un jaune livide, veinées de lignes sanguinolentes, se tient à l'écart sur les décombres, comme un malfaiteur qui cherche la solitude pour méditer des crimes.

JOSÈPHE

Je n'aime pas vos histoires de brigands ; s'il faisait nuit, elles m'empêcheraient de dormir.

LE PÈRE

Voici là-bas un de leurs frères en robe d'un violet sale et un autre en longue tunique blanche ; regarde, ils n'ont pas l'air si effrayant.

— Ce sont des *Daturas*, dit Marie, que de fois j'en ai vu sur les côtes sablonneuses !

JOSÈPHE

Leurs grosses coques rugueuses sont armées de longues épines, comme si elles étaient précieuses à garder.

GRAND'MÈRE

Les *pétunias* sont encore de nos malfaiteurs.

LE PÈRE

Et le *tabac* encore plus dangereux.

GRAND'MÈRE

Et une autre plante, qui pourtant nous donne un pain tout fait, providence des pauvres, friandise des riches.

MARIE

La *pomme de terre!*

— La pomme de terre est aussi une empoisonneuse, affirma grand'mère.

Il y eut des exclamations d'étonnement incrédule ; c'est pourquoi elle ajouta : Je parle de la plante elle-même, et non pas des loupes qui poussent sur les parties souterraines de sa tige.

MARIE

Les pommes de terre ne sont pas des tubrcules comme ceux des orchis ?

LE PÈRE

Ni comme ceux des dahlias.

GRAND'MÈRE

Les tubercules ont pour rôle d'alimenter de leurs sucs la plante qui naît en succession de celle de l'année précédente.

JEAN

Mais on plante des pommes de terre pour avoir aussi de nouvelles plantes.

LE PÈRE

La loupe n'est qu'un grossissement d'une portion de la tige; elle

POMME DE TERRE

Plante entière fleurie. Fleurs.

pousse des bourgeons, comme toutes les tiges, et elle leur fournit les sucs très abondants, amassés dans ses tissus, mais elle ne fait pas partie nécessaire de la plante.

JOSÈPHE

Les fleurs des pommes de terre sont très jolies dans les champs de papa; mais je n'ai pas envie de les cueillir. Elles ont mauvaise odeur.

MARIE

On dirait une bourrache grise, avec des étamines jaunes, en petit dôme pointu, mais elles ne sourient pas aux yeux comme la bourrache.

LE PÈRE

Elles ont l'air sinistre, comme le visage d'une conscience troublée.

GRAND'MÈRE

Linné disait : la sombre famille des *Solanées*.

JOSÈPHE

J'aurais cru que ce nom de solannées est pour la famille des soleils.

LE PÈRE

Ce nom-là veut dire soulagement, consolation. *Solacio*, je console.

JEAN

C'est une ironie.

LE PÈRE

Mais non, quelques Solanées employées à petites doses sont calmantes pour certaines maladies.

GRAND'MÈRE

Entre autres le *Solanuma mara*, *Douce-amère*, dont les sarments enroulés entre les branches des buissons portent des bouquets de petites étoiles violettes, au cœur d'or, auxquelles succèdent des baies vertes qui deviennent rouges.

— Elles sont charmantes, dit Marie, mais encore la même odeur que les pommes de terre.

— Odeur vireuse, fétide, malsaine, ajouta le père.

— Une autre petite Solanée aux étoiles blanches en bouquets pendants sous des feuilles sombres, a des baies noires dangereuses ; c'est la *morelle noire*.

PIMENTS

JEAN

Morelle signifie noire.

GRAND'MÈRE

Nous avons omis les *piments* aux longues capsules triangulaires et les *tomates* aux grosses baies à plusieurs bosselures, le *lyciet*, petit arbuste aux rameaux grêles, aux feuilles menues, aux fleurs en petites étoiles bleues et aux baies rouges, qui croît au Croisic et dans le Midi ; le petit *pommier d'amour* aux jolies baies rouges, et l'*amour en cage*, ou *coqueret*.

JOSÈPHE

L'amour en cage, c'est charmant bien sûr.

JEAN

Mais grand'mère dit ce soir tout un pêle-mêle ; je ne sais comment m'y reconnaître, car toutes ces plantes-là n'ont guère un air de famille.

LE PÈRE

Elle se ressemblent toutes par un calice à cinq divisions, corolle monopétale en étoile à cinq branches, ou cloche à cinq dents ; cinq étamines soudées par leurs têtes en certaines espèces, et libres en d'autres ; un ovaire devenant tantôt une baie, tantôt une capsule.

JOSÈPHE

Et l'amour en cage ?

JEAN

Ou ceci, ou cela, c'est très vague, voulez-vous que nous allions de rang.

JOSÈPHE

Commençons par l'amour...

LE PÈRE

Oui, pour l'amour de toi. C'est une plante d'aspect très peu remarquable, aux feuilles ovales, pointues, aux fleurs en petites étoiles blanches, reposant sur un petit calice à cinq dents.

JOSÈPHE

C'est tout ?

TOMATE

Plante entière avec fruits. Tomate.

GRAND'MÈRE

Ne reviens pas la voir d'ici plusieurs semaines. Quand tu arriveras, le tout petit calice aura grandi, grandi en cinq feuilles qui se sont soudées bord à bord, comme les boites de carton à cinq côtes que ta sœur fabrique pour ses amies.

JOSÈPHE

C'est là la cage ?

GRAND'MÈRE

Oui. L'ovaire s'est trouvé emprisonné dans cette boite qui s'est fermée sur lui.

JOSÈPHE

Ce n'est pas une cage avec des barreaux.

LE PÈRE

Reviens encore quelques semaines plus tard, tu verras l'amour à travers sa cage.

JEAN

Je ne devine pas.

GRAND'MÈRE

Avez-vous vu l'hiver des feuilles qui ont l'air de dentelles parce qu'elles n'ont plus que les fibres de leur charpente? La mince couche de tissu cellulaire s'est détruite sous l'action de l'humidité.

MARIE

Alors il en est de même pour la boîte faite avec les cinq feuilles du calice, elle devient un réseau de dentelle.

JOSÈPHE

L'amour est dans une cage de dentelle. Je devinais bien que c'est charmant. Il n'y a pas que chez Robinson, dans les îles sauvages, qu'on trouve des choses très curieuses.

JEAN

Allons Josèphe, ta part est faite, laisse-nous aller de rang, je vais écrire pour le tableau.

KOQUERET

Sommité fleurie avec graine. — A droite graine isolée.

GRAND'MÈRE

Puisque nous avons commencé par là, nommons les autres Solanées qui ont des baies. Après le *Lyciet*, ce sera la *Belladone* et la *Mandragore* dont le calice s'accroît pour envelopper le fruit, mais sans former une cage, comme celle du coqueret.

Aidez-moi à suivre mon chemin, demanda-t-elle ensuite à son fils.

LE PÈRE

Viennent les *tomates* puis les *morelles* ou *Solanum*, *douce amère*, *pommier d'amour*, *pomme de terre*, etc., qui se distinguent du premier groupe, par les étamines soudées ensemble en un petit dôme conique.

GRAND'MÈRE

Dans les autres Solanées, le fruit est une capsule : *piment*, *tabac*, *pétunia*, *datura*, *jusquiame*.

LE PÈRE

La capsule de la *jusquiame* a ceci de particulier dans ce groupe, qu'elle se fend en rond, à moitié distance de sa base et de sa hauteur; la moitié du haut, se détache et tombe comme le couvercle d'une petite boîte, laissant les graines entassées en un petit dôme qui dépasse l'autre moitié de la boîte.

DEUXIÈME PEUPLADE

3e SECTION

(*Solanées*)

III

Solanées

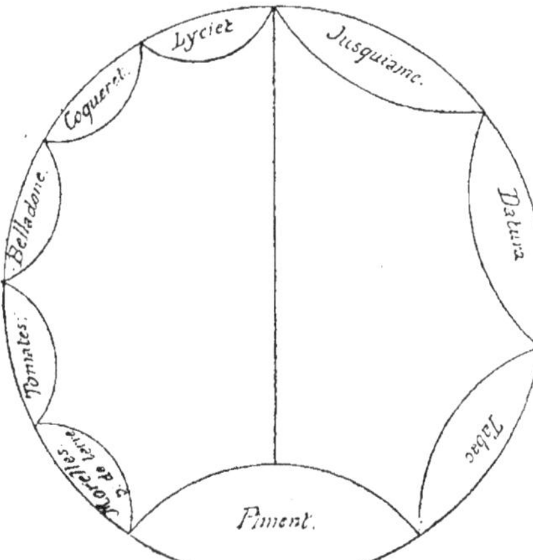

JEAN

Merci, papa, merci, grand'mère, je vois maintenant deux bandes dans vos brigands. Les uns ont des boulets, les autres portent leur plomb dans des cartouchières.

BELLADONE
Rameau portant des fleurs et des fruits.

MARIE

Depuis tantôt je cherche pourquoi la Belladone, qu'on appelle « Atropa », s'appelle aussi belladone, qui veut dire bella dona, belle dame sans doute; les belles dames sont-elles terribles comme les Parques?

GRAND'MÈRE

C'est qu'avec le suc de ses fruits, les belles *dona italiennes* préparent un cosmétique pour leurs sourcils. Comme la Belladona agit sur les nerfs de l'œil, leur regard en devient, dit-on, plus ardent.

— Je n'essaierai pas, dit Marie.

— Je voudrais bien essayer, dit Josèphe,

— Ne jouez jamais avec les empsonneuses, dirent ensemble grand'mère et son fils.

CINQUANTE-TROISIÈME CAUSERIE

LES PREMIÈRES FLEURS DU PRINTEMPS

— Il faut bien arriver maintenant aux douces *Primulacées*, dit la grand'mère d'un air peu satisfait.

— N'aimez-vous donc pas cette famille? demanda Josèphe.

GRAND'MÈRE

Les *primevères* sont toutes charmantes et elles ont en outre le mérite d'annoncer le printemps. Mais je regrette de n'en parler qu'en leur absence; le printemps est trop loin encore pour que nous l'attendions.

PRIMEVÈRE
Plante entière fleurie.

JOSÈPHE

Nous connaissons bien les primevères, n'est-ce pas, Marie? Il y en a de toutes les couleurs sous les buissons du jardin.

MARIE

Nous aimions à cueillir dans les prairies la primevère *coucou*, dont nous attachions les ombelles sur un fil tendu, que je serrais ensuite, pour les réunir en une ballotte.

JEAN

Nous les lancions avec des raquettes, et les fleurs s'agrandissaient au lieu de se faner.

GRAND'MÈRE

C'est qu'elles vivaient des sucs de leurs grosses tiges et elles achevaient de s'épanouir.

MARIE

Bonne nous recommandait de ne pas trop jouer avec ces ballottes, disant que leur odeur donne la fièvre.

GRAND'MÈRE

C'est plutôt qu'elles viennent en une saison où un jeu trop animé amène ensuite un refroidissement qui peut être funeste.

JOSÈPHE

Pourquoi les appelle-t-on coucous comme les oiseaux.

GRAND'MÈRE

Parce qu'elles fleurissent en la saison où le coucou jette ses notes printanières, à son retour de l'émigration.

MARIE

Le coucou s'en va comme les hirondelles.

GRAND'MÈRE

Et bien d'autres espèces encore.

JOSÈPHE

Oh! je sais, les cailles qui passent la mer et qui tombaient dans le camp des Israélites.

JEAN

Est-ce bien vrai que les coucous ne font pas de nids et qu'ils déposent leurs œufs dans les nids des autres oiseaux?

PRIMEVÈRE
Fleur entière. — Coupe

GRAND'MÈRE

C'est très vrai; ils choisissent les nids des espèces qui se nourrissent d'insectes, afin que leurs petits à eux reçoivent une nourriture à leur convenance.

MARIE

C'est merveilleux. Mais le père et la mère à qui les coucous confient leurs petits veulent donc bien s'en charger.

GRAND'MÈRE

Pourtant les coucous ingrats jettent le plus souvent les vrais enfants de la famille par-dessus les bords du nid, pour y être plus à leur aise.

JOSÈPHE

Les méchants! je les déteste.

GRAND'MÈRE

Mais les coucous des nids ne sont pas de nos primulacées. Revenons à nos fleurs.

Lorsque nous irons voir nos amis d'*au-loin*, nous ferons quelques excursions sur leurs montagnes et nous rencontrerons quelques espèces de primevères qui sont les miniatures des nôtres. Nous trouverons aussi des *oreilles d'ours*, mais j'y pense en les nommant, il y en a quelques pieds dans le jardin.

MARIE

De ce côté, grand'mère, je me souviens qu'ils ressemblent aux fleurs de velours qu'on pose sur les chapeaux.

GRAND'MÈRE

Les voilà avec leurs feuilles grises comme poudreuses. Ce sont de vraies primevères.

Corolle monopétale, avec cinq étamines qui ne dépassent pas la gorge de la corolle.

Je tiens à vous faire remarquer que chaque étamine est vis-à-vis le milieu d'un des cinq pétales (car vous savez, les corolles d'une seule pièce sont plusieurs pièces soudées ensemble). Et la loi générale est, au contraire, que chaque pièce d'un *verticile* soit entre deux pièces du *verticile* précédent.

JEAN

Alors les primevères ne suivent par la loi ?

GRAND'MÈRE

Elles semblent ne pas suivre cette loi de l'alternation, mais il y a entre la corolle et les étamines, un verticile d'étamines avortées qui la rétablit.

MARIE

Au milieu de la boîte aux graines, je vois une petite boule toute couverte de petites perles, comme dans les œillets et dans les bruyères.

GRAND'MÈRE

Cette disposition des graines sur un placenta central et celle des étamines, caractérisent la famille des primulacées.

JEAN

Un placenta, c'est-à-dire un gâteau, un mets.

GRAND'MÈRE

Oui, le placenta est une sorte de gâteau qui nourrit les ovules pour leur développement.

MARIE

Mais lorsqu'il n'y a pas cette petite boule centrale dans l'ovaire?

GRAND'MÈRE

Il y a alors des placentas en bourrelets, le long desquels se développent les graines. Mais passons, c'est pour plus tard.

JOSÈPHE

Papa est peut-être encore à nous écouter dans le petit chemin creux.

— Descendons-y, voulez-vous, grand'mère ? hasarda Jean.

— Non, pas moi, répondit-elle. Mais voyez donc s'il n'y aurait pas au revers des fossés une petite fleur jaune, le long de rameaux traînants, garnis de petites feuilles rondes.

— La *chevelure de Vénus,* dirent les deux sœurs, devant le tapis de rameaux traînants, émaillés de petites étoiles d'or.

— La *Lysimaque numulaire*, corrigea grand'mère en recevant les échantillons qu'on lui apportait.

MARIE

C'est aussi une primulacée ?

GRAND'MÈRE

Primulacée en coupe, au lieu d'être en entonnoir, comme les primevères. Une autre Lysimaque, au port tout différent, fleurit aussi dans les fossés humides, au mois de juin. Elle est haute et rameuse, à fleurs jaunes, dont les lobes sont souvent retournés en arrière.

JEAN

C'est ennuyeux de ne pas trouver chaque fleur en toute saison,

GRAND'MÈRE

Y penses-tu? La diversité des campagnes est un de leurs charmes. Chaque saison apporte ses présents particuliers.

JOSÈPHE

Surtout le printemps.

MARIE

« La saison du renouveau, qui tout renouvelle, fleurs et oiseaux. »

GRAND'MÈRE

Vous rappelez-vous nos *cyclames*, que vous appelez des *nonettes*, je ne sais trop pourquoi.

JOSÈPHE

C'est qu'elles ont une petite coiffe retroussée comme celles des nones.

MARIE

Elles ont le tort de fleurir avant que leurs feuilles fassent autour d'elles un fond vert, qui les rendrait plus jolies.

GRAND'MÈRE

Elles sont longtemps fleuries, en sorte que leur fruit attend les feuilles qui doivent l'abriter.

JEAN

Mais les feuilles restent plus basses que les fleurs. Voyez sous le banc de la charmille, on en juge bien, quoique les fleurs soient disparues, elles étaient plus hautes, je me le rappelle.

GRAND'MÈRE

Mais les fruits sont plus bas que les feuilles.

MARIE

Pas possible, puisque le fruit vient dans la fleur qui est plus haute.

GRAND'MÈRE

Cherchez entre les feuilles, sur le sol.

JOSÈPHE

De petites têtes de serpents, avec une langue pointue. Oh! voyez donc le petit serpent est roulé en rond autour de sa tête.

JEAN

C'est la petite tige de la fleur qui est descendue en se contournant de la sorte ?

MARIE

Admirable moyen de trouver un abri pour les petites capsules.

JOSÈPHE

Pourquoi ont-elles une langue de serpent?

GRAND'MÈRE

C'est le style qui est resté au sommet de l'ovaire.

JEAN

Les primulacées sont une famille pour les demoiselles, j'aimais mieux les terribles solanées.

GRAND'MÈRE

Entre nos douces primulacées, une mauvaise espèce est aussi funeste aux oiseaux que les solanées pour nous; c'est le *mouron rouge*, dont les rameaux grêles se traînent en automne sur le sol des champs et des jardins.

MARIE

On dirait une petite lysimaque à fleurs rouges, mais pas d'un beau rouge; il a plutôt les teintes ternes des mauvaises plantes.

GRAND'MÈRE

Ses petites capsules en forme d'un œuf, s'ouvrent en deux moitiés, comme celles de la jusquiame.

JEAN

Ce nom de mouron veut peut-être dire qui donne la mort.

GRAND'MÈRE

Son nom savant est *Anagallis*, qui signifie rire éclatant; les anciens prétendaient qu'il combat la mélancolie.

JEAN

Il faudra en essayer de la tisane, lorsque nous nous sentirons de mauvaise humeur.

GRAND'MÈRE

Gardez-vous d'essayer tous les remèdes; il y en a de plus dangereux que le mal contre lequel on les conseille.

Quant à la mauvaise humeur, poursuivit-elle, c'est une triste maladie que je ne vous connais guère.

MARIE

Contre qui, vraiment, pourrions-nous être de mauvaise humeur?

JEAN

Contre la pluie, contre le soleil quand il me gêne, contre tout quelquefois, et contre moi-même.

MARIE

Ce n'est pas vrai tout cela; tu as le plus aimable caractère du monde.

JEAN

C'est que je mets toute ma volonté à me contenir.

GRAND'MÈRE

Tes espèces de mauvaise humeur sont feux de paille qui s'éteignent facilement. Mais j'ai remarqué plus d'une fois, en effet, que tu as de la volonté.

JEAN

Marie en a plus que moi, et la sienne est meilleure que la mienne.

— En quoi? voulut savoir grand'mère.

JEAN

En ce qu'elle ne l'emploie qu'à se rendre bonne, et moi je veux souvent l'exercer sur les autres.

— Pour te corriger, je ne t'obéirai plus, dit Josèphe d'un petit air déterminé.

— C'est ce que nous verrons, riposta Jean lui tendant la main.

Elle y mit ses petits doigts, en hésitant un peu, et il les serra pour rire, jusqu'à ce qu'elle eût fait promesse contraire à sa menace.

Lorsqu'elle put s'envoler, elle se sauva en se retournant pour répéter : Jamais, jamais je n'obéirai. — Et Jean la poursuivait l'appelant parjure.

CINQUANTE-QUATRIÈME CAUSERIE

QUELQUES FAMILLES ÉGARÉES

— Quelle drôle de figure vous avez ce matin, petit père, disait Josèphe, en regardant son père presque sous le nez.

— C'est toi qui as un drôle de petit minois, répondit-il prenant les mains de la petite fille pour l'éloigner un peu à reculons.

JOSÈPHE

Papa, je suis sûre que vous avez quelque chose à nous annoncer.

— Grand'mère s'en chargera fut toute la réponse.

Puis on entendit Médor saluer joyeusement l'appel de son maître, qui le choisissait pour compagnon de sa course matinale.

— Est-ce que le grand voyage est décidé? demanda Josèphe.

— Nous partirons lundi, si rien ne dérange les projetsde votre papa, répondit grand'mère.

— Ce voyage est triste pour le pauvre père, dit Marie.

GRAND'MÈRE

Il le doit à la famille de votre mère, qui a toujours eu beaucoup d'affection pour lui.

Mais je redoute les émotions de tant de souvenirs.

JOSÈPHE

Nous serons si gentils, que papa se consolera, vous verrez. Et puis il aura tant de choses à nous faire voir, je vais porter un panier pour nos promenades.

JEAN

Plutôt la boîte aux herborisations. Nos cousines nous feront trouver bien des plantes nouvelles.

GRAND'MÈRE

Nous attendrons ce temps-là pour les oliviers et les jasmins.

MARIE

Quelle bonne idée! Viennent-ils après les primulacées?

GRAND'MÈRE

La liaison n'est pas bien facile à établir, pas plus qu'entre de petites familles dont il faut pourtant dire un mot avant de quitter les corolliflores.

JOSÈPHE

Commençons toujours. Quelle fleur faut-il vous apporter?

GRAND'MÈRE

Une *Belle-de-jour* ou un *liseron convolvulus*.

MARIE

Ils ne sont peut-être pas éveillés, j'ai remarqué leurs habitudes peu matinales.

JOSÈPHE

En voilà qui fleuriront tantôt. Mais j'aime mieux ceux des haies, seulement on ne peut en faire des guirlandes parce qu'ils se ferment trop vite.

MARIE

Les petites clochettes roses de ceux qui se traînent sur le bord des chemins et sur la terre après les récoltes, ont le même désagrément. C'est peut-être pour cela qu'on les laisse vivre à leur place, sans les cueillir.

GRAND'MÈRE

Que Jean aille demander à son père un échantillon de *cuscute;* elle est aussi des *convolvulacées.*

JOSÈPHE

Je serai plus vite rendue que Jean. Où faut-il chercher la cuscute?

JEAN

Donne la main, nous irons dans le champ de trèfle.

GRAND'MÈRE

Et nous, Marie, allons dans le coin aux ajoncs.

Les deux bandes revinrent bientôt de leur excursion, et le père arrivait de son côté. On rapprocha les échantillons de Jean et ceux de Marie. Josèphe parut d'abord étonnée de les trouver différents, puis elle en prit son parti.

— C'est qu'il y a, décida-t-elle, deux espèces de cuscutes, la cuscute à feuilles de trèfle, et la cuscute à épines comme les ajoncs.

— Dites leur l'histoire de la cuscute, demanda grand'mère à son fils.

LE PÈRE

Elle a une toute petite graine blanche, grosse comme les plus petites perles dont Josèphe nous fait des bagues quelquefois; si vous semiez cette petite graine sur une de nos plates-bandes, elle lèverait et mourrait sous quelques jours. Mais lorsqu'elle lève près d'un pied de trèfle, ou de luzerne, ou d'ajonc, ou de genêt, elle s'allonge en une petite tige grêle, fine comme du crin, qui atteint la feuille ou la tige du trèfle ou de la luzerne et y enfonce un petit suçoir.

CUSCUTE

Plante entière sur une tige de luzerne.

JEAN

Elle devient à demi parasite, puisqu'elle a cependant le pied dans le sol.

LE PÈRE

Bientôt le pied de la tige se dessèche près du sol; et cependant elle s'allonge toujours, allant d'une feuille à l'autre, d'une tige à l'autre, les enlaçant de ses fils rouges, entre-croisés, comme l'écheveau le plus indébrouillable. Elle enfonce ses suçoirs de distance en distance, elle se couvre de paquets de petites fleurs plus ou moins rosées, qui se hâtent de porter des graines. Et comme on les recueille nécessairement avec celles du trèfle ou de la luzerne on les resème par conséquent, ce qui fait la désolation des cultivateurs.

JEAN

Est-ce donc une plante dangereuse ?

LE PÈRE

Non pas pour les animaux, mais pour les plantes auxquelles elle soustrait la vie en s'emparant de leur sève.

MARIE

J'ai vu des places où le trèfle avait tout péri sous les morsures de la cuscute ; la terre était toute nue.

JEAN

Ainsi notre échantillon n'est pas une cuscute à feuilles de trèfle, c'est un trèfle orné de cuscute sans feuilles.

Et celui de Marie est une branche d'ajonc sur laquelle la cuscute a filé son écheveau de crin rouge.

GRAND'MÈRE

A côté des convolvulacées, nous pouvons placer les *gentianées*, dont la corolle est aussi en cloche dans le plus grand nombre des espèces.

MARIE

Celles qui fleurissent sur nos terres arides, au milieu des bruyères, sont d'un bleu délicieux. Toujours dressées vers le ciel, elles semblent lui offrir l'hommage de leur beauté intérieure.

JEAN

Pas l'hommage de leur parfum, toujours.

— Ni de leur suavité, continua le père, elles sont amères par excellence.

GRAND'MÈRE

Il y en a de bien belles à fleurs jaunes ou purpurines sur les montagnes de vos cousines.

LE PÈRE

Ce sont les espèces majuscules, nous en trouverons aussi de minuscules.

JOSÈPHE

Les majuscules, ce sont les grandes, moi je suis une minuscule alors ?

GRAND'MÈRE

Vous connaissez la *petite gentiane* rose, *gentianelle* ou *petite centaurée*, que nous recueillons le long des haies, pour nos tisanes aux pauvres fiévreux.

JOSÈPHE

Encore une charmante belle qui ferme les yeux dès qu'on la tient dans la main ; impossible d'en faire des bouquets.

MARIE

Comme ma délicieuse gentiane bleue. J'en avais apporté à grand'mère en souvenir d'une course sans elle, avec papa. — Je crus que dans l'eau, elle se réveillerait, mais elle ne s'ouvrit jamais.

GRAND'MÈRE

Une autre jolie gentianée n'a pas ce désagrément ; c'est le *trèfle d'eau* ou *ménianthe*, aux grappes dressées de fleurs rosées en cornets tronqués d'un côté, comme la fleur, du marronnier d'Inde.

JEAN

L'autre printemps, grand'mère m'envoya à la pêche du ménianthe dans la petite île du bord de l'étang.

JOSÈPHE

Qu'est-ce que grand'mère en fit alors ? Pour l'herbier peut-être ?

JEAN

Pour sa pharmacie.

GRAND'MÈRE

C'est un excellent fébrifuge.

— Qui met la fièvre en fuite, expliqua Jean.

Je me rappelle, continua-t-il, que ses feuilles sont trois par trois, comme celles des trèfles, et il a une grosse racine couchée comme celles de l'iris des marais.

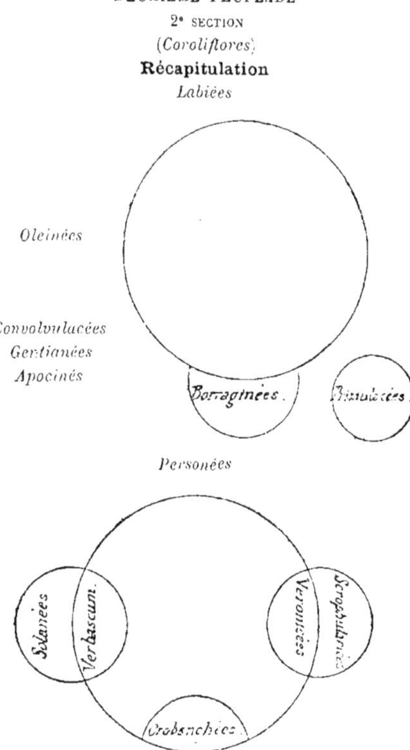

GRAND'MÈRE

Vous connaissez moins le *villarsia*, aux petites fleurs jaunes en épis courts, entre des feuilles flottantes, dont la forme rappelle, en moins grand, celle des nénuphars.

LE PÈRE

Nous avons commencé la journée par les fleurs, quelle infraction à nos habitudes ! Aussi nous n'avons rien dit de bien intéressant, ce me semble.

JOSÈPHE

Excepté la cuscute qui est la sangsue du trèfle et de l'ajonc.

MARIE

C'est par routine que nous connaissons les convolvulacées et les gentianées, nous n'en avons pas cherché les caractères.

LE PÈRE

Je ne vous dirai pas non plus ceux des *polygalées*, dont le nom est trompeur, car il signifie herbe au lait, et nos vaches n'en trouvent guère en nos prairies, où d'ailleurs ils sont petits et grêles, ne pouvant donner un fourrage important.

GRAND'MÈRE

Quelques *polygalas* étrangers sont jolis dans les serres.

Vous les prendriez à première vue pour des papillionacées.

LE PÈRE

Ils ont un calice coloré comme la corolle. Il est composé de 3 petites pièces extérieures, avec 2 grandes pièces en dedans des trois petites, et semblant les ailes d'un pois. La corolle est un cornet irrégulier, dans lequel les étamines sont réunies par leurs filets, avec leurs têtes dressées, séparées en deux gerbes, de 4 chacune.

— Maintenant, les *pervenches*, commença grand'mère. Mais non, dit-elle. Les devoirs d'abord.

POLYGALA

Fleur entière. — Coupe.

On se sépara pour les devoirs. Heureusement c'était le jeudi.

Il est probable que, dans le premier quart d'heure, les imaginations coururent plus rapidement que la plume sur le papier, mais l'habitude de l'application les ramena au travail. Je n'ai pas ouï dire qu'il fut inférieur à celui des jours les plus calmes.

Pour Josèphe, elle n'avait plus qu'une idée ; les préparatifs, les bagages, les boites, les cadeaux de petits ouvrages à emporter. Elle apparut dans la soirée, un panier de pêche en bandoulière sur l'épaule, une longue tige de saule en bâton des montagnes, sa robe courte retroussée à la façon des pêcheuses et son chapeau de jardin relevé sur une oreille.

— Va vite nous chercher des pervenches, se hâta de dire grand'-mère, afin qu'elle ne troublât pas le travail des ainés, repris avec grand courage.

Puis, comme elle revenait trop promptement, grand'mère lui dit quelques mots en secret et la petite fille s'éloigna de nouveau.

Lorsque thèmes, versions, narrations, dessins, furent terminés, Jean voulut savoir par quelles paroles magiques grand'mère avait congédié petite sœur sans la chagriner.

— Demande-le à elle-même, dit grand'mère, la voyant revenir, et surtout ne te moque pas de son accoutrement, puisqu'il l'amuse.

— Est-ce que grand'mère t'a envoyée en pénitence, commença Jean, prenant sa sœur par un bras et la faisant pirouetter pour voir le costume sous toutes ses faces ?

— Grand'mère m'a envoyée en mission scientifique, monsieur, répondit Josèphe avec une grande dignité. Puis elle éclata de rire, ce qui permit aux autres d'en faire autant.

— Enfin on s'expliqua ; grand'-mère m'avait demandé, continua la petite montagnarde, de lui apporter cette branche de *laurier-rose*, qui a des fleurs blanches.

— Elle avait dit cela ? questionna Jean.

JOSÈPHE

Elle avait dit : Va chercher une branche d'un petit arbuste dont la fleur ressemble à celle des pervenches. N'est-ce pas que j'ai bien deviné ?

On ne put qu'applaudir. Grand'mère fit remarquer l'obliquité des 5 pétales de la pervenche et surtout les poils qui naissent à la gorge de la corolle pour s'enchevêtrer avec ceux dont le style et les étamines sont pourvus à leur sommet. On y reconnut un abri pour l'ovaire, placé au fond d'une corolle en tube ouvert.

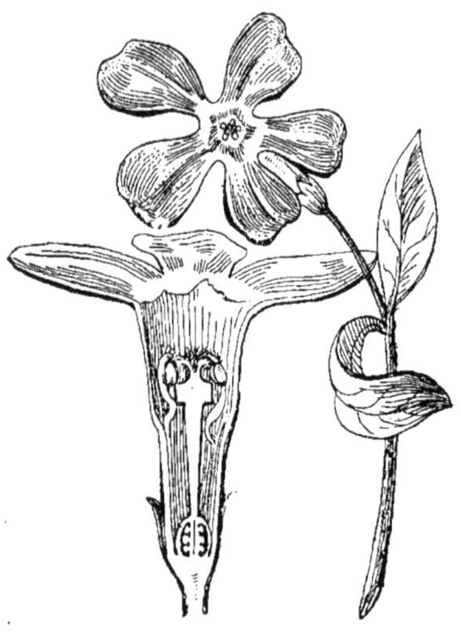

PERVENCHE

Sommité fleurie. — A gauche coupe de la fleur montrant l'ovaire, le pistil et les étamines

— La précaution est grande, remarqua Jean, car la gorge de la corolle est fermée déjà par 5 petites dents intérieures, comme celles des bourraches : les pervenches ne sont pas de la même famille, pourtant ?

Elles sont de la famille des *apocynées*.

— *Tue-chien*, traduisit Jean.

C'est que les *apocyns* sont des poisons violents. Ils nous fournissent la noix vomique, dont une petite dose suffit à foudroyer un chien, c'est dans le suc de certaines espèces d'apocyns que les sauvages trempent la pointe de leurs flèches pour tuer sûrement leurs ennemis, en leur donnant une attaque de tétanos, qui les jette morts sur-le-champ.

MARIE

Les pervenches et les lauriers roses ne sont pas dangereux, j'espère ?

GRAND'MÈRE

Toutes les apocynées ont un suc laiteux plus ou moins excitant, mais à un faible degré dans les nôtres. Les apocyns sont étrangers, même à l'Europe, je crois.

JEAN

Voilà toutes les apocynées ?

GRAND'MÈRE

Les *asclépias* en sont bien voisins. On les cultive en quelques départements du midi, pour les houppes de poils cotonneux qui naissent à l'extrémité de leurs graines, et qu'on emploie pour faire de la *ouate*. On n'a pu réussir à les filer.

CINQUANTE-CINQUIÈME CAUSERIE

OLIVIERS ET JASMINS

Avec leurs grands sommets, leurs neiges éternelles,
Par un soleil d'été, que les Alpes sont belles!

Lorsque le chemin de fer eut emporté nos voyageurs en vue des montagnes lointaines, Jean et Marie se sentirent émus. Ces crêtes vaporeuses, échelonnées jusque dans les nuages, leur semblaient des degrés pour atteindre le ciel des âmes et des anges, et monter vers l'infini.

Une longue route les séparait encore du but de leur voyage. Enfin, voici la dernière gare et les amis sont là. On se reconnaît, on s'embrasse, on reste la main dans la main, pour être plus sûr de ne pas se séparer. Le trajet sera court jusqu'au Val d'en-bas.

Grand'mère s'attarda, suivant le pas de Marguerite.

Les autres la précédaient par groupes.

La vieille tante n'avait pu quitter son fauteuil; elle tendait les bras aux arrivants, les enfants s'y précipitèrent et leur père pencha sa tête au dessus de leurs têtes, pour avancer son front avant les leurs.

Elle reconnaissait Jean aux traits de sa mère, disait-elle, caressant son jeune front. Marie en avait la voix et Josèphe les cheveux. Elle voyait tout cela avec ses mains, ses yeux étaient fermés depuis vingt ans. Mais elle permit de la quitter; tout le petit monde d'enfants avait tant de choses à se dire, à se montrer, à se conter.

A l'heure du dîner, bien des projets étaient déjà mûris pour le lendemain, et chaque jour on en fit pour celui qui devait suivre.

Comme les deux grand'mères se faisaient société, tous les autres étaient des excursions, sauf Marguerite qui restait entre ses deux vieilles amies avec son babil et ses jeux.

Le temps passa vite; voilà que les deux semaines touchaient à leur fin.

Avez-vous lu, petit lecteur, le conte de *la Belle et la Bête*?

— Non, c'est trop vieux, vous en ririez. Il me faisait frémir et pleurer.

La Belle est une charmante jeune fille, qui demeure toute seule dans un grand palais désert, où une horrible bête vient la voir tous les soirs et veut l'épouser.

Cependant elle permet quelquefois à la Belle d'aller voir son père. Et il lui suffit pour faire ce voyage de mettre sa bague sur la table près d'elle, au moment de s'endormir.

Josèphe savait ce conte-là; lorsqu'on parla de départ, elle rappela que la Belle promettait toujours de revenir.

On le promit et après deux nuits, sans avoir mis de bague sur la table, on s'éveilla dans la maison paternelle

> Avec ses hauts tilleuls, sa rustique chapelle,
> Au matin du retour, on la retrouva belle.

Cependant les soirées s'allongeaient, Marie les employait à marquer le trousseau de son frère.

Josèphe ourlait des mouchoirs, sous la direction de sa grand'-mère. Jean rentra avec son père.

— Tu as odeur de jasmin, dit-il à la petite en la tirant par ses nattes tombantes.

— C'est l'odeur de mes cousines, répondit-elle en secouant son mouchoir qu'elle venait de parfumer. Nous essaierons d'en faire à la saison prochaine.

— Je ne serai pas là pour vous aider, dit son frère un peu tristement.

— Une idée, reprit la petite fille, si nous préparions d'avance le petit appareil, Marie a tout ce qu'il faut.

— Et vous m'en avez fait un secret,? reprocha Jean.

— Pour ne pas t'affliger, intervint Marie, parce que tu ne seras plus avec nous.

Josèphe apporta l'appareil; c'était un cornet renversé, fermé à la base, ouvert au sommet, et composé de tronçons qui s'emboitaient les uns dans les autres.

— Comment employez-vous cette petite machine? demanda Jean.

— Remarque, expliqua Marie, que chaque tronçon est muni d'un petit tamis qui le ferme à sa base.

— Eh bien! vous mettez des fleurs de jasmin dans tous ces compartiments? questionna Jean.

JOSÈPHE

Celui du bas sera vide; le second aura un lit de jasmin; le troisième un lit de coton; le quatrième un lit de jasmin, et toujours de la sorte, pourvu que le dernier d'en haut soit en coton, n'est-ce pas Marie?

JEAN

Et l'odeur du jasmin parfumera les flocons de coton?

MARIE

Sur chaque lit de coton, nous verserons un peu d'huile de Ben, que Maurice nous a donnée. Elle descendra doucement sur chaque couche de jasmin pour dissoudre une sorte d'huile parfumée qui est dans les pétales.

JEAN

Pourquoi ne pas presser sous un mignon pressoir les pétales du jasmin pour en obtenir l'huile qu'elles contiennent?

GRAND'MÈRE

C'est une huile volatile qui s'évapore aussitôt qu'elle est libre. Au lieu que mêlée à une huile grasse, elle ne peut plus se volatiliser et l'huile grasse en reste parfumée.

JOSÈPHE

On pourrait peut-être aussi bien mettre d'autre huile si on n'avait plus de celle de Maurice.

GRAND'MÈRE

On choisit celle de Ben, parce qu'elle se conserve sans s'épaissir ni rancir.

JEAN

Vous m'enverrez vos résultats sur ma terre d'exil, je croirai être encore avec vous sous les jasmins du Val d'en bas.

— Pauvre Jean! dit Josèphe, nous t'enverrons de tout dans nos lettres.

Tu sais, poursuivit-elle de sa voix câline, j'apprends bien à écrire pour que tu lises mes mots sans te tromper.

— Cependant, ajouta doucement grand'mère, il ne faudra pas trop penser à nous, pour ne pas te distraire de ton travail.

— J'y penserai pour travailler vaillamment, répliqua le jeune homme. Achevons d'étudier nos familles, voulez-vous? grand'mère.

LILAS
Rameau fleuri.

GRAND'MÈRE

Le *lilas* touche aux *jasmins*, bien que sa corolle soit en cornet peu ouvert, au lieu d'être étalée en roue; bien qu'elle ait quatre divisions tandis que les jasmins en ont de cinq à huit; bien qu'il n'y ait qu'une seule graine dans chacune, des deux loges de son ovaire, tandis que les jasmins en ont deux.

JEAN

On greffe les lilas sur les *troènes*, il faut qu'ils soient de la même famille. Les troènes ont cependant de petites baies noires, au lieu de capsules.

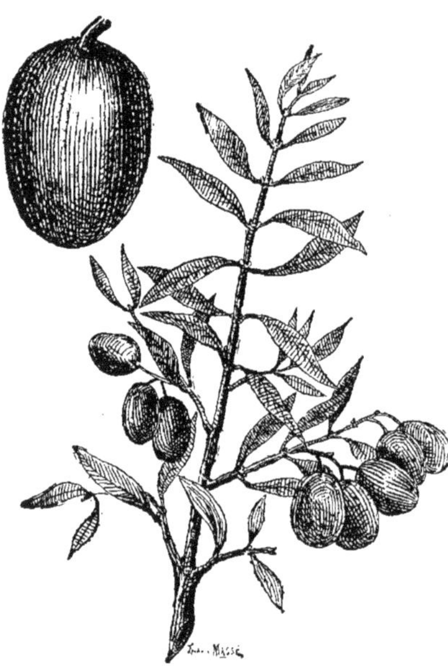

OLIVIER
Rameau portant des fruits ; à gauche, en haut, olive de grosseur naturelle

MARIE

Les fleurs de l'*olivier* sont bien comme celles des troènes, mais leur fruit ressemble à une petite prune.

JOSÈPHE

Canard aux olives, ce n'est pas merveilleux, quoique ce soit bien vanté.

GRAND'MÈRE

L'huile d'olive est la meilleure de toutes pour nos tables. Elle est l'objet d'un commerce important.

JEAN

Les olivier sont tristes sans un paysage, leurs rameaux trop maigres ont des feuilles sans élégance, et d'une teinte qui semble avoir traîné dans la poussière des grandes routes.

Son voisin le *frêne*, aux feuilles d'un beau vert, laissant passer la lumière entre leurs folioles espacées, est d'un meilleur effet.

MARIE

Ses mouches vertes, aux teintes à reflets sur leur long corsage, me dégoûtent, parce que je sais à quoi on les emploie.

JOSÈPHE

Qu'en fait-on, Marie ?

JEAN

On les fait rôtir au soleil, on les pile dans un mortier, et si tu mettais ce soir sur ta joue un petit emplâtre de cette poudre de mouches, tu y aurais demain une belle ampoule pleine d'eau et une écorchure.

JOSÈPHE

Oh! les vilaines mouches.

JEAN

Ce sont des scarabées, c'est-à-dire des mouches qui ont deux ailes très dures sous lesquelles elles replient leurs ailes de gaze, lorsqu'elles ne veulent pas voler.

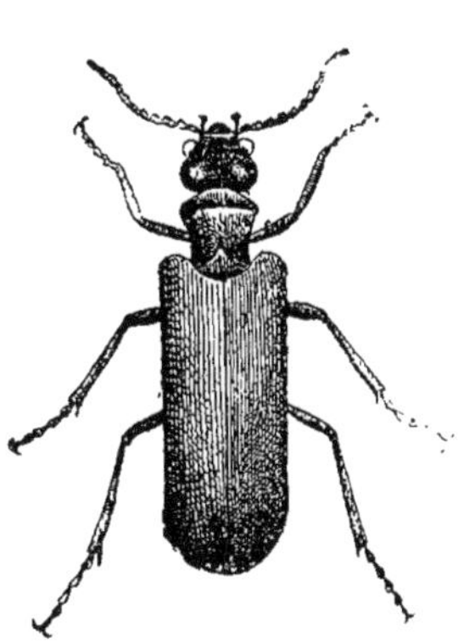

CANTHARIDE DU FRÊNE
Grossie de près du double.

JOSÈPHE

Comme les cerfs noirs qui volent le soir.

GRAND'MÈRE

C'est aussi une espèce de frêne qui fournit la manne de nos pharmacies.

JOSÈPHE

J'en ai pris dans du lait, quand j'étais malade, on dirait de mauvais miel fade.

MARIE

Pour l'aspect, on dirait une résine comme celle qui coule des pins sur la route de Bordeaux.

GRAND'MÈRE

La manne n'est pas une résine, mais elle coule aussi par des incisions faites dans l'écorce *du frêne à la manne.*

LE PÈRE

Sous le ciel très chaud de l'Italie, elle suinte pendant le jour à travers les pores de l'écorce. Le froid de la nuit la durcit en petites gouttelettes, et le matin, l'arbre en est couvert comme d'un givre.

JEAN

Jasmins, lilas, olives, frênes, je ne vois pas comment faire un nom de famille avec cela.

MARIE

On peut dire les *Jasminées.*

LE PÈRE

L'olivier se nomme olea, arbre à l'huile, si vous voulez.

JEAN

Huile, olei, je crois. On peut dire les *Oléinacées.*

GRAND'MÈRE

Ou simplement les *Oléinées.*

— Adopté, dirent les enfants.

— C'est la dernière famille des corolliflores, termina grand'mère. Cherchez pour demain ce que c'était qu'une chlamyde. Nous avons besoin de le savoir pour les familles qui nous restent à connaître.

CINQUANTE-SIXIÈME CAUSERIE

FAMILLE SANS ÉCLAT PORTANT COLLERETTE EN SA LIVRÉE

— Papa demande si grand'mère veut faire une promenade au champ du moulin, dit Jean, qui en revenait tout essoufflé.

JOSÈPHE

Grand'mère, permission d'emporter la petite poule blanche à la petite *moulinière*, je l'ai promise.

— Courons l'attraper, dit Jean ; Marie aidera grand'mère à partir.

Blanchette fut installée dans un panier que Josèphe passa à son bras, et les voilà tous le long des sentiers ou des chemins creux, entre des champs et des prairies.

Poule blanche occupait Josèphe ; les aînés se tenaient près de grand'mère.

— Avez-vous trouvé, leur dit-elle, ce que c'est que la chlamyde gauloise ?

— Une sorte de blouse courte, qui ne descendait pas au-dessous du genou, répondit Marie.

— Leur unique vêtement de dessus et de dessous, ajouta Jean.

— Pourquoi n'auraient-ils pas eu sous la chlamyde, un autre vêtement ? demanda Marie.

GRAND'MÈRE

Quoi qu'il en soit des Gaulois nos ancêtres, dans la deuxième peuplade du royaume de Flore, on porte généralement double vêtement, double chlamyde, si vous voulez.

— Calice et corolle, acheva Marie. Lequel des deux est la vraie chlamyde de dessus ? continua-t-elle.

— La vraie chlamyde, c'est le calice, décida Jean ; il est le pardessus de la corolle.

— Mais toutes les familles qui nous restent à étudier ne portent que leur pardessus, sans habit ; ou leur habit sans pardessus, reprit grand'mère.

MARIE

Elles n'ont que calice ou corolle, une seule chlamyde.

JEAN

Appelons-les *monochlamydées*.

GRAND'MÈRE

C'est précisément le nom qu'on leur donne pour les réunir en une 4e section.

Elles portent généralement la livrée verte, continua-t-elle, avec quelques teintes d'un blanc verdâtre ou rosé en certaines espèces.

— Voici, petit père, s'écria Josèphe. Et elle courut vers lui.

— Que portes-tu là-dedans ? dit-il en soulevant le couvercle du panier.

Il se trouva qu'elle n'avait plus rien à porter ; Poulette avait pris permission de s'envoler, battant des ailes au visage de la petite fille tout effarouchée.

Il y eut un cri de désolation et tous de vouloir courir après le volatile qui n'en voletait que mieux.

SARRASIN

Plante entière fleurie. — Graine. — Coupe longitudinale de la graine.

Elle s'égara entre les lignes des petites gerbes de blé noir, dressées debout, mais bientôt elle s'attarda à les décoiffer de leurs graines ; on put alors la cerner et la prendre; le panier devint prison une seconde fois.

Josèphe saisit la main de son père, et jugeant qu'elle avait droit sur lui pour lui faire expier sa faute, elle l'entraîna vers le moulin.

— En les attendant, dressons ici notre tente, dit Jean, ouvrant, pour asseoir grand'mère, le pliant qu'il avait apporté sur son épaule.

Et grand'mère commença quelques points à son tricot accoutumé, pendant que les enfants allaient s'éloigner pour une exploration.

— Attends, fit Marie à son frère. Elle venait de cueillir une grappe de *sarrasin* encore en fleur.

— Monochlamydée ? demanda-t-elle en se rapprochant de sa grand'mère.

— Un seul ovaire, fit remarquer Jean.

— Voyez le fruit sur ces gerbes grainées, indiqua grand'-mère.

JEAN

C'est une petite coque à trois faces triangulaires, pointue au sommet.

GRAND'MÈRE

A cause de ce fruit à 3 côtés, le sarrasin est appelé *polygonum*, et la famille *Polygonées*.

— A plusieurs faces, acheva Jean.

— Ce sont les Sarrasins, je suppose, qui nous ont apporté ce grain ? questionna Marie.

— Avant ce temps-là, dit Jean, les Bretons ne vivaient pas de leurs chères galettes.

Je m'imagine que Josèphe en mange au moulin à notre santé, continua-t-il.

— Et voilà votre père qui revient nous inviter à la rejoindre, dit grand'mère pliant son tricot pour partir.

— Que faites-vous de Josèphe ? dirent-ils.

— Elle fait de la galette, répondit M. Max. Je viens vous inviter à en goûter.

Chemin faisant, on remarqua sur des tas de terreau, le long d'un fossé, de petits pompons verts, et de petits pompons rougeâtres ; les uns simples, les autres à ramifications.

Grand'mère les nomma des *polygonums renouées*. Elle appela : collerette, 3 petites pièces membraneuses réunies en anneau sur la tige, à la base des feuilles.

Et M. Max les fit considérer comme un trait commun à toute la famille des *Polygonées*.

— Les *rumex*, *parelles* et *oseilles*, forment un second groupe dans cette famille, dit grand'mère.

MARIE

L'oseille acide et l'amère parelle ont une saveur tout autre que le blé noir.

LE PÈRE

Quelques espèces de blé noir ont bien leur part d'amertume, qui empêche d'en utiliser la farine pour notre usage.

Jean coupa une branche de parelle, fleurie au bord du chemin et la présentant à son père :

Une seule chlamyde de six pièces, dit-il.

— Six étamines, ajouta Marie après examen, et 3 petites houppes de soies rouges à leurs pieds.

— Essayez de taquiner ces petites houppes, conseilla grand'-mère, offrant une des aiguilles de son tricot.

MARIE

Les voilà dressées et aussi hautes que les étamines.

JEAN

Maintenant, je les reconnais bien pour trois styles.

GRAND'MÈRE

Ils étaient enroulés au pied des étamines, à l'abri intérieur de la chlamyde, jusqu'à l'heure du complet développement.

JEAN

Voyez donc sur cette autre grappe en graine, 3 des pièces de la chlamdey sont dressées et soudées chacune par le milieu sur un des angles de l'ovaire.

MARIE

Et leurs bords restent libres, ce qui fait à la petite coque trois paires d'ailes pour s'envoler.

GRAND'MÈRE

Dans les rumex, oseilles, les 6 étamines et les 3 pistils ne se trouvent pas sur le même pied.

RUMEX OU PATIENCE
Sommité fleurie.

— On dirait des pieds à 6 étamines et des pieds à 3 étamines, dit Jean après avoir trouvé deux pieds différents de la petite oseille commune.

GRAND'MÈRE

Notre grande rhubarbe, aux feuilles plus larges que des assiettes, et aux longues grappes de petites fleurs blanches est aussi un rumex.

OSEILLE

MARIE

Les grosses côtes des feuilles ont une saveur acide comme celle de l'oseille.

JEAN

Et la grosse racine est amère comme celle des parelles.

On entendait le tic tac du moulin, ce qui empêchait d'entendre celui des petites faiseuses de galettes. Il cessa du reste pour la part de Jeannette, lorsque les dames entrèrent dans la grande pièce où les deux enfants surveillaient la cuisson d'une large galette déjà retournée par la meunière.

La petite fille se cacha derrière Josèphe, qu'elle débordait cependant de la tête. Chacun lui fit des bonjours à sa manière, le même silence répondit à tous. Pour Josèphe, avec un tablier d'emprunt, une large cuiller à pâte dans la main, la *tournette* de l'autre, elle était heureuse de son métier, comme si elle l'avait inventé.

— Voyez, grand'mère, comme elle est dorée, je la beurrerai moi-même sur la *tuile*. En voulez-vous une très mince pour mettre dans du lait?

— Elles sont blanches comme si elles étaient en farine de froment, dit la grand'mère pour compliment à la meunière.

— Madame sait bien que le froment les rendrait dures, répondit la ménagère. Mais notre farine est si belle qu'on ne dirait pas de blé noir.

Jeannette avait fini par disparaître; Josèphe la suivit dans une visite à la poule blanche, au milieu d'un petit poulailler très animé par l'arrivée d'une nouvelle venue.

Fillettes et poulettes s'entendirent si bien que le retour dût être sonné par Jean dans la grosse corne de terre, sans quoi il n'eût ramené qu'une de ses sœurs.

Il y avait eu bon goûter; il y eut de bons adieux.

On avait fait plaisir à tous et pris plaisir à tout.

Souhaitons-leur pareil lendemain.

CINQUANTE-SEPTIÈME CAUSERIE

LES FEUILLES EN PATTES D'OIE

Jean voulait faire ses adieux à toutes les maisonnettes des environs dont les habitants utilisaient la petite pharmacie ou la bibliothèque de grand'mère.

Par un chemin montant, rocailleux, mal aisé, on arriva un jour devant un tertre couronné de quelques rochers.

Au pied du monticule, un puits aux murs crevassés garnis de lierre et de ronces.

De l'autre côté du sentier, une maisonnette toute basse, enclose d'un jardin que fermait une haie fleurie.

De grands choux pour la vache, des potirons rebondis, des lignes de haricots dorés donnaient à l'ensemble un aspect d'humble prospérité.

Assise devant la porte ouverte, avec un gros garçon sur les genoux, une femme égrainait des pois pour le repas du soir.

— Pardon de ne pas me lever, dit-elle, continuant son travail; Charlot s'éveillerait.

— Ne le dérangez pas, répondit grand'mère, nous aimons à faire le tour du jardin, si vous le permettez; et je voudrais trouver vos épinards à graine.

ÉPINARDS

— Ils sont durs, objecta Mathurine, mais c'est peut-être meilleur pour vos remèdes.

— Ce n'est pas cela, dit grand'mère; je voudrais en faire voir la fleur à mes enfants.

— Madame sait bien que les épinards n'ont pas de fleurs, reprit la maraîchère, ils n'ont que des graines.

— C'est impossible, contredit Jean, et il commençait des explications inutiles.

Marie l'entraîna vers l'autre bout du jardin, pendant que Josèphe restait près de Charlot, dont elle guettait le réveil.

Grand'mère suivit les aînés jusqu'au coin caché, où quelques pieds d'épinard élevaient leurs tiges jaunâtres, chargées de petits épis grêles, aux petites fleurs verdâtres.

— Le fait est, remarqua Jean, que ces épis-là ne rappellent guère ce qu'on entend généralement par des fleurs.

— Étudiez-en deux pieds différents, dit grand'mère.

— Une seule chlamyde, prononça Marie.

— Sur le mien aussi, déclara Jean, avec cinq pétales et cinq ovaires.

— Dans le mien, trois divisions.

— Trois divisions ou pétales et trois styles sur l'ovaire, poursuivit Marie, mais pas d'étamines.

— On dirait des cousins de l'oseille, n'est-ce pas grand'mère? mais pas de collerette au pied des feuilles.

— Et bien d'autres différences, répondit grand'mère.

— C'est une autre famille? demanda Marie.

GRAND'MÈRE

Famille des feuilles en pattes d'oie.

— Mais, son vrai nom ? insistèrent les enfants.

GRAND'MÈRE

Chénopodées ou *Ansérinées*, ce qui veut dire, vraiment, pattes d'oie.

— Les fleurs des betteraves semblent bien cousines des épinards ? disait Marie.

GRAND'MÈRE

Avec cette différence que dans la betterave, les étamines et l'ovaire sont dans la même fleur.

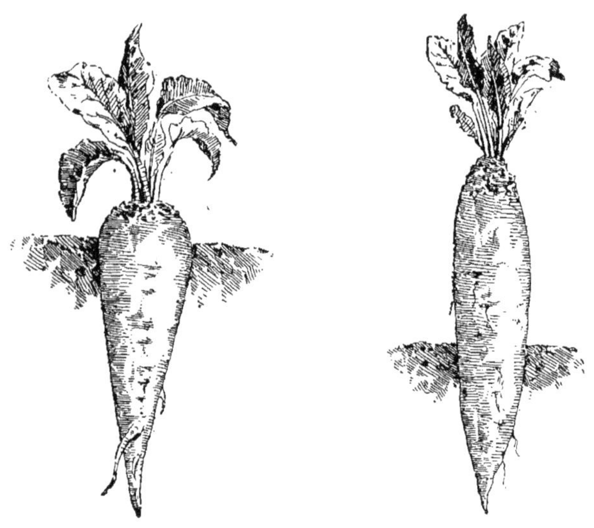

BETTERAVE

Betterave fourragère. Betterave à sucre.

La ménagère s'avançait avec Charlot couché en travers sur son épaule, pour rire à Josèphe qui suivait. Grand'mère demanda des nouvelles du mari, du ménage, des trois grands garçons qui étaient à l'école. On alla voir la vieille mère aveugle qui filait au soleil, gardant une fillette qui gardait la vache le long du chemin, par l'autre côté.

C'était justement la route par laquelle M. Max devait venir à leur rencontre, dans le champ de betteraves.

— Eh bien ! demanda-t-il, avez-vous trouvé des épinards en graine?

— Je savais qu'ils en ont en cette saison, dit grand'mère.

— Pourquoi arrachez-vous vos betteraves avant qu'elles aient des graines ? demanda Jean.

— Parce qu'elles gèleraient en terre cet hiver, expliqua le père. Nous les replanterons au printemps, elles pousseront de nouveau pour fleurir et porter leurs graines.

— Épinards et betteraves ont un suc douceâtre, commun à un grand nombre d'espèces, fit remarquer grand'mère.

LE PÈRE

Vous savez qu'on cultive la betterave en grandes étendues pour nos sucreries et nos distilleries.

GRAND'MÈRE

Autrefois tout le sucre nous venait des cannes à sucre, cultivées dans les colonies.

MARIE

Ah oui, mais lorsque Napoléon voulut empêcher qu'on en fît venir des colonies, il disait à tous les savants : « Faites-moi du sucre, sans cannes à sucre. »

JEAN

Et papa m'a raconté que lorsqu'ils essayèrent d'en faire avec des betteraves, on commença par se moquer de l'invention.

MARIE

Grand'mère vivait dans ce temps-là, car elle m'a dit qu'on avait affiché sur les murs une image du petit roi de Rome, avec un vieux grenadier qui lui présentait une betterave, et il y avait au bas de l'image : « Prends, petit; papa dit que c'est du sucre. »

— Prends, Charlot, s'amusa à dire Josèphe en montrant au marmot une betterave aussi grosse que lui, ce qui les fit rire tous les deux, et Mathurine trouva beaucoup d'esprit à la petite demoiselle.

DEUXIÈME PEUPLADE

4e SECTION

(*Monochlamydées*)

I

Polygonées

Rumex

Rumex

Oseille

Polygonum

Blé noir

Polygonum

MARIE

Sans les betteraves, la famille n'a pas grande importance pour nous, n'est-ce pas, grand'mère ?

LE PÈRE

Quelques groupes, spéciaux aux terrains maritimes, y sont cultivés pour la soude que réclament nos savonneries.

— Savonneries, sucreries, distilleries, quand pourrais-je voir tout cela? disait Jean.

Josèphe tournait autour de sa grand'mère, essayant de fouiller dans ses poches à ressources, comme elle les appelait. Enfin, elle lui dit un petit mot à l'oreille et grand'mère répondit en tirant de sa poche un petit sac dont elle avait oublié la destination.

— « Prends, petit, c'est du sucre », répéta Josèphe présentant les bonbons à Charlot.

Pour le coup, la mère l'admira comme une enfant prodige.

CINQUANTE-HUITIÈME CAUSERIE

LE SORCIER DE LA HUTTE

N'iras-tu pas dire bonjour au sorcier de la hutte? avait conseillé M. Max à l'embranchement d'un sentier.

ÉPURGE
Sommité fleurie.

— Allons-y tous trois, demandèrent les enfants.

— Vous m'apporterez, ajouta grand'mère, un rameau de la grande plante à feuillage bleuâtre, qu'il cultive aux côtés de sa porte.

— Oui, oui, répondit Josèphe, les feuilles sont tout le long de la tige domme les échelons du perchoir de Jacquot, le perroquet.

— C'est la *grande épurge*, ajouta Marie.

— Ce qui veut dire qu'elle *purge*, qu'elle est purgative, expliqua le père. Aussi le bon sorcier l'emploie pour certaines maladies des vaches.

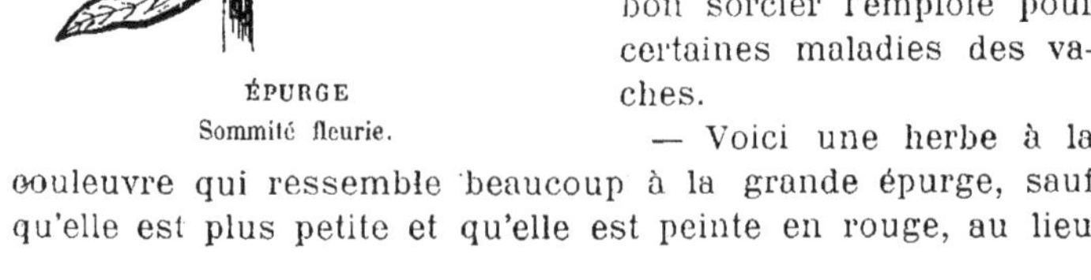

— Voici une herbe à la couleuvre qui ressemble beaucoup à la grande épurge, sauf qu'elle est plus petite et qu'elle est peinte en rouge, au lieu d'être peinte en bleu, disait Jean à ses sœurs tout en cheminant.

— Étudions-la, proposa Marie.

— Elle est peut-être aussi un poison, objecta Josèphe.

— Nous ne la mangerons pas en salade, répondit son frère. Cherchons seulement comment ses fleurs sont faites.

D'abord Jean reconnut un calice vert, en forme de petite coupe basse et dix ou quinze étamines. Puis Jean s'avisa que l'ovaire n'était point au fond de la coupe, entre les étamines, mais il pendait par-dessus les bords, au bout d'un long filament grêle.

Ils crurent avoir tout compris et ils babillèrent de bien d'autres choses jusqu'à la hutte.

Le sorcier n'était pas chez lui, mais sa porte restait toujours ouverte, ils entrèrent comme chez un vieil ami. La table, les bancs, les escabeaux, le plancher tout était caché sous des herbes étendues à sécher ; d'autres plantes étaient attachées par paquets à toutes les hauteurs sur les murailles.

— Pourquoi l'appelle-t-on le sorcier ? interrogea Josèphe.

— Parce qu'il fait des guérisons merveilleuses avec certaines plantes, qu'il trouve et prépare lui-même, répondit Marie.

— On dit qu'il est un peu médecin, ajouta Jean. En sorte qu'il connaît beaucoup de maladies et il sait les soigner.

— Comme grand'mère, dit Josèphe.

Ils regardaient toutes ces herbes et s'amusaient à en nommer quelques-unes, lorsqu'une voix un peu tremblante, leur souhaita la bienvenue à la hutte.

Un petit vieillard aux cheveux blancs s'était arrêté sur le seuil, appuyé sur un long bâton. Il leur sourit affectueusement et s'informa du but de leur visite.

— C'est que grand-mère nous envoie vous demander une branche d'épurge, monsieur Jérôme, répondit Josèphe.

— Eh bien ! trouvez-là vous-même, ma mignonne, dit le vieux docteur, mais prenez garde à sa mitraille.

On entendait, en effet, les petites coques d'épurge qui éclataient au soleil, dispersant au loin leurs graines, comme les grains de plomb que lance le fusil du chasseur.

— Singulière plante ! remarqua M. Jérôme. Avez-vous distingué toutes ses petites fleurs enfermées dans une petite coupe verte ?

— Toutes ses étamines, dit Marie.

— Ah ! vous prenez la coupe verte pour une corolle, continua M. Jérôme. Ce n'est qu'une collerette de trois feuilles entourant dix à quinze fleurs à étamines, sans ovaire.

— Alors chaque étamine est une fleur, avec une petite pièce verte pour toute corolle, demanda Marie, dépeçant une à une toutes les prétendues étamines et trouvant au pied de chacune d'elles comme un petit pétale étroit, vert, frangé sur ses bords.

RICIN
Feuille. — Fleurs. — Graine.

— Mais ne mettez pas vos doigts à votre visage après cette dissection, recommanda le vieux docteur, les Euphorbes ont un suc âcre dont il faut se défier.

— J'ai lu, commença Jean, que les sauvages de l'Afrique centrale l'emploient pour empoisonner la pointe de leurs flèches.

— Dans les climats chauds, les plantes sont plus dangereuses ou plus bienfaisantes que dans le nôtre, répondit le vieillard.

Josèphe longeait une vieille haie de *buis*, jouant avec les petites coques vertes à trois cornes, tombées sur le sol de l'allée.

— Encore une Euphorbiacée, enseigna le vieux docteur. Mais ses petites fleurs jaunâtres sont plus franchement incomplètes que celles des Euphorbes. Voyez, étamines dans les unes, ovaire dans les autres.

Je ne vous parlerai pas des *mercuriales* ou *ramberges*, vous les trouverez partout sur les terrains cultivés.

Mais ces beaux *ricins* valent la peine que je vous les présente, continua-t-il, conduisant les visiteurs devant une ligne de grandes plantes, aussi hautes que la hutte, avec de larges feuilles aux profondes découpures, et une tige grosse comme celle d'un jeune arbre, couronnée de petites fleurs jaunes, réunies en petits paquets globuleux.

— Les petits bouquets d'étamines jaunes sont faciles à distinguer, dit Marie.

— Et ces petites houppes de soies rouges, en paquets au pied de la quenouille d'étamines, ce sont les styles de très petits ovaires, acheva M. Jérôme.

— La coque est toute épineuse, remarqua Jean, et ses trois graines ressemblent à certains scarabés tachetés de blanc.

— Ou à des haricots bigarrés, ajouta Josèphe.

— Leur germe contient une huile purgative, que les médecins emploient quelquefois, dit-il comme une menace à Josèphe.

Si nous étions dans certaines terres australes, continua-t-il, je vous recommanderais de ne pas chercher un abri sous les séduisants *Mancenilliers*, encore de cette traître famille.

DEUXIÈME PEUPLADE
4e SECTION
(*Monochlamydées*)
II
Euphorbiacées

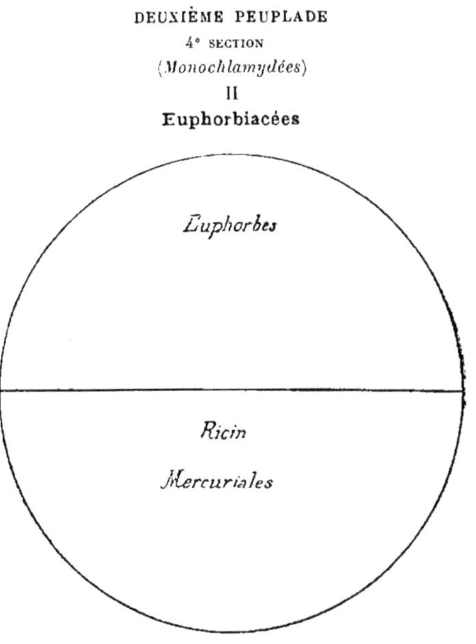

— Les pommes rouges qui donnent la mort, acheva Josèphe. J'ai vu cela dans les images de Jean.

— On dit même, continua le vieux docteur, que dormir sous son ombre, suffit pour la donner. Du moins, il est certain que la pluie, filtrant à travers son feuillage, si elle tombe sur le visage ou sur les mains, y cause des brûlures.

— Je vais vous dire adieu, monsieur Jérôme, dit Jean, c'est bientôt le temps de mon départ.

— Courage, mon enfant, lui souhaita le vieillard; vous êtes en âge de travailler avec fruit. Donnez à vos parents le bonheur qu'ils méritent, ajouta-t-il avec émotion.

Il tendit la main à l'enfant, et rentra seul dans sa hutte isolée.

CINQUANTE-NEUVIÈME CAUSERIE

LES FIGUES ET LES MURES

Mariette aux pieds nus, comme l'appelait Josèphe, passait devant la grille, portant sur sa tête une corbeille de figues, enguirlandée de pampres pendants, qui coiffaient l'enfant d'une couronne.

Ses manches de toile étaient blanches ce jour-là, et ses pieds s'étaient lavés par hasard en passant à gué le ruisseau de la prairie.

— Comme te voilà proprette, lui dit Jean, tu es bien plus gentille, et tes mains sont roses comme tes joues, à la bonne heure!

— As-tu cousu ton tablier? demanda Marie.

— Attends, ajouta Josèphe, je t'ai ourlé deux mouchoirs pour mettre dans tes poches.

On l'aida à se décharger de sa corbeille. Elle la prit par une des anses de côté, Josèphe par l'autre, pour la présenter à grand'mère.

Après qu'elle fut remerciée, on la chargea de quelques provisions pour ses petites sœurs, et elle reprit la route qui l'avait amenée; sa mère l'attendait, en gardant la brebis au bord du chemin.

FIGUIER
Fruit et feuilles. Au dessous, fleur à étamines et fleur à ovaire.

— J'aime beaucoup les figues, dit Josèphe.

— Goûtez celles-ci, répondit grand'mère.

L'invitation fut acceptée.

— Je ne savais quelle famille nous verrions aujourd'hui, continua-t-elle, celle des *figuiers* vient très bien après les Euphorbiacées, car ils ont aussi un suc laiteux, âcre, et des fleurs monochlamydées, avec les étamines dans les unes, et l'ovaire dans les autres.

— Je n'ai jamais vu les fleurs de notre figuier, se souvint Jean.

MARIE

Pendant l'hiver, il avait déjà de gros boutons, mais ils n'ont pas fleuri au printemps.

GRAND'MÈRE

Ce gros bouton de l'hiver est un godet resserré à son sommet et restant cependant un peu ouvert, pour que ses petites fleurs intérieures reçoivent l'air dont elles ont besoin pour vivre.

JEAN

Ses petites fleurs ne s'élancent pas au dehors pour respirer?

GRAND'MÈRE

Elles fleurissent et elles se fanent là où elles sont nées, leurs graines y mûrissent.

MARIE

Et il y a là dedans de petites fleurs à étamines et de petites fleurs à ovaires?

GRAND'MÈRE

Chaque ovaire devient un petit fruit dans lequel est une graine comme un petit noyau pierreux. Le petit calice enferme le tout et devient charnu, succulent, en sorte de baie. Et toutes ces petites baies dans le gros godet, forment ce fruit que nous appelons une figue.

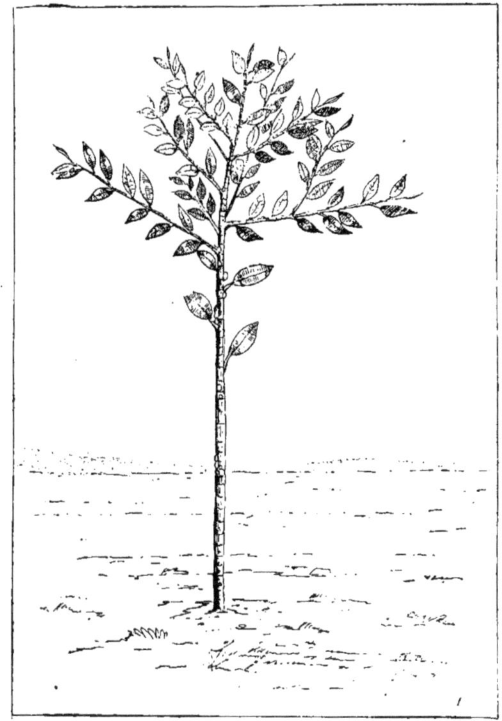

FICUS ELASTICA
Arbre qui donne le caoutchouc.

JOSÈPHE

Je sens les petits noyaux qui craquent sous mes dents.

GRAND'MÈRE

Le suc laiteux de certaines espèces étrangères coule comme nos résines et se solidifie à l'air. Après quelques préparations il devient ce *caoutchouc* que nous utilisons à divers usages.

JOSÈPHE

Mon manteau, mes caoutchoucs de pieds, par exemple?

— Et les élastiques de nos jarretières, ou de nos bretelles, ajouta Jean.

— A côté des figuiers, nous nommerons les mûriers, reprit grand'mère.

JEAN

Je proteste contre la ressemblance. Les fleurs des *mûriers* ne se cachent point dans une boîte. Te souviens-tu, Marie, leurs petites grappes verdâtres, entre les feuilles, sèment par moment une poussière jaune, comme de la fleur de soufre.

GRAND'MÈRE

C'est vrai et assez singulier. C'est que les filets des étamines sont contournés en spirales, la tête en bas; tout à coup, elles se redressent la tête en haut, et ce brusque mouvement lance autour d'elles le pollen dont leurs petits sacs sont remplis.

MARIE

Mais, grand'mère, je dirai comme Jean, les mûres ne ressemblent pas aux figues.

GRAND'MÈRE

Supposez que les fleurs à ovaire qui vivent dans une figue, viennent à se rapprocher tellement les unes des autres que leurs petits fruits en baies arrivent à se toucher et se collent les uns aux autres, vous aurez une mûre.

MURIER
Rameau avec fruits. — Fruit isolé.

JEAN

Ainsi la mûre des mûriers c'est plusieurs fruits réunis ensemble.

GRAND'MÈRE

C'est une baie composée.

MARIE

Comme les mûres des ronces et les framboises.

GRAND'MÈRE

Avec cette différence que la mûre et la framboise sont composées de plusieurs ovaires d'une même fleur; tandis que dans la mûre du mûrier, ce sont des ovaires uniques en chaque fleur, qui se réunissent en un même fruit.

JOSÈPHE

Les mûriers de mes cousines ont des mûres blanches.

GRAND'MÈRE

Les mûriers blancs sont plus délicats que ceux à fruits noirs, c'est pourquoi nous les laissons aux climats plus chauds.

JEAN

On dit que les vers à soie, nourris avec des mûriers blancs, filent une plus belle soie.

GRAND'MÈRE

C'est vrai, aussi ne cultive-t-on que les mûriers blancs pour les magnaneries.

JOSÈPHE

Vous rappelez-vous, grand'mère, Maurice a peint sur la porte de celle de mon oncle un grand religieux avec une longue barbe et un gros bâton à la main?

GRAND'MÈRE

Il ne m'a pas fait remarquer cette enseigne, mais il vous aura expliqué ce qu'elle rappelle?

JOSÈPHE

Oui certainement; il m'a dit qu'un père missionnaire, qui était jésuite, je crois, avait voulu acheter en Chine des graines de vers à soie et des graines de mûriers; mais les Chinois ne voulaient pas permettre d'en emporter, parce qu'ils voulaient nous vendre très cher leurs belles étoffes de soie.

— Comme Josèphe raconte bien son histoire, dit Jean.

— C'est que je la sais, répondit la petite fille sans se troubler.

— Eh bien! qu'arriva-t-il? demanda grand'mère.

— Le père était bien embarrassé, car il voulait absolument rapporter dans son pays de quoi faire de la soie, comme en Chine. Il passa les nuits à creuser un gros bâton. Il le remplit d'œufs de vers à soie et de graines de mûriers; et il fit le voyage avec son bâton, sans rien dire à personne.

LE PÈRE

Il y a de cela douze cents ans, les graines du bon missionnaire ont produit depuis ce temps-là bien des vers à soie et bien des mûriers.

GRAND'MÈRE

Vous savez qu'on les cultiva d'abord dans le Péloponèse, qui ne s'est appelé *Morée* que depuis ce temps-là.

JEAN

Ce qui veut dire noire, ainsi c'était des mûriers noirs.

GRAND'MÈRE

Les blancs se nomment aussi mûriers ou Morées.

MARIE

Maurice m'a dit que le papier de Chine, sur lequel on peint avec des couleurs si vives, est fait avec des feuilles d'une petite espèce de mûrier.

GRAND'MÈRE

Avec le mûrier broussonnète.

DEUXIÈME PEUPLADE

4e SECTION

II

Morées

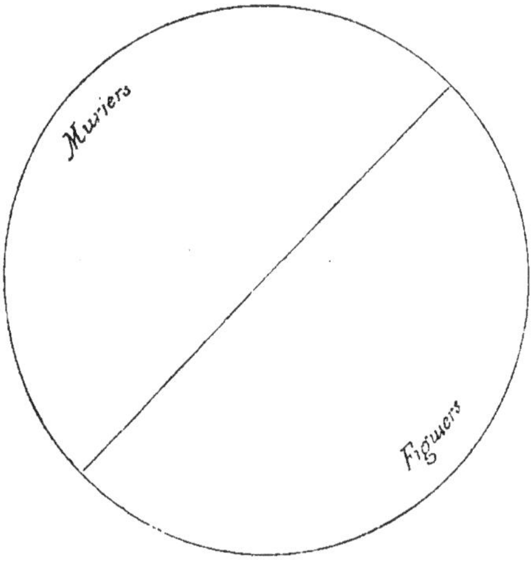

Et tout cela, figuiers et mûriers, forme la famille des Morées,

— J'attendais la fin, dit le père, apportant un gros fruit qui avait l'aspect d'une orange verte.

— C'est la pomme du Maclura, s'écria Jean.

— C'est la *mûre* du *Maclura*, corrigea le père. Toute cette grosse boule est composée de petites baies accolées ensemble comme celles de la mûre.

Il y eut plus d'une exclamation d'étonnement. Si l'affirmation n'eût pas été de leur père, ils l'auraient prise pour une plaisanterie, tant ce gros fruit ressemble plutôt à une orange encore verte, qu'à des mûres de mûrier.

SOIXANTIÈME CAUSERIE

LA CHENEVIÈRE

— Maman, je demande que la leçon se prenne aujourd'hui à la chenevière, dit M. Max.

Lorsqu'il usait de cette appellation caressante, il savait obtenir tout de sa mère. Cependant elle répondit comme pour un refus : C'est bien loin, mon enfant.

— Nous nous reposerons en route, essaya Josèphe.

— Papa et moi, nous vous porterons sur nos bras dans la « chaise au roi » proposa Jean.

— Je suis prête, cria Josèphe, et elle commença à pousser son cerceau en courant sur la route.

Les aînés firent escorte aux parents, puis ils les devancèrent bientôt, causant doucement, dans une intimité sérieuse.

Lorsque Josèphe, revenant sur ses pas, se trouva à passer près d'eux, Jean disait gravement : Quand je serai médecin, j'aurai besoin de connaître la botanique.

— Et lorsque je serai hospitalière, répondait Marie, il faudra que je sache avec quelles herbes on doit faire les tisanes.

— Moi, j'apprends la botanique pour mes petits enfants, dit Josèphe en laissant tomber son cerceau sans mouvement sur le chemin.

— Tu leur feras des leçons comme celles de grand'mère? demanda son père, les rejoignant.

— Oui, bien sûr, pour qu'ils m'aiment beaucoup, répondit-elle. Là-dessus, elle s'approcha de sa grand'mère, pour recevoir une caresse.

Lorsqu'elle se retourna, son cerceau voyageait au loin, sous la baguette dont Jean le poursuivait.

Ses cris appelaient moitié riant, moitié fâchée. Le frère s'en souciait peu.

La route était longue, en effet; il fallut plusieurs haltes. Enfin les voilà rendus sur le champ où les ouvrières faisaient la seconde récolte du chanvre.

— Pourquoi y a-t-il des endroits tout vides, de place en place? demanda Josèphe.

— C'est qu'on a déjà arraché une partie des pieds de *chanvre*, répondit son père.

— Pourquoi les a-t-on arrachés par-ci par-là? s'informa la petite fille. Pour le blé, on coupe tout de rang.

GRAND'MÈRE

C'est que les épis de blé mûrissent tous à la fois, tandis que pour le chanvre, les pieds à étamines mûrissent avant les pieds à ovaire.

MARIE

Ainsi on a déjà arraché les pieds à étamines ?

JEAN

On aurait dû les semer dans un côté du champ et les pieds à ovaire ensemble d'un autre côté.

LE PÈRE

A condition que les pieds à étamines te fourniraient des graines.

JEAN

Quelle sottise je disais là! Les pieds à étamines ne peuvent pas avoir de graines.

MARIE

C'est vrai, ils viennent des mêmes graines que les pieds à ovaire, sans étamines ; c'est singulier.

LE PÈRE

Pas plus singulier que des œufs de poules sans crête, donnant des coqs avec une crête.

— C'est cependant vrai, dit Josèphe, car il n'y a pas d'œufs de coq dans les nids.

— L'œuf du chanvre, enseigna grand'mère, ressemble un peu de forme et de couleur, au grain du blé noir.

CHANVRE

Chanvre mâle. Chanvre femelle

JEAN

Sur les bords de la Loire, j'ai vu des chenevières qui ressemblaient à une pépinière de jeunes arbres, tant les pieds de chanvre étaient gros.

LE PÈRE

C'est la même espèce que les nôtres, si loin d'atteindre une pareille grosseur. La différence tient seulement à ce qu'on sème plus ou moins épais.

MARIE

Lequel est le préférable ?

GRAND'MÈRE

Les deux, suivant le but qu'on se propose.

— Si on veut de grosse et forte filasse, pour les cordages de la marine par exemple, continua M. Max, on sème clair.

GRAND'MÈRE

Si on veut des fibres plus fines pour nos fils et nos toiles, on sème épais comme en cette chenevière.

MARIE

Il n'y a plus de fleurs sur nos chanvres, mais je me rappelle qu'elles sont petites, vertes et en grappes de petits épis longs et grêles.

LE PÈRE

Oui, pour les fleurs à étamines. Mais celles à ovaire sont en petits paquets assez courts.

JEAN

J'ai vu la même chose sur des pieds d'orties, le long du champ.

LE PÈRE

Aussi les orties sont de la même famille que le chanvre.

JOSÈPHE

Famille des chenevières ?

LE PÈRE

Famille des Urticées ou des Canabinées, selon que vous choisirez l'ortie, *urtus*, ou le chanvre, *canabis*, pour le chef de la famille.

GRAND'MÈRE

Les tiges des orties donnent une filasse dont on fait de bonnes toiles de diverses grosseurs.

MARIE

Comme le petit mûrier broussonnète.

LE PÈRE

Les fruits de certaines orties étrangères sont des baies composées, à la façon des mûres du mûrier ; aussi peut-on, selon certains auteurs, réunir mûriers et urticées en une même famille.

ORTIE

Sommité fleurie.

— Oh non ! je vous en prie, réclama Marie, laissons les mûriers et les figuiers se faire société ; nos orties et nos chanvres iront de compagnie d'un autre côté.

GRAND'MÈRE

Remarquons cependant que les étamines des orties sont roulées la tête en bas, dans leur jeunesse, comme celles des mûriers ;

aussi secouent-elles leur poussière jaune de la même façon, lorsqu'elles arrivent à se dresser brusquement.

JOSÈPHE

Leurs feuilles piquent comme des aiguilles rougies au feu.

LE PÈRE

C'est qu'elles sont couvertes de petites glandes remplies d'un suc brûlant, et sur chaque petite glande est implanté un poil creux roide et piquant.

Lorsque vous pressez sur la feuille, chaque petit poil presse sur la petite glande qu'il surmonte, et pendant qu'il pénétre dans ton doigt, le suc brûlant s'écoule par le tube du poil, dans la petite plaie qu'il t'a faite.

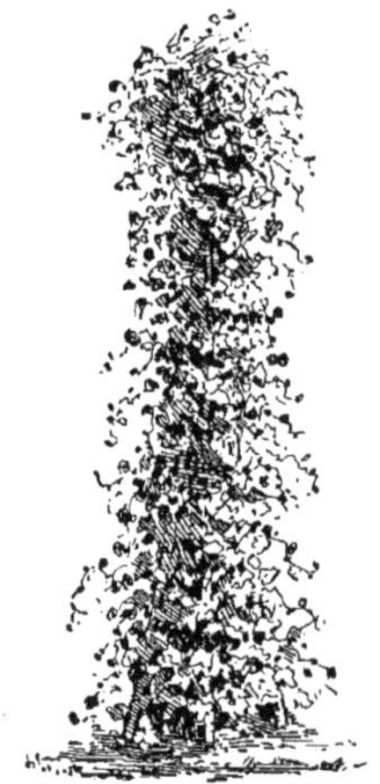

HOUBLON

Plante entière. Feuilles et fleurs.

MARIE

Comme le venin qui est à la base du dard des abeilles et des guêpes, descend dans la piqûre, par le tube que forme le dard.

JOSÈPHE

Le venin des serpents et des vipères descend aussi par deux dents creusées en tube.

LE PÈRE

Aussi, lorsqu'on peut leur arracher ces dents à venin, la morsure n'est plus dangereuse.

JOSÈPHE

Je voudrais bien avoir cette liane qui retombe là-bas entre les branches de la haie, veux-tu frère ?

— C'est du houblon, dit grand'mère.

Et Jean s'empressa d'en aller couper quelques rameaux fleuris.

— Mêmes petites fleurs verdâtres que les orties et le chanvre, dit Marie, après les avoir examinées.

— Qu'est-ce que ces petits cônes de balles jaunâtres ? demanda Jean.

LE PÈRE

Ce sont les fleurs à ovaire, munies chacune d'une bractée ou petite feuille, et réunies autour d'un petit axe central.

GRAND'MÈRE

Au pied de chaque bractée, ou balle de ce petit cône, se trouve une très petite glande remplie d'un suc résineux amer et stimulant, qui fait employer les cônes du houblon en médecine.

JOSÈPHE

Grand'mère m'en donne quand je n'ai pas faim, ce n'est pas bon du tout.

LE PÈRE

On fait des champs de houblon, dans lesquels les pieds sont plantés en lignes et soutenus par de hauts échalas plus hauts que ceux de nos vignes.

JOSÈPHE

Que de bols de tisane !

LE PÈRE

Cette tisane-là s'appelle de la bière.

JOSÈPHE

On fait la bière avec le jus du houblon ?

GRAND'MÈRE

Non pas comme on fait le vin et le cidre avec le jus du raisin ou des pommes.

LE PÈRE

Les balles du houblon ne sont employées dans la bière que pour l'*aromatiser* et la conserver.

DEUXIÈME PEUPLADE

4e SECTION

(*Monochlamydées*)

IV

Canabinées ou Urticées

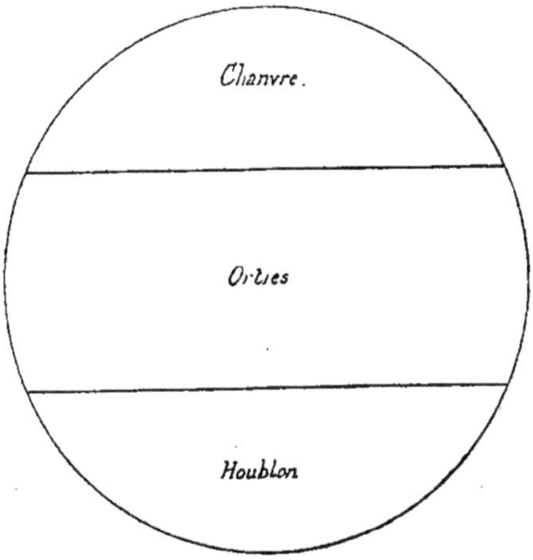

Chanvre.

Orties

Houblon

JOSÈPHE

C'est égal, je n'aime plus le houblon que je trouvais si joli de loin.

GRAND'MÈRE

Au lieu de bière, tu aimeras mieux un verre de lait à la ferme. D'ailleurs Julie serait fâchée de ne pas nous voir quand nous sommes si près.

SOIXANTE-UNIÈME CAUSERIE

LE GLAND DU CHÊNE

— Si près! répondit M. Max. Oui, pauvre grand'mère, quand vous étiez jeune avec nous.

— Maintenant nous sommes bien vieux, répliqua-t-elle, posant une main affectueuse sur l'épaule de son fils.

— Pas petit père, dit Josèphe. Ses cheveux sont aussi blonds que ceux de Jean.

— Que grand'mère se repose ici, conseilla Marie. Jean conduira petite sœur goûter à la ferme, puis ils ramèneront Julie dire bonjour à grand'mère.

Les deux enfants partirent, Jean donnant la main à sa sœur, pendant que Marie installait avec son père, un gros paquet de fougères, pour asseoir grand'mère au pied d'un chêne.

Bientôt, quelques-unes des travailleuses s'approchèrent familièrement pour souhaiter le bonjour à la bonne dame.

« Elle avait bonne mine pour son âge ». « Mademoiselle Marie avait grandi. » « Le temps était beau pour l'ouvrage. » « Le chanvre était bien venu », etc..

De menus propos en menus propos, le temps se passa et les enfants revinrent avec Julie, accompagnée de un, deux, trois marmots, qui s'échelonnaient sur ses pas, « comme les Curiaces » disait Jean à l'oreille de Marie, lorsqu'il la rejoignit près de grand'mère.

— On dirait saint Louis sous son chêne, remarqua Josèphe derrière les braves gens qui entouraient la vieille dame.

— Où as-tu vu saint Louis dans ton histoire sainte ? se permit ironiquement son frère.

— Dans tes grandes images de l'histoire de France, répondit la petite fille.

Si c'était de l'histoire sainte, je dirais Salomon sur son trône, ajouta-t-elle.

— Bravo la petite savante ! applaudit Jean tout bas.

Peu à peu les ouvrières étaient retournées à leurs pieds de chanvre; Julie et ses trois Curiaces reprirent le chemin de la ferme et grand'mère parla du retour.

Cependant Josèphe ramassait quelques beaux *glands de chêne* tombés dans l'herbe et Marie était chargée de les recevoir dans son petit panier des promenades.

— Je n'ai jamais vu les fleurs du chêne, dit-elle en examinant les glands.

— Elles sont en chatons verts, peu apparents entre les feuilles des jeunes pousses, au printemps, répondit grand'mère.

JEAN

J'en ai vu quelquefois, on dirait les petites grappes vertes des épinards.

LE PÈRE

Ce sont les fleurs à étamines, réunies autour d'une sorte de cordon ou courroie, en latin *amenta,* d'où la famille est dite des *Amentacées.*

CHÊNE
Feuille. — Fleurs. — Gland.

JEAN

Et les fleurs à ovaire?

LE PÈRE

Elles sont au nombre de deux ou trois, sur le même *cordon* que les fleurs à étamines, mais tout au pied du chaton ou épi.

MARIE

Voyez-vous deux glands attachés sur une petite tige coupée un peu au-dessus du plus haut.

GRAND'MÈRE

C'est que le bout de cette tige ou cordon, qui portait les étamines, s'est rompu après qu'elles se sont flétries.

JEAN

Le gland, c'est l'ovaire; l'amande du gland, c'est la graine; la petite coque verte qui chausse le gland, c'est le calice sans doute?

LE PÈRE

Rien de tout cela, excepté que l'amande est bien la graine.

MARIE

La coque du gland n'est pas l'ovaire?

LE PÈRE

La coque du gland a une double épaisseur.

MARIE

Ah ! je sais... mais non, je ne sais pas du tout; je pensais d'abord que c'est comme la peau du grain de blé, quand l'ovaire s'est soudé sur le grain, mais je détache bien la coque du gland, elle n'est pas soudée sur l'amande.

GRAND'MÈRE

La coque du gland est composée du calice et de l'ovaire soudés ensemble.

JEAN

Cela fait deux épaisseurs en effet, le dessus vert, c'est donc le calice, sa mince doublure intérieure, de couleur jaune, il faut bien alors que ce soit l'ovaire.

— Mais la petite coupe ; qu'est-ce donc ? demanda Marie.

GRAND'MÈRE

Au pied de la fleur à ovaire, il y avait plusieurs rangs de petites écailles disposées par étages. Peu à peu elles se sont soudées ensemble et se sont accrues de manière à former cette petite coupe, qui est maintenant d'une seule pièce comme ciselée.

LE PÈRE

D'abord l'ovaire était à trois loges, avec une graine dans chaque loge. Mais une de ces graines s'est développée de telle sorte qu'elle a étouffé les deux autres en les pressant contre les cloisons des loges, qui ont été détruites elles-mêmes dans ce refoulement.

JEAN

Ainsi l'ovaire à trois loges, est devenu une boîte à une seule loge, dans laquelle il n'y a qu'une seule graine ou amande.

Cheminant et causant ainsi, grand'mère n'eut pas besoin d'être portée.

Ce fut Josèphe qui se plaignit de la fatigue.

Alors son père, allongeant la main droite vers la main gauche de Jean, et la serrant fortement, le bras tendu, offrit à la fillette cette balançoire improvisée.

Elle y sauta lestement, et un bras autour du cou de son père, l'autre bras autour du cou de Jean, elle se laissa ramener triomphante, comme une jeune reine entre ses deux écuyers d'honneur.

— Que faites-vous là, bonne Gotte ? dit Marie restée en arrière avec sa grand'mère, et s'adressant à une vieille femme qui *marouillait* dans la boue noire d'un fossé.

— Je fais ma *teinturerie*, répondit la bonne femme.

— Vous avez mis de la teinture dans ce fossé ? questionna encore Marie.

— Le bon Dieu l'y a mise pour les pauvres gens, répondit Gotte qui continuait à recouvrir de la boue du fossé, une jupe et un tablier de grosse toile écrue.

— Je ne comprends pas ce qu'elle veut faire, disait Marie à sa grand'mère, en s'éloignant.

GRAND'MÈRE

Elle veut teindre en noir ses vêtements, qui seraient trop salissants s'ils restaient de leur couleur naturelle.

— Eh bien ! dit encore Marie.

GRAND'MÈRE

Eh bien ! la mare où Gotte prend sa teinture est au pied d'un chêne, dont les feuilles tombées ont macéré dans la boue humide. De plus, dans ce voisinage de la mine, le terrain est ferrugineux.

MARIE

Les feuilles de chêne teignent l'eau en noir ?

GRAND'MÈRE

Et les principes ferrugineux mêlés dans le sol, rendent la teinture plus solide.

MARIE

Gotte ne peut se rendre compte de cela.

GRAND'MÈRE

Elle suit la tradition locale, selon laquelle « cette mare teint en noir en automne. »

MARIE

Je plains toujours ceux qui ne cherchent à se rendre compte de rien.

GRAND'MÈRE

Ils ont comme un sens de moins.

MARIE

Je crois que papa et grand'mère nous ont donné ce sens de plus, par leurs causeries sur tout ce que nous voyons.

GRAND'MÈRE

L'esprit est naturellement curieux de savoir, c'est une disposition que l'éducation doit cultiver.

MARIE

J'ai pensé quelquefois que la nôtre...

Elles arrivaient pour recevoir Josèphe à la descente de « sa chaise au roi. »

L'histoire de Gotte donna lieu de revenir sur le tanin contenu dans les feuilles et dans la jeune écorce des chênes et des châtaigniers.

D'où on arriva au tannage des cuirs.

Il y en eut pour tout le souper, ce qui ne donna pas à Jean la vocation d'être tanneur.

Mais plutôt, il voulait connaître la chimie pour tout comprendre, tout expliquer. Autrement, disait-il, on a des yeux pour ne pas voir.

SOIXANTE-DEUXIÈME CAUSERIE

LES CHATAIGNES

Un matin, Jean se promenait sous les grands châtaigniers de la longue avenue, les feuilles jaunies bruissaient sous ses pas, lorsqu'il les repoussait du pied en ondes refoulées, et il se berçait rêveusement de leur frou-frou monotone.

Elles lui redisaient peut-être les jours où elles s'étaient montrées au printemps, les enchantements des premiers soleils, les heures joyeuses des promenades avec ses sœurs. Et tout cela était près de finir.

Pendant huit mois, des camarades inconnus, dans une salle d'étude silencieuse... Plus l'appui de son père et la bonté de grand'mère.

Mais la mélancolie n'est pas de longue durée à cet âge.

— Au bout de tout cela les vacances, pensa-t-il; des prix, des joies pour tout le monde.

Puis les classes ont une fin, et ma vie commencera.

CHATAIGNIER
Feuilles, fleurs et fruits

Médecin ou industriel; qui sait? Me voilà chez moi avec la gracieuse compagne de mes jours.

J'en serai fou, et je l'amènerai sous ces vieux châtaigniers pour lui dire que là, aujourd'hui, j'ai pensé à elle.

— Jean! criait Josèphe à tous les échos.

— Par ici, répondait-il. Par ici. Je suis là.

Elle finit par le découvrir dans sa promenade solitaire, et se jetant à travers ses monologues intérieurs, elle le ramena à l'heure actuelle.

— Je t'avais demandé un moulin pour le faire tourner dans le courant là-bas, dit-elle d'un ton de reproche.

— C'est vrai, répondit Jean, et j'étais venu ici pour le fabriquer, mais je t'ai oubliée.

— Fais-le maintenant, reprit la petite fille, pendant que je vais ramasser des châtaignes.

Puis elle se ravisa : aide-moi plutôt à ouvrir leurs grosses boîtes à épines qui me piquent les doigts.

— Ouvre-les avec le pied, enseigna Jean. Et d'un coup de talon, il fit fendre en trois la bogue hérissée qui laissa voir les trois châtaignes qu'elle enfermait.

— Une boite à graines à trois portes, avec trois graines, devina l'enfant.

— Pas possible, répondit Jean. Il y a bien trois châtaignes, mais la grosse coque n'est point un ovaire; ses trois châtaignes sont plutôt trois fruits.

Josèphe pelait une des châtaignes, s'aidant de ses ongles et de ses dents; sa petite peau est très amère, dit-elle.

— La petite peau, serait-ce l'ovaire ? se disait Jean à lui-même. Mais non, c'est la peau de la graine, comme dans le gland. L'ovaire, c'est plutôt cette doublure cotonneuse, qui est collée en dedans de la coque brune; et même les styles y sont restés attachés, en une petite houppe de trois fils.

— Marie, que penses-tu des châtaignes? demanda-t-il en l'abordant à leur retour.

— Je pense que crues, elles sont très savoureuses, répondit-elle, acceptant celle qu'il lui présentait; mais grillées ou bouillies, elles sont meilleures.

— Je ne te parle pas cuisine, vraiment, répliqua l'écolier. Je te parle botanique, s'il te plaît. Où retrouver l'ovaire dans une châtaigne grillée ou bouillie?

— Et dans une châtaigne crue? demanda Marie joyeusement.

— Eh bien! je l'ai trouvé, affirma Jean. Écoute pour voir si je me trompe.

Mais Marie se souvenait du gland. elle expliqua ce que son frère avait deviné aussi,

Puis elle ajouta : et la châtaigne est à trois loges, avec une amande dans chaque loge, au lieu que le gland, devient à une seule loge.

— Reste à expliquer la grosse coque verte dans laquelle sont les châtaignes, dit Jean tout songeur. Puis il s'écria; Euréka! Euréka!

— Moi aussi, je l'ai trouvé, interrompit sa sœur. C'est la même chose que la petite coupe du gland.

JEAN

Il n'y a pas 3 glands dans la même coupe. Vois-tu Marie, c'est qu'il y avait 3 fleurs à ovaire au milieu des petites écailles qui se sont fermées en boîtes, pour envelopper nos trois châtaignes.

HÈTRE

Rameau fleuri. — A gauche, fruit fermé au-dessous, fruit ouvert.

— C'est vrai, approuva Marie, il y a bien des spathes à plusieurs fleurs, c'est la même chose.

JEAN

Il y avait sans doute 3 pièces à cette sorte de spathe épineuse, puisque la bogue verte s'ouvre en 3 pièces, pour laisser sortir les châtaignes.

— Tu seras peut-être un savant parce que tu observes et que tu raisonnes, dit Marie, toute fière de l'avenir qu'elle promettait à son frère.

— Josèphe ramassait, dans les feuilles tombées, de longs chatons détachés, devenus couleur de tan. C'est l'épi des étamines, dit-elle d'un air capable.

— Nous les oubliions, ma petite Josèphe, répondit Marie. Ils se sont rompus, comme ceux du chêne, quand les étamines ont été flétries.

Au printemps, ils étaient dressés en panaches couleur de soufre. Mais ils avaient bien mauvaise odeur.

En revenant, les trois petits savants passèrent au pied d'un bouquet de hêtres.

— « Sub tegmine *fagi* », s'avisa Jean, toujours inspiré de son Virgile.

— Ah! c'est de là que nous l'appelons *fouteau,* conclut Marie.

— Et que ses petites châtaignes s'appellent des *faînes*, acheva Jean.

SOIXANTE-TROISIÈME CAUSERIE

LES NOIX ET LES NOISETTES

On avait battu les hauts *noyers* des champs; quelques paysannes recueillaient les noix et les portaient à *l'huilerie,* pour être pressées, afin d'en avoir l'huile destinée aux besoins du ménage.

Chemin faisant, les enfants en ramassèrent quelques-unes oubliées au pied des noyers.

— Encore un fruit à grosse coque, dit Marie.

— Une amande très bizarrement découpée dans un ovaire de bois, ajouta son frère.

— Deux amandes, corrigea Josèphe.

— Non, insista Marie, une seule amande à deux cotylédons disjoints, ne tenant l'un à l'autre que par le bas.

NOYER
Feuilles. — Fleur. — Fruits.

— L'ovaire de bois était sans doute entre deux écailles, qui se sont soudées ensemble pour faire cette grosse coque verte dans laquelle il est enfermé, se demandait Jean.

— La grosse boite verte est plutôt le calice, fit observer Marie.

— Tu as raison, reconnut son frère. Alors le noyer n'est pas tout à fait dans les chênes et les châtaigniers ?

— C'est vrai, approuva le père qui les suivait au retour de ses champs. D'autant plus que ses fleurs à fruits ne sont pas sur le même chaton que les étamines.

— Mais il est pourtant dans les *Chatonnées,* interrogea Josèphe, puisqu'il y a des chatons ?

— Dans les *Amentacées*, corrigea son frère, puisque les fleurs sont attachées le long d'un cordon ou *amenta*.

— Petite Josèphe, comme tu as les doigts noircis, remarqua son père.

— C'est que j'ai épluché des noix fraîches, répondit l'enfant. Je vais me laver les mains en arrivant.

— Inutile, dit le père, la teinture est bonne.

— Comme celle de Gotte? demanda piteusement la petite fille.

— Et faite aussi avec du tanin, continua son père. Il y en a beaucoup dans le brou de la noix. Il contient aussi, comme le feuillage du noyer, un arome un peu excitant, qui peut causer de fâcheux symptômes si on le respire trop abondamment, dans une pièce fermée par exemple.

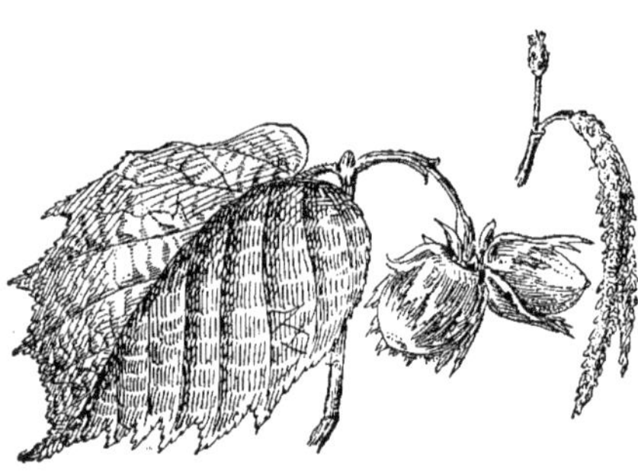

NOISETIER
Feuille. — Fleur. — Fruit.

— Je veux savoir tout cela, répétait Jean.

— Jean sera un savant, dit Josèphe.

— Pourquoi pas? demanda-t-il.

— Alors, dis-moi, continua l'enfant, les noisettes sont-elles les sœurs des grosses noix?

— Tout au plus les cousines, répondit gravement le docteur en espérance. Elles ont bien un ovaire de bois, mais au lieu de la grosse boîte épaisse, qui enferme l'ovaire des grosses noix, la noisette est enveloppée dans un cornet de deux feuilles minces, toutes déchiquetées sur leurs bords.

LE PÈRE

C'est le calice qui était au pied de la petite fleur.

MARIE

Les chatons des noisetiers commencent à se former dès la fin de l'été, et durent jusqu'au printemps suivant.

JOSÈPHE

Ils ont toujours l'air d'être en graines, je n'y ai jamais vu de fleurs.

JEAN

Ce sont peut-être les noisettes qui sont les fleurs!

JOSÈPHE

Mais je dis seulement qu'ils *ont l'air*.

LE PÈRE

Les chatons sont composés de petites écailles appliquées les unes sur les autres comme les tuiles d'un toit renversé. Elles s'entr'ouvrent au printemps pour laisser de l'air aux petits bouquets d'étamines qui sont au pied de chaque écaille, en dedans du chaton.

— Comme les corolles s'épanouissent dans les fleurs à corolles, acheva Marie.

— Mais les fleurs à noisettes ne sont pas sur le chaton à étamines ? questionna Jean.

Elles naissent au pied du chaton, et se composent chacune de petites écailles entourant une houppe de petites soies rouges, qui sont les styles.

DEUXIÈME PEUPLADE

4e SECTION

(*Monochlamydées*)

V

Amentacées.

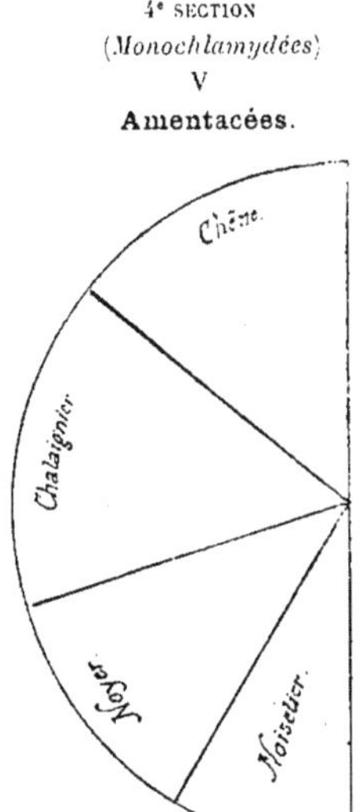

SOIXANTE-QUATRIÈME CAUSERIE

LES CHENILLES ROUGES ET LE COTON DES PEUPLIERS

— Voulez-vous, mère, que Jean choisisse la promenade aujourd'hui ? demandait Marie à l'heure où le soleil du soir invitait à sortir.

— Sûrement, répondit grand'mère, pourvu qu'il ne nous entraîne pas trop loin.

— Précisément, dit Jean, j'étais à penser qu'il serait très amusant de suivre le cours d'un ruisseau, pour en découvrir la source. Voulez-vous, continua-t-il, que nous remontions l'Illet jusqu'à la montagne d'où il descend ?

— Suivons le seulement jusqu'au premier cours d'eau qui vient le grossir, proposa grand'mère.

— Au moins je verrai comment il se jette dans notre rivière, approuva Josèphe, j'aime beaucoup les cascades.

— Je n'ai pas pensé à lui faire comprendre ce qu'on entend par une rivière qui se *jette* dans une autre, dit Marie, toute confuse pour la fausse idée que s'en faisait son élève.

Les bords de l'Illet étaient charmants dans son cours sinueux, que dessinent des lignes de saules et de peupliers. Mais les feuilles jaunissaient déjà le gazon, les rameaux des arbres devenaient silencieux et les petits oiseaux sans abri tournaient à l'entour en troupes fugitives.

— L'automne et bien près de l'hiver, remarqua Jean.

— Et l'hiver est près du printemps, reprit Marie, aussi les peupliers sont déjà couverts de leurs boutons goudronnés, qui deviendront des feuilles.

—C'est une sorte de résine, qui ne se dissoudra pas aux pluies de l'hiver, expliqua leur père.

— Elle s'amollira aux chaleurs printanières, continua grand'mère, et les écailles du bouton se disjoindront sous l'effort des feuilles ou des fleurs qu'il renferme.

PEUPLIER
Feuille et fleurs

MARIE

Que de fois nous nous sommes amusés à ramasser leurs petites chenilles rouges, tombées sur la route. Te souviens-tu, frère, leurs petites écailles poilues nous semblaient des ailes attachées à un corselet sans tête.

LE PÈRE

Singulières chenilles qui avaient un corselet et des ailes.

JEAN

Je me rappelle que nous leur mettions quelquefois une petite tête en boulette de mie de pain.

— J'en ai encore dans une boîte, interrompit Josèphe. Jean me disait même de leur donner des feuilles à manger, mais Marie me sauva de cet affront.

GRAND'MÈRE

Ces chenilles rouges, ce sont les chatons des fleurs à étamines. Mais vous n'en trouviez pas au pied de tous les arbres.

JEAN

Nous les prenions là où nous les trouvions.

LE PÈRE

Quelques semaines plus tard, ne ramassiez-vous pas aussi une sorte de duvet blanc qui se dispersait autour des peupliers, comme de petits flocons de neige ?

— C'est vrai, se souvint Marie. Et il tombait même de petites baguettes toutes couvertes, d'espace en espace, de ces flocons de duvet.

JEAN

Chatons de fleurs à ovaire, je suppose, avec la graine entourée de coton.

GRAND'MÈRE

Mais ces chatons-là ne se trouvaient pas sous les peupliers à chenilles rouges.

MARIE

Ainsi leurs fleurs à étamines et leurs fleurs à ovaires sont sur des pieds différents.

LE PÈRE

Comme dans les saules. Vous avez vu, au premier printemps, les branches sans feuilles de nos saules communs, chargées de gros chatons cotonneux, aux étamines soufrées. Les fleurs à ovaire, en chatons verdâtres et plus maigres, étaient sur des pieds différents.

— Les peupliers et les saules sont cependant des Amentacées? demanda Marie.

DEUXIÈME PEUPLADE
4ᵉ SECTION
(*Monochlamydées*)
VI
Amentacées
(Suite)

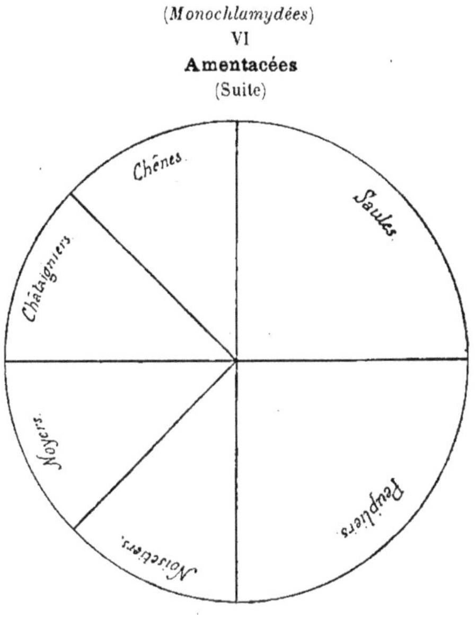

— Pourquoi n'en seraient-ils pas, décida Jean, puisque leurs fleurs sont aussi bien *chatonnées*, quoiqu'il leur plaise de ne pas vivre en trop près voisinage les unes des autres.

Ils cheminaient toujours, tantôt réunis pour discourir de ce que qu'ils voyaient, tantôt dispersés, chacun cherchant à l'aventure quelque chose qui fût du nouveau. Grand'mère nomma encore, dans les Amentacées les bouleaux, qu'on apercevait sur un tertre lointain.

Leurs rameaux sombres se distinguaient mal, tandis que leurs troncs blancs semblaient les colonnes d'un temple détruit.

— C'est le dernier des arbres, sur les hautes montagnes, dit M. Max, mais ses dimensions décroissent à mesure qu'il habite plus haut; de telle sorte qu'à une certaine altitude il ne forme plus que d'humbles broussailles.

Jean remarqua sur les *aulnes* du rivage des fruits en cônes, rappelant ceux des pins. Son père lui expliqua que leurs fleurs à ovaire, disposées en chatons très courts, sont munies chacune d'une écaille concave, dont l'épaisseur s'accroît de telle sorte qu'elles se soudent ensemble en une sorte de cuirasse.

— Mais les graines ? demanda Marie.

GRAND'MÈRE

Sous chaque petite voûte formée par la concavité de l'écaille, il y a une graine enfermée dans un petit ovaire qui est devenu une petite coque.

Grand'mère aurait voulu continuer par l'étude des conifères résineux : pins, sapins, etc. Mais on ne serait jamais arrivé en causant au point où le Rivulet se jette dans l'Illet.

Il fut plus sage de laisser les jeunes jambes continuer seules l'excursion.

Les enfants s'excusèrent d'abord d'abandonner ainsi père et grand'mère. Puis ils avouèrent que le projet leur donnerait beaucoup de plaisir.

— Allez, mes amis, jouissez de vos heures joyeuses, disait leur père se retournant vers eux, tout en accompagnant sa mère pour le retour.

— Ne revenez pas trop tard, recommandait grand'mère; votre père sera à votre rencontre.

— Oui, oui, merci, répondaient les jeunes voix en s'éloignant.

SOIXANTE-CINQUIÈME CAUSERIE

LES POMMES DE PIN

Nos jeunes amis s'en allaient donc, suivant le cours du ruisseau, tantôt attentifs au bruit de sa fuite, tantôt distraits par un martin-pêcheur, rasant rapidement, de ses ailes bleues, la surface de l'eau; tantôt par des bandes flottantes de canards gris, nazillant à leur approche.

Enfin on atteignit le but; Josèphe put contempler de ses yeux étonnés le Rivulet descendant lentement la faible pente qui amène ses eaux dans celles de l'Illet.

Jean commença des explications géographiques sur la dénomination de rive gauche et rive droite; sur les caps et les golfes que formaient les dentelures du rivage; sur une île au milieu des flots.

Un pont était tout proche.

— Pourquoi ne le passerait-on pas, pour revenir par la route, sans suivre le rivage? proposa Jean.

— Oui, approuva Josèphe, nous passerons par le bois de sapins et je rapporterai des cônes pour grand'mère.

Pendant ce temps-là, grand'mère était rentrée au bras de son fils, puis elle l'avait prié de retourner vers les enfants, qui l'attendaient, pensait-elle.

Seule, entre ses livres et sa corbeille à tricot, elle se reposa d'abord, sans perdre de temps. Puis les soins du souper occupèrent sa surveillance, le jardin, le fruitier lui semblèrent réclamer sa visite.

— Ils sont rentrés, se disait-elle, revenant vers ses aiguilles et ses pelotons.

Personne n'était à l'attendre.

Le père avait suivi la rive gauche, qu'ils avaient remontée ensemble, les enfants étaient passés sur la rive droite.

Le lit était étroit, ils se seraient parlé d'un bord à l'autre, mais nos explorateurs s'étaient enfoncés dans le bois; leur père passa outre, sans les voir.

Cependant un peu plus loin, il appela; une voix étrangère lui répondit de l'autre rive.

— Vous ici? questionna M. Max.

— Je surveille vos enfants, répondit la voix; ils s'attardent et la nuit fera peur aux fillettes.

— Toujours votre bonté, dit M. Max. — Mais où sont-ils donc? continua-t-il. Par où reviennent ils?

— Ils ont passé le pont, fut-il répondu. Je les suivais, ils ont disparu dans le bois.

— Leur grand'mère va s'inquiéter, dit M. Max. Je compte sur vous. Ne les laissez pas s'égarer.

Et il revint pour tranquilliser sa mère; elle était déjà sur ses pas.

Cependant, le chemin par la route était plus court, et les enfants avaient hâté le pas, inquiets de ceux qu'ils inquiétaient. Ils rentrèrent les premiers.

Leur cœur se serra, lorsqu'ils trouvèrent partout, place vide au logis. La fatigue aidant, leur chagrin grossissait, lorsque leurs chercheurs revinrent à leur tour.

— Et notre bon sorcier? demanda tout d'abord le père.

— Il nous a quittés à l'entrée de la cour, répondit Jean, ses malades l'attendaient.

Pour Marie, elle était tout à sa grand'mère, qu'elle embrassait avec effusion, comme au retour d'un grand voyage.

On cherchait Josèphe; elle venait de s'endormir sur son petit tabouret, au pied du fauteuil où n'était pas grand'mère.

Le souper remit de toutes les émotions, mais pourtant, personne ne proposa d'étudier ce soir-là les pommes de sapin.

Le lendemain, Jean et Marie les rangèrent, espèces par espèces, selon les différences qu'il leur était possible d'apprécier, en attendant que grand'mère vînt les étudier avec eux.

Il y en avait qui semblaient composées d'écailles amincies sur leurs bords, comme celles de certains poissons.

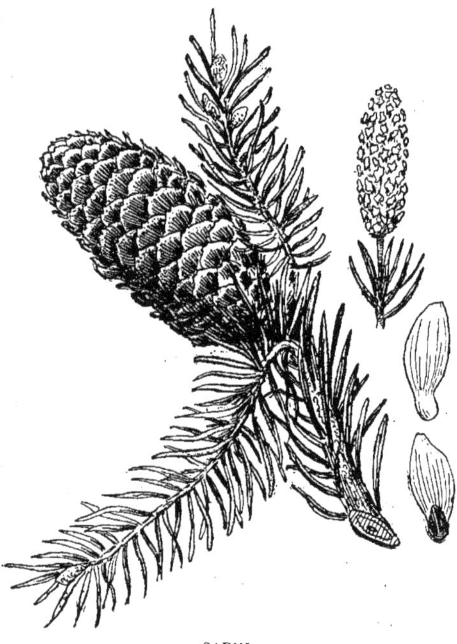
SAPIN
Feuilles. — Fleur. — Fruit.

D'autres étaient formées de grosses écailles boiseuses, dont le bord supérieur était renversé et aplati, en sorte d'écusson.

— Commençons, dit grand'mère, par ces jolis fuseaux à minces écailles; ce sont les pommes ou cônes des sapins.

— Et les autres sont de vraies pommes de pin? interrogea Josèphe.

— Précisément, répondit grand'mère; c'est surtout par leurs cônes qu'on distingue les pins et les sapins.

— Et leurs fleurs? demanda Marie.

— Leurs fleurs à étamines sont disposées en chatons, formant des panaches, dont la poussière fine et abondante, lorsqu'elle est emportée par le vent, semble une pluie de soufre, répondit grand'mère.

— Et les fleurs à ovaire, continua Jean, sont en ces chatons plus courts qui deviennent des cônes?

Ce disant, il essayait de déboiter quelques écailles d'un des cônes et ne pouvait y réussir.

— Attends, dit Josèphe, j'en ai rapporté de vieilles toutes ouvertes, pour les voir devenir des pommes de feu dans la braise.

Elle revint avec de vieux cônes noircis par l'hiver, aux écailles tout entre-bâillées.

— Nous n'y trouverons plus les graines, dit grand'mère.

— J'y suis, grand'mère, il y a des graines, voyez, disait Jean triomphant.

Il avait fait chauffer quelques cônes frais, près du foyer de la cuisine, et il les rapportait avec les écailles entr'ouvertes.

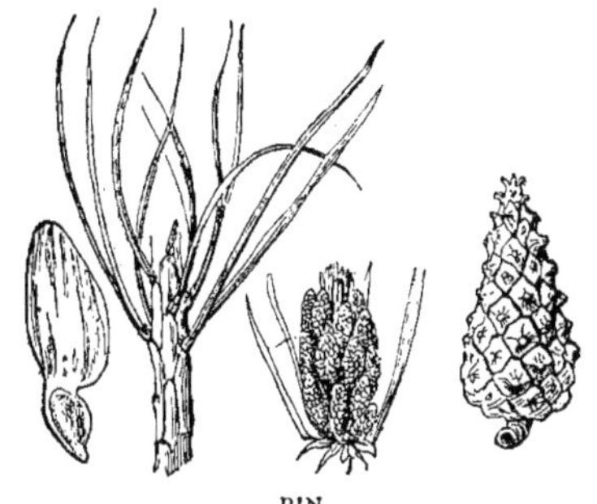

PIN

Feuilles. — Fleurs. — Fruit.

— Voilà deux graines, continua-t-il; et encore deux graines; toujours deux graines au pied de chaque écaille.

— Ces deux graines de conifères n'ont jamais été enfermées dans un ovaire; ce sont bien véritablement des graines nues, expliqua leur père.

MARIE

Elles sont enfermées sous la petite voûte de l'écaille, aussi bien que dans un ovaire.

— Chaque graine est munie d'une aile, fixée à son talon, comme autrefois celle de l'agile Mercure, remarqua Jean.

— Sans doute pour être plus facilement transportée par le vent, ajouta Marie.

LE PÈRE

Tous ces conifères produisent des résines que nous employons à différents usages; depuis la colophane que tu mets sur les cordes de ton violon, jusqu'à cette chandelle jaune, qui enfume la cabane du vieux Jacques.

C'est encore de leur suc résineux qu'on extrait l'essence de térébenthine.

JOSÈPHE

J'ai vu dans les sapinières des Landes, sur la route de Bordeaux, de grands sapins qui saignent goutte à goutte dans de petits godets.

— Des espèces de plats à barbe qu'on attache sur leur poitrine, ajouta Jean.

— On doit les épuiser avec ces saignées? demanda Marie.

— Aussi faut-il leur laisser le temps de se remettre, avant de recommencer, répondit grand'mère.

— J'ai toujours envie d'essayer avec mon couteau, sur le grand sapin de la cour, dit Josèphe, hésitant un peu.

— Ne t'en avise pas, répondit son père, je tiens à le voir continuer ses pousses vigoureuses.

— Les cèdres ont-ils aussi des pommes de pin? demanda Jean.

— Ce serait sans doute des pommes de cèdre, répondit son père, d'un ton qui raillait.

— Oh! se reprit Jean, pommes de pin, signifie cônes.

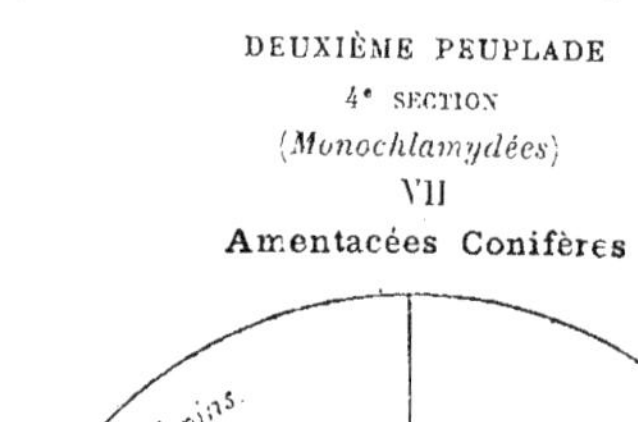
DEUXIÈME PEUPLADE
4e SECTION
(*Monochlamydées*)
VII
Amentacées Conifères

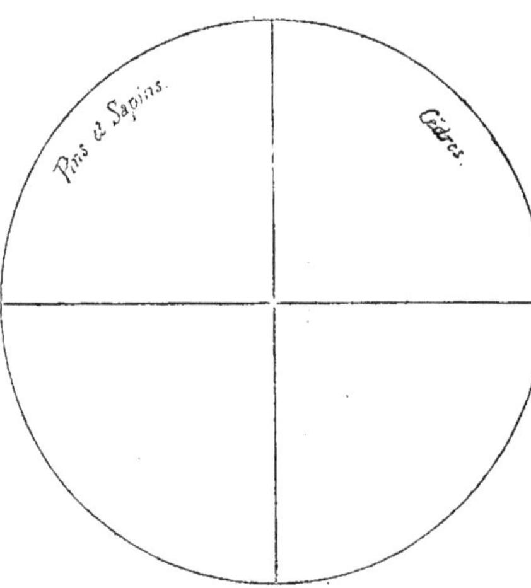

GRAND'MÈRE

Les cèdres sont les rois superbes des conifères. Mais leurs cônes sont moindres que ceux des pins et sapins.

MARIE

Les cèdres ont grand air. On dirait qu'ils sont fiers d'avoir payé de leur personne pour la construction du temple de Jéhovah.

— Est-il vrai, demanda Jean, qu'il y a encore, sur les montagnes du Liban, des cèdres du temps de Salomon?

— Ils auraient plus de cent ans, hasarda Josèphe.

— Les cèdres qui couronnent le vieux Liban, répondit son père, sont ceux de Salomon, comme nous sommes les Français de Clovis.

— Ils sont les enfants des enfants de ceux qui vivaient il y a trois mille ans, expliqua Marie.

— Cependant, ajouta grand'mère, les cèdres vivent très vieux, c'est pourquoi leur bois est très dur et très durable.

SOIXANTE-SIXIÈME CAUSERIE

L'IF DU MENHIR

Sur un tertre rocheux, une haute pierre était debout depuis deux mille ans, peut-être.

Elle avait protégé dans sa croissance un if, maintenant séculaire, qui la dépassait et la défendait à son tour.

Jean et Marie, entraînant leur père, avaient gravi joyeusement le monticule aride; tandis que Josèphe gardait sa grand'mère au fond du petit vallon, cueillant du cresson dans la fontaine.

— On respire ici, disait Jean, que d'espace sous nos pieds; il me semble dominer la terre.

— Des clochers tout à l'entour, fit remarquer Marie.

— Le menhir druidique sur ce tertre sauvage, dit le père, c'est la vieille Gaule avec les tombes de ses guerriers; là-bas, dans la plaine, ces châteaux crénelés, c'est la défense féodale; nos habitations modernes, largement ouvertes sans défiance, c'est la sécurité dans une société civilisée.

— Écoutez, dit Marie, n'est-ce pas le petit compagnon et apprenti de M. Jérôme, qui chante sa chanson matinale?

— Comme cette alouette qui monte joyeusement, ajouta Jean, suivant du regard l'oiseau qui s'élevait vers les nuages.

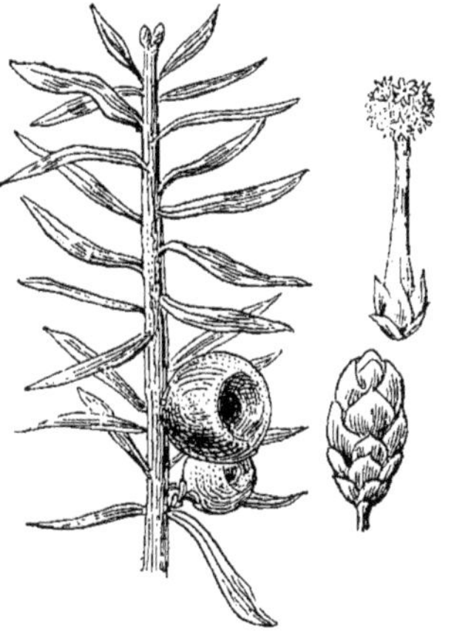

IF
Feuilles. — Fleur. — Fruits.

La voix de l'enfant se perdait parfois aux détours des sentiers, puis on l'entendait de nouveau.

Bientôt, entre les arbres, on distingua le jeune chanteur, portant joyeusement ses charges d'herbes en fleurs; les unes en gerbes dans chacune de ses mains, les autres en petits paquets reliés les uns aux autres, et attachés sur ses épaules, d'où ils dépassaient la tête, en sorte que l'ensemble paraissait une botte de foin ambulante.

Le vieux M. Jérôme suivait silencieux, étudiant son savant livre de recettes par les simples.

— Notre ami remonte sa pharmacie, dit M. Max à ses enfants. Mais le voilà qui aborde en bas votre grand'mère.

— Allons les rejoindre au plus court, proposa Jean.

On coupa cependant quelques ramilles aux branches pendantes de l'if des druides, comme l'appellent les traditions du pays. Elles étaient chargées de singulières baies rouges, comme transparentes, dans chacune desquelles une graine noire était debout, enchâssée par le pied, dans la plus grande partie de sa hauteur; mais non enfermée en entier.

— Surtout ne goûtez pas ces jolies boules rouges, dit le vieillard, quand ils l'abordèrent.

Deuxième Peuplade.
4ème section.

Monochlamidées.

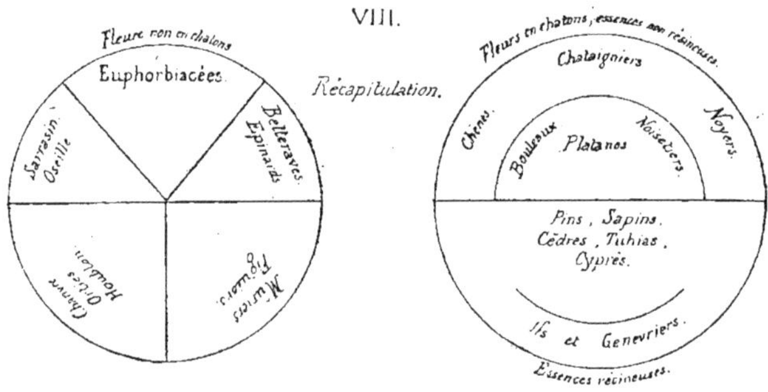

— Mon grand-père, dit l'aïeule, engageait toujours ses voisins à ne conserver que les ifs ne donnant pas de baies.

— Ah! il y a des pieds à part pour les boules rouges, remarqua Josèphe.

— Oui, répondit M. Jérôme, les autres ont des bouquets d'étamines, dont la poussière jaune est si abondante que les feuilles en sont quelquefois comme soufrées.

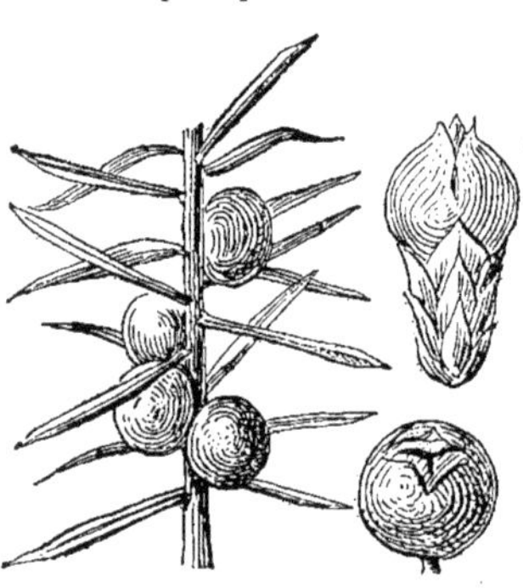
GENÉVRIER
Feuilles. — Fleur. — Fruit.

— J'aurais bien voulu vous faire voir les fruits moins avancés, reprit grand'mère.

La petite graine est d'abord toute nue au milieu de très petites écailles étalées. Puis les petites écailles se redressent autour du pied de la graine et se soudent entre elles en une petite coupe verte, qui ressemble assez à celle du gland, si ce n'est qu'elle est unie au lieu d'être ciselée.

— Ensuite elle devient rouge? questionna Josèphe.

— Ensuite elle grossit, elle devient succulente et rouge, en sorte de baie, mais vous voyez, elle reste ouverte par le haut, répondit M. Jérôme.

RÉCAPITULATION GÉNÉRALE

Monocotylédonées.
Tulipe et Lis
Ails.
Muguet et Asperges
Iris.
Palmiers
Orchis.
Joncs.
Carex.
Graminées.

Renonculacées
Crucifères
Caryophyllées
Polygonées
Atriplicées
Euphorbiacées
Rosacées
Papilionacées
Chênes
Sapins.
Ombellifères
Composées
Solanées
Primulacées
Boraginées
Labiées
Personées.
Dicotylédonées.

— Les ifs ne sont pas des conifères, demanda Jean, puisqu'ils n'ont pas de cônes.

— Ils pourraient en avoir, répondit M. Max, si les écailles se comportaient autrement, si, si... Enfin ils ont tant de rapports avec les conifères, qu'on les classe en cette grande famille, mais on en fait la section des conifères à baies.

— Les genévriers doivent en faire partie, remarqua Marie, cueillant quelques baies noires sur des genévriers sauvages, au pied du monticule dont on faisait le tour.

— Dans le genévrier les écailles qui entourent la graine se soudent et s'épaississent aussi pour former une baie, mais une baie fermée, répondit grand'mère.

— Ces petites baies noires et dures sont enduites d'une résine aromatique se dissolvant dans l'alcool, on en fait une liqueur très enivrante, continua le père.

— Et très funeste, acheva le docteur Jérôme.

Assez loin, mes bons amis, ajouta-t-il, leur tendant les mains. Adieu, mon ami, répéta-t-il pour Jean.

— Je vous reverrai, j'irai vous voir, répondit le jeune homme.

J'ai beaucoup de recommandations à vous faire pour eux, acheva-t-il, s'éloignant un peu avec le vieillard. Et montrant tous ceux qu'il allait quitter.

Vous irez les voir pour moi, ajouta-t-il. Ils se quittèrent ainsi.

Ce fut la dernière promenade faite en nombre complet.

ADIEUX ET RETOUR

Les vacances s'achevaient, le jour était fixé. Un soir on se quitta, tristes du départ pour le lendemain.

Grand'mère, bénissez-moi, fut le dernier adieu de Jean, s'inclinant devant son aïeule; puis il s'enfuit sans oser se retourner.

Son père l'accompagnait; les deux sœurs restaient avec leur grand'mère.

Tout fut d'abord vide et silence, chacune cependant s'efforçait de rendre un peu d'animation aux heures toutes désoccupées.

A son retour, M. Max conseilla de reprendre le travail, les études régulières, les lectures habituelles, mais l'entrain de Jean y manquait.

Ses lettres en manquaient aussi.

Peu à peu cependant, elles devinrent plus animées, l'enthousiasme du travail le reprenait; l'ardeur de la lutte l'entraînait.

Ses compositions, ses places, ses succès, il racontait tout avec joyeuseté et sérieux.

Les parents répondaient des félicitations et des conseils.

Les sœurs étaient fières de leur frère. Elle le gâtaient de douces paroles, de babillages, de détails intimes.

Il déclarait les lettres de Marie des chefs-d'œuvre; celles de Josèphe des bijoux.

L'année passa.

Lorsqu'il revint au vieux logis, sa joie était folle.

Mais grand'mère avait bien vieilli. En la revoyant, il pensa, pour la première fois, qu'il ne la retrouverait pas toujours.

Elle, y réfléchissait depuis bien longtemps.

Mais elle savait qu'elle ne les quittait que pour un jour et, là-haut, la réunion est éternelle.

FIN

TABLE ALPHABÉTIQUE

DES PLANTES CITÉES DANS L'OUVRAGE

C

Q

R

S

T

U

V

Y

Z

TABLE DES MATIÈRES

Paris. — Imp. A. Picard et Kaan, 192, rue de Tolbiac. — 694 (A. D.)

PARIS. — IMPRIMERIE A. PICARD ET KAAN, 192, RUE DE TOLBIAC. — K. P. 794.

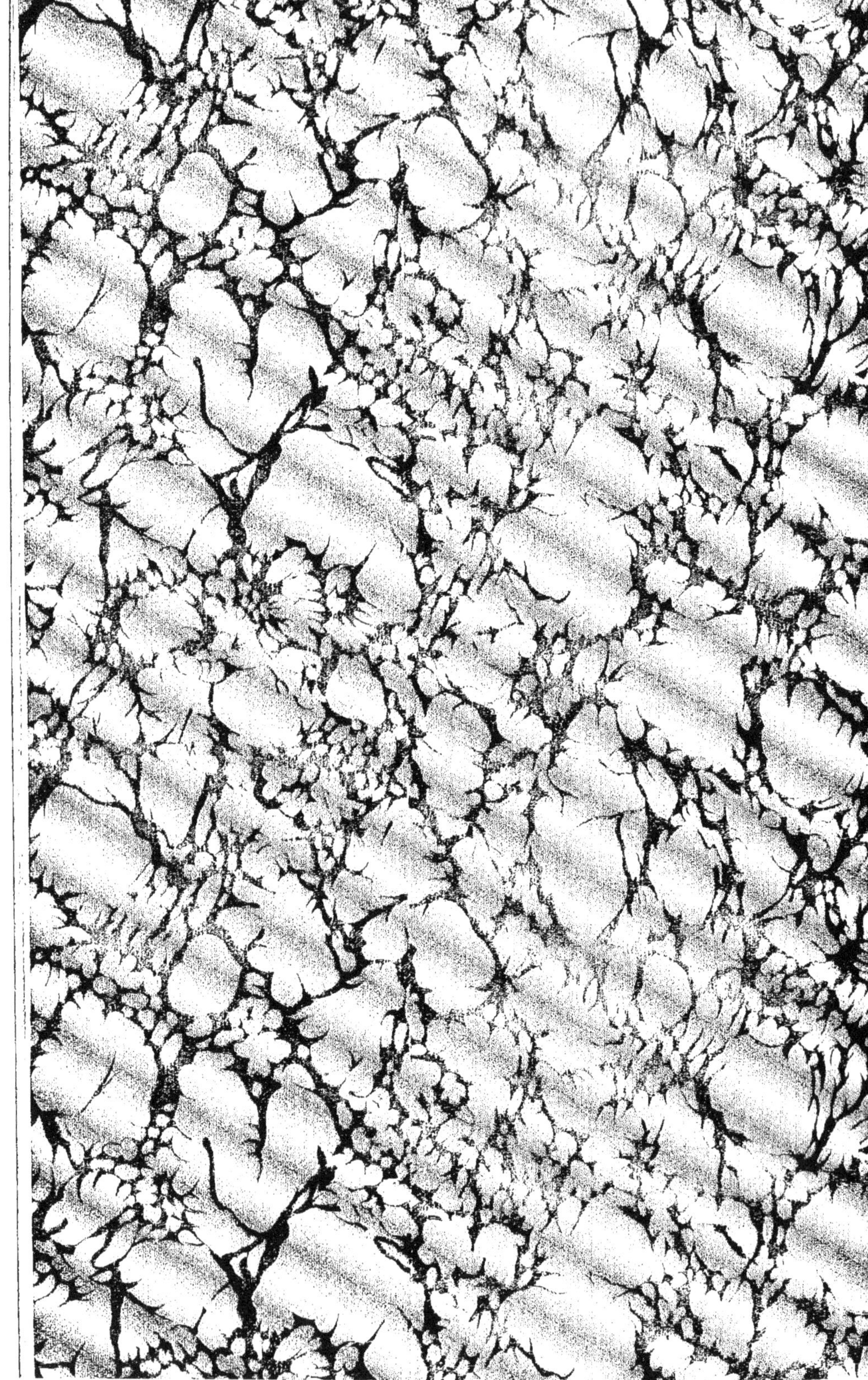

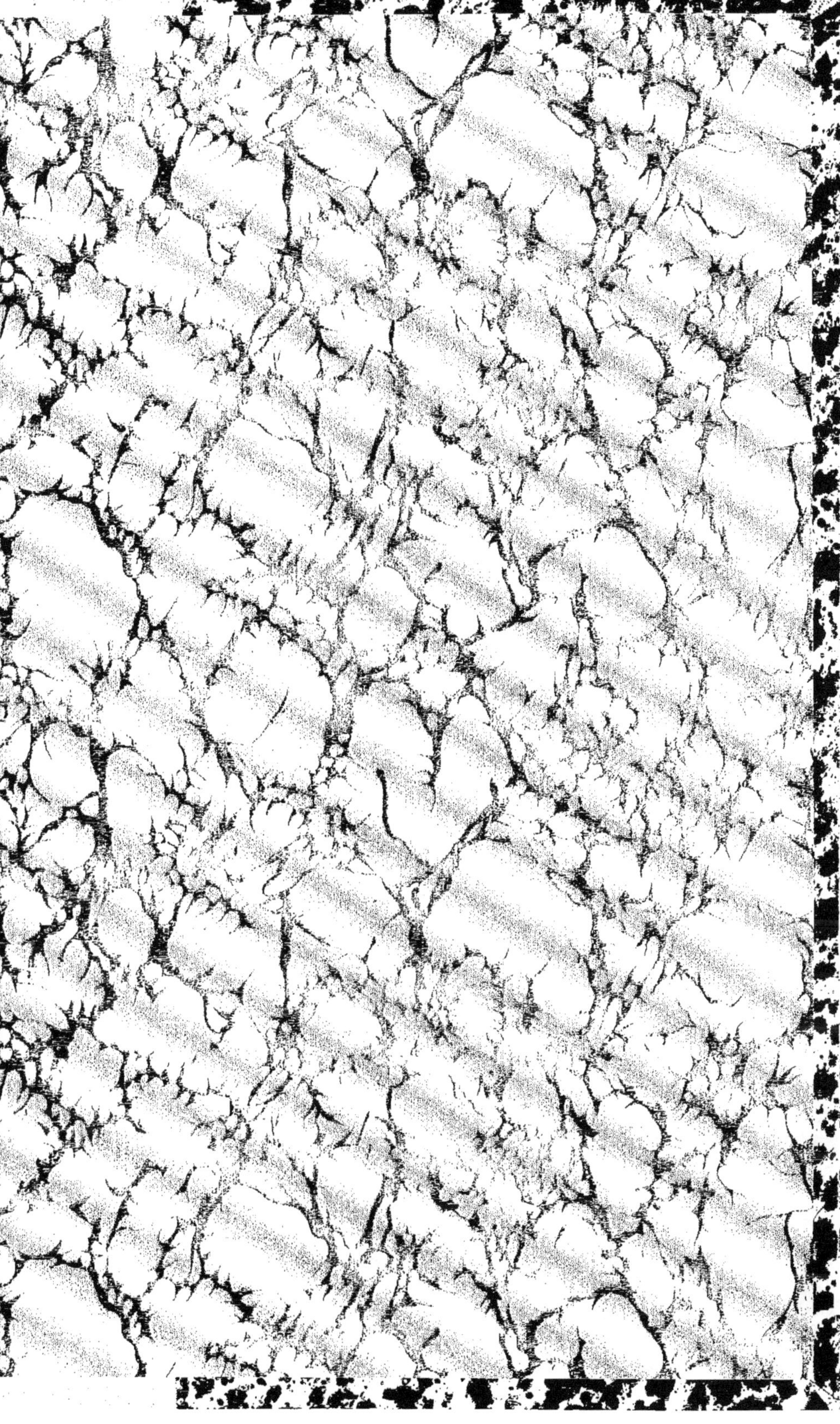

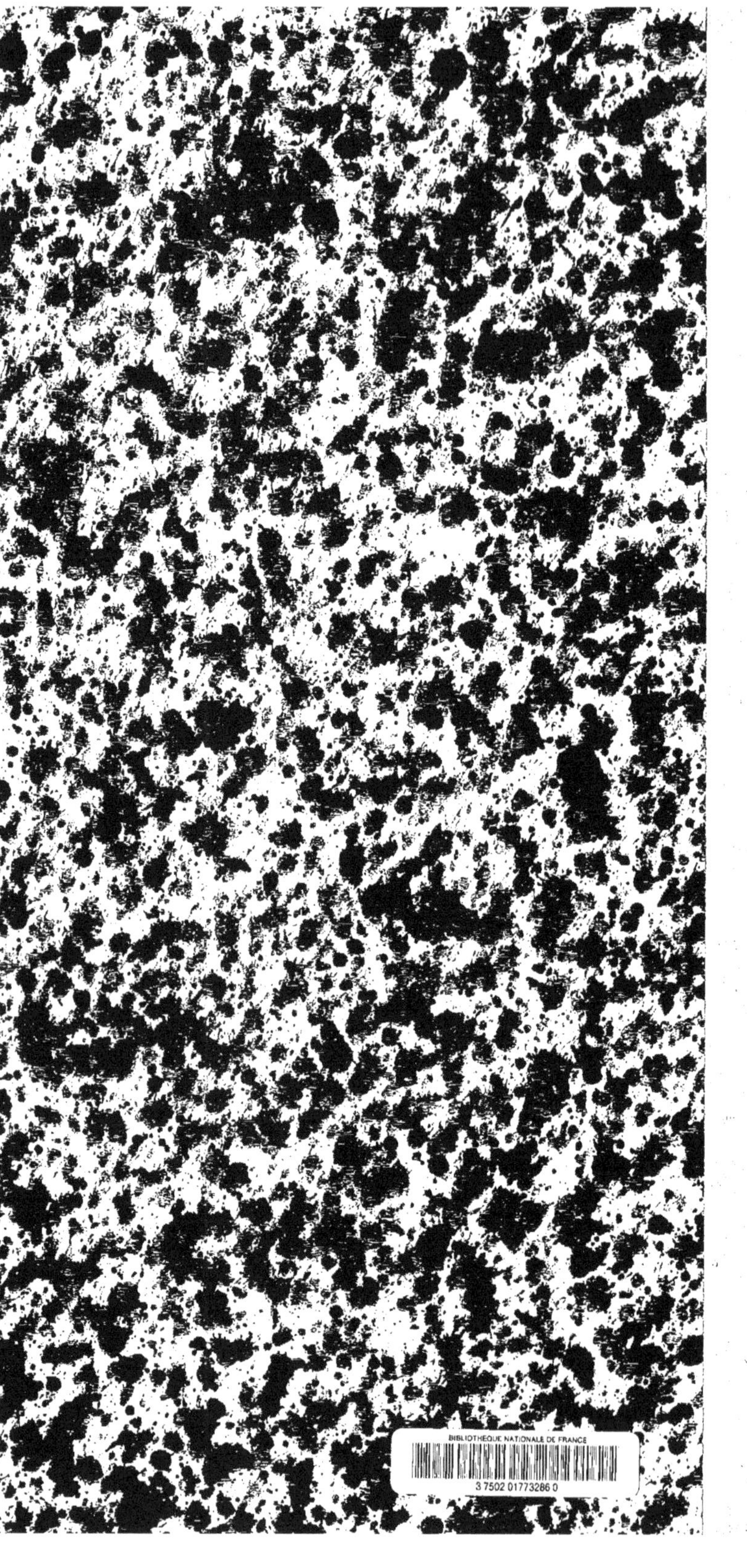

www.ingramcontent.com/pod-product-compliance
Ingram Content Group UK Ltd.
Pitfield, Milton Keynes, MK11 3LW, UK
UKHW020108200726
13856UKWH00002B/431

9 782012 862913